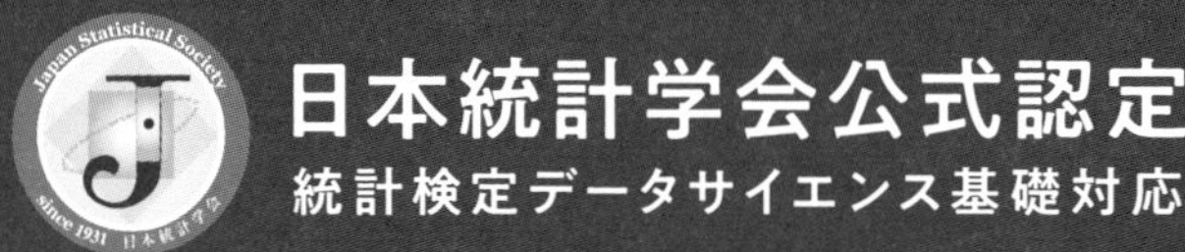

Data Analytics データアナリティクス基礎

日本統計学会 編

日本能率協会マネジメントセンター

まえがき

急速な社会のデジタル化の進行で、仕事や研究の場でデータの存在とその活用への期待が顕在化してきています。その中で、データ中心社会で生きる私たちには、データを扱う基本的な能力として、目的に応じたデータの収集と整理・整形・編集、データの視覚化と分析、分析結果の解釈とそれを課題解決に繋ぐ技術と思考力が求められてきています。そのため、日本政府においてもAI戦略として、このような能力を基盤とする数理・データサイエンス・AI関連の人材育成を企図して、初等中等教育、大学等高等教育、大学院や企業等での社会人のリスキリング教育に至るまで体系的な教育改革を強力に押し進めているところです。

この状況を踏まえ、一般社団法人日本統計学会と一般財団法人統計質保証推進協会では、既にひろく企業や教育機関で活用されている「統計検定」の枠組みの中に新しく、データサイエンス教育の国内外のガイドラインやモデルカリキュラムと学習指導要領に沿ったデータサイエンス人材の質評価の認定を行うため、「データサイエンス基礎」、「データサイエンス発展」、「データサイエンスエキスパート」の3水準の能力評価システムを研究開発し、実施することとしました。

このテキストは、その中で「データサイエンス基礎」の出題範囲に合わせて作成された公式テキストです。データサイエンス基礎試験は、高校における新学習指導要領および学校における国際データサイエンスプロジェクトIDSSP (International Data Science in Schools Project)、コンピュータによるデータ対話型課題解決の考え方が盛り込まれたOECD生徒の学習到達度調査PISA2022の数学内容フレーム等を参照した内容構成となっており、「統計検定」の他の級にはない、コンピュータ上での表計算機能を用いた実際のデータ処理能力の評価が含まれています。このテキストを通して、具体的な文脈での課題とデータ、所与のデータと情報を中心に、「データアナリティクス」における基本的な手順と操作技術、解釈の考え方などを効果的に学習することができます。

統計検定「データサイエンス基礎」試験を通して、読者のみなさまのデータ活用力が評価され、仕事や研究に活かされることを期待しております。

一般社団法人日本統計学会と一般財団法人統計質保証推進協会は、今後も統計検定の各種別資格認定を通して、社会における統計・データサイエンス人材育成への貢献に努める所存です。

一般社団法人　日本統計学会
会長　樋口知之
理事長　大森裕浩
一般財団法人統計質保証推進協会
出版委員長　矢島美寛

統計検定の趣旨

日本統計学会が2011年に開始した統計検定の目的の一つは、統計に関する知識や理解を評価し認定する事を通じて、統計的な思考方法を学ぶ機会を提供することにあります。

統計検定の概要（2023年4月現在）

統計検定は以下の種別で構成されています。詳細は日本統計学会および統計検定センターのウェブサイトで確認できます。

1級	日社会のさまざまな分野でのデータ解析の遂行
準1級	各種の統計解析法の使い方と解析結果の正しい解釈
2級	大学基礎科目としての統計学の知識と問題解決の取得
3級	データ分析の手法の修得と身近な問題への活用
4級	データ分析の基本の理解と具体的な課題での活用
統計調査士	経済統計に関する基本的知識の修得と利活用
専門統計調査士	統計調査の実施にかかわる専門的知識の修得と調査データの利活用
データサイエンス基礎	問題解決のためのデータ処理と結果の解釈
データサイエンス発展	大学一般レベルにおけるデータサイエンスのスキルの修得

統計検定データサイエンス基礎（DS基礎）
試験概要

統計検定とは

「統計検定」は、統計・データサイエンスに関する知識や活用力を一般社団法人日本統計学会が公式認定して評価する全国統一試験です。

データに基づいて客観的に判断し、科学的に問題を解決する能力は、仕事や研究をするための21世紀型スキルとして国際社会で広く認められており、今日ますます加速化しているデジタル社会において、必須の能力となっています。日本統計学会は、国際通用性のある統計・データサイエンス活用能力の体系的な評価システムとして統計検定を開発し、さまざまな水準と内容で統計データサイエンスの活用力を認定しています。

データサイエンス基礎（DS基礎）とは

急速に進展したデジタル社会では、規模の大小に係わらず多種多様なデータを処理し、目的に応じた問題解決的思考に基づくデータアナリティクス能力が要求されます。この試験では「データサイエンス基礎」として、CBT方式の機能を活かし、具体的なデータセットをコンピュータ上に提示して、分析目的に応じて解析手法を選択し、表計算ソフトExcelによってデータの前処理から解析に至るまでを実践し、その出力から必要な情報を適切に読み取って、当初の問題の解決のための解釈を行う一連の能力を評価・認定します。

データサイエンスとその応用分野の専門家が活用力を重視した問題を開発し、生徒・学生・社会人を問わず、AI・デジタル社会の共通スキルである「データサイエンス基礎」力を評価し、認証するための検定試験です。

試験内容

(1) データハンドリング技能
(2) データ解析技能
(3) 解析結果の適切な解釈

の三つの観点を「データサイエンス基礎」試験で評価するキーコンピテンシー

とし、新学習指導要領（平成29・30年改訂）に対応した大学入試までの内容構成で出題します。主に高等学校では、数学Ⅰ「データの分析」、数学B「統計的な推測」、「数学と社会生活」、数学A「場合の数と確率」、数学C「数学的な表現の工夫」、情報Ⅰ「情報通信ネットワークとデータの活用」、情報Ⅱ「情報とデータサイエンス」、理数探究基礎、理数探究等などの科目と、大学では文理を問わずすべての学部で必修化が図られている「数理・データサイエンス モデルカリキュラム」の「リテラシーレベル～データ思考の涵養～」に対応しています。

出題形式	コンピュータ上で表計算ソフトExcelを使って処理した結果を基に、多肢選択や数値・文字入力で問題に答える形式
問題数	大問８題（大問１題当たり小問５問)、合計小問45問
出題の特徴	① 実際のデータセットを目的に応じて処理し、その結果を問う問題 ② 分析を実行しその結果を問う問題 ③ 分析結果を読み取り、文脈に応じた適切な解釈を問う問題
出題範囲	p.7の統計検定データサイエンス基礎出題範囲表を参照
試験時間	90分
合格水準	100点満点で、60点以上

※電卓の使用について：統計検定 データサイエンス基礎（DS基礎）では、電卓を持ち込むことができません。

受験料

対象	受験料
一般	7,000円
学割	5,000円

※全て税込み価格です。
※学割の対象者についてはオデッセイコミュニケーションズの試験要項「学割価格の対象となる学生」にてご確認ください。

試験結果と合格証・デジタルバッジ

試験終了直後に合否が判定され、試験結果レポートが掲示されます。合格された方には、4～6週間以内に合格証が郵送されます。2023年中にデジタルバッジの発行も予定されています。詳細は統計検定のウェブサイトを参照ください。

受験申し込み方法

CBT方式試験を運営している株式会社オデッセイコミュニケーションズのウェブサイト（下記参照）にて希望する地域の試験会場と日程を確認してお申込みください。受験には、株式会社オデッセイコミュニケーションズのアカウントの登録（無料）が必要となります。登録後申し込みを完了して、当日に試験会場へお越しください。

受験科目と試験会場を確認		申し込む		受験する
Odyssey CBT		試験会場のサイト	Odyssey CBT	試験会場
試験概要の確認 ▶	試験会場を探す ▶	会場サイトにアクセスして申し込み	試験前までにOdysseyのID登録を行う ▶	当日の持ち物を確認して受験

団体受験制度

20名以上での受験を希望する場合は、団体受験制度をご利用いただけます。一般会場（企業・学校外の試験会場）もしくは特設会場（企業・学校内のパソコンを使用）での受験となります。詳しくは、株式会社オデッセイコミュニケーションズのウェブサイトをご覧ください。

問い合わせ先

◎株式会社オデッセイ コミュニケーションズ

▶CBT方式試験申込サイト
https://cbt.odyssey-com.co.jp/toukei-kentei.html

▶カスタマーサービス（CBT専用窓口）
TEL：03-5293-5661（受付時間：平日10:00～17:30）
E-Mail：mail@odyssey-com.co.jp

◎統計検定センター
〒101-0051 東京都千代田区神田神保町3-6-15　Y'sビル3階
E-Mail：jssc_center@qajss.org

CBT方式試験
申込サイト

統計検定 CBT「データサイエンス基礎」出題範囲表

大項目	小項目	ねらい	項目	主なExcel操作
データベース・データマネジメント	データベースマネジメント	分析目的に応じた構造化データの構築やデータ形式の変換、データ抽出等の簡単なデータの整理・整形ができる。	構造化データ（レコード×フィールド、ケース×変数）、欠測値、データの結合、データ形式（ロングフォーマット⇔ワイドフォーマット）、データ抽出（ランダムサンプリング、無作為標本抽出）、乱数	データのソート（並び替え） ピボットテーブル RAND関数 データの分析 四則演算 IF関数
	データマネジメント	データの種類や尺度を理解し、層別、水準（レベル）化、変数変換等のデータ処理ができる。	質的データ、量的データ、データの尺度、層別、水準（レベル）化、変数変換、Z変換（標準化）、偏差値	
データの可視化	データの可視化	データを目的に応じて可視化するための統計グラフの作成と解釈ができる。	円グラフ、棒グラフ、折れ線グラフ、帯グラフ、ツリーマップ、パレート図、ヒストグラム、箱ひげ図等	グラフの作成
質的データの分析	1変量の質的データの分析	質的データを用いて、問題の可視化や現状分析のためのパレート分析（ABC分析）ができる。	パレート表、パレート図、構成割合（確率）、累積度数（累積相対度数、累積確率）	SUM関数 ピボットテーブル CHISQ.TEST関数
	2変量以上の質的データの分析	2つ以上の質的データを用いて、連関分析や要因探索のためのクロス集計表の分析ができる。	クロス集計表、行（列）比率、セル比率、期待度数とカイ2乗統計量、連関係数、特化係数、多重クロス表	
量的データの分析	1変量の量的データの分析	量的データを用いて、問題の可視化や現状分析のためにデータの分布構造を分析できる。	階級、階級値、標準階級幅、度数分布表、ヒストグラム、基本統計量（平均、標準偏差、分散、四分位数、パーセント点）、箱ひげ図、変動係数、管理図、外れ値	データの分析 AVERAGE関数 VAR関数 STDEV関数 CORREL関数
	2変量以上の質的・量的データの分析	2つ以上の質的データや量的データを用いて、要因探索のための分布の比較や相関分析、単（重）回帰分析による予測モデル構築ができる。	層別ヒストグラム、並列箱ひげ図、相関、相関係数、散布図、単回帰分析、重回帰分析、寄与率、回帰係数、標準回帰係数、残差	
確率による意思決定	確率と確率分布	確率と確率分布による推測の考え方を理解し、シミュレーションを実行できる。	場合の数、確率、条件付き確率、ベイズの定理、尤度、事後確率、期待値、2項分布、正規分布、確率的シミュレーション	BINOM.DIST関数 NORM.DIST関数 NORM.S.DIST関数 NORM.INV関数 CONFIDENCE.NORM関数 CONFIDENCE.T関数 Z.TEST関数 T.TEST関数 CHISQ.DIST関数 CHISQ.INV関数 CHISQ.TEST関数 データの分析
	推定	標本変動と誤差を理解し、母集団特性値の推定ができる。	信頼区間、信頼率（信頼度）、信頼上（下）限、誤差幅（誤差のマージン）、標本誤差、標準誤差、母平均、母比率	
	検定	仮説検定の考え方を理解し、文脈に応じた検定を行い、結果の適切な解釈ができる。	帰無仮説、対立仮説、有意水準（危険率）、有意確率（p値）、第一種の過誤、第二種の過誤、帰無仮説の棄却、2項検定、Z検定、t検定、χ^2検定、ABテスト	
時系列データの分析	時系列データの分析	時系列データの構造を理解し、特徴を分析できる。	指数、移動平均、伸び率、成長率、平均成長率、季節調整	AVERAGE関数
テキストマイニング	テキストマイニング	テキストマイニングの意味を知り、単語や品詞の出現頻度を分析できる。		

本書の使い方

本書では、「統計検定データサイエンス基礎」の出題範囲をもとに、その基本となる統計知識の解説から、出題形式に則った例題、Excelでの作業方法や解き方、模擬試験問題を掲載しています。

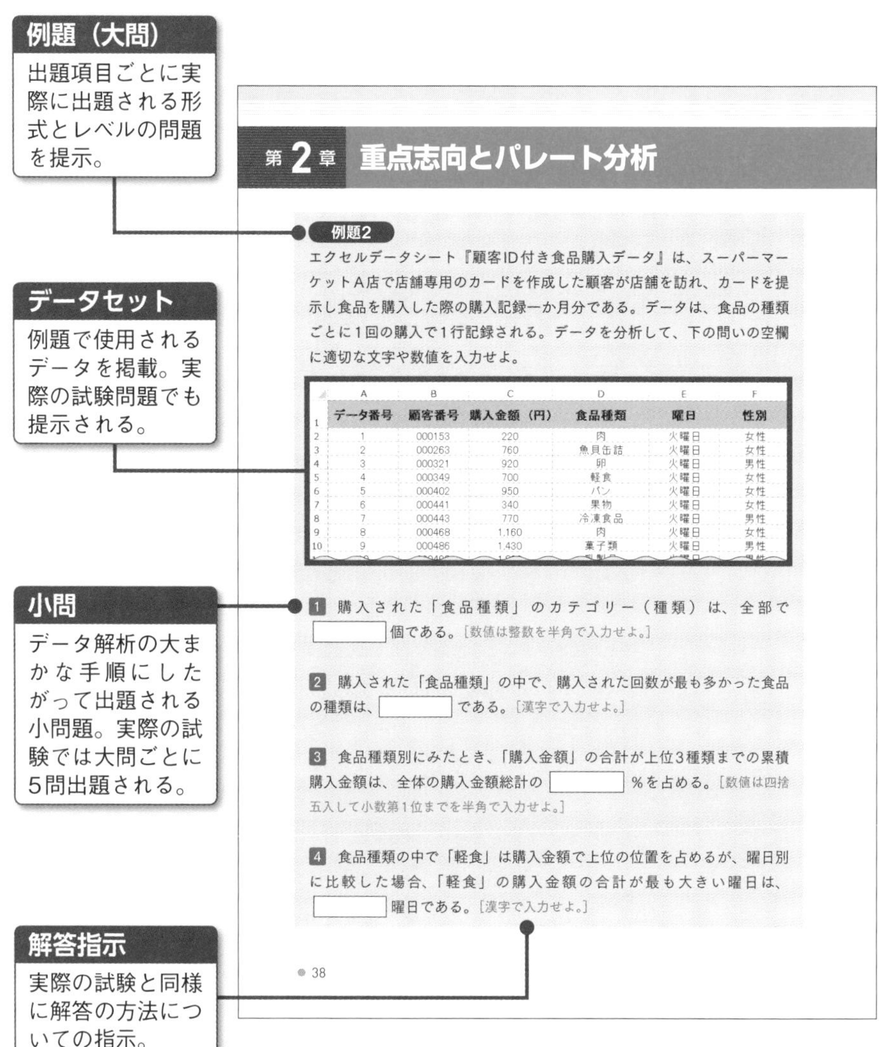

第2章 重点志向とパレート分析

例題2

エクセルデータシート『顧客ID付き食品購入データ』は、スーパーマーケットA店で店舗専用のカードを作成した顧客が店舗を訪れ、カードを提示し食品を購入した際の購入記録一か月分である。データは、食品の種類ごとに1回の購入で1行記録される。データを分析して、下の問いの空欄に適切な文字や数値を入力せよ。

	A	B	C	D	E	F
1	データ番号	顧客番号	購入金額（円）	食品種類	曜日	性別
2	1	000153	220	肉	火曜日	女性
3	2	000263	760	魚貝缶詰	火曜日	女性
4	3	000321	920	卵	火曜日	男性
5	4	000349	700	軽食	火曜日	女性
6	5	000402	950	パン	火曜日	女性
7	6	000441	340	果物	火曜日	女性
8	7	000443	770	冷凍食品	火曜日	男性
9	8	000468	1,160	肉	火曜日	女性
10	9	000486	1,430	菓子類	火曜日	男性

1 購入された「食品種類」のカテゴリー（種類）は、全部で［　　　］個である。［数値は整数を半角で入力せよ。］

2 購入された「食品種類」の中で、購入された回数が最も多かった食品の種類は、［　　　］である。［漢字で入力せよ。］

3 食品種類別にみたとき、「購入金額」の合計が上位3種類までの累積購入金額は、全体の購入金額総計の［　　　］％を占める。［数値は四捨五入して小数第1位までを半角で入力せよ。］

4 食品種類の中で「軽食」は購入金額で上位の位置を占めるが、曜日別に比較した場合、「軽食」の購入金額の合計が最も大きい曜日は、［　　　］曜日である。［漢字で入力せよ。］

38

Tips
補足で伝えたい知識やテクニックについて掲載。

EXCEL WORK
Excelでデータ分析を行う際の手順を解説。

動画QRコード
YouTubeでExcel操作の動画がみれるQRコード。

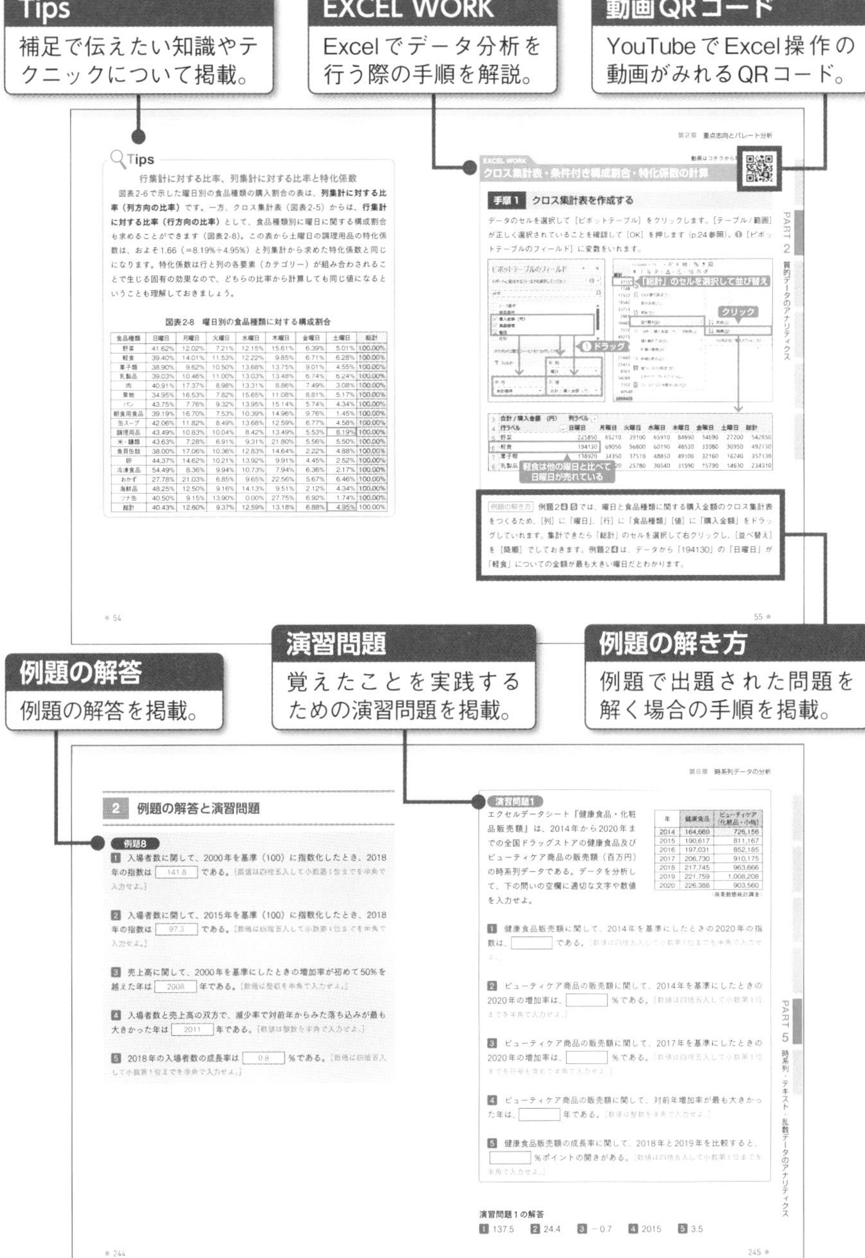

例題の解答
例題の解答を掲載。

演習問題
覚えたことを実践するための演習問題を掲載。

例題の解き方
例題で出題された問題を解く場合の手順を掲載。

CONTENTS

PART 3 量的データのアナリティクス

第4章 分布構造の把握と基本統計量

第5章 相関・予測と回帰分析

PART 4 確率・確率分布・推測のアナリティクス

第6章 確率に基づく判断

第7章 統計的な推測

PART 5 時系列・テキスト・乱数データのアナリティクス

第8章 時系列データの分析

第9章 テキストデータの分析

第10章 シミュレーションと乱数

PART 6 実践模擬問題

第11章 模擬問題と解答

各問題（例題・演習問題・模擬問題）のデータセットのダウンロード先

本書で掲載しているExcelのデータセットは、
下記のダウンロード先よりダウンロードして実際にお使いいただけます。

https://www.jmam.co.jp/pub/2959.html

掲載のExcelのバージョンについて

本書ではWindows版のMicrosoft® Excel® for Microsoft 365 MSO（バージョン 2205 ビルド 16.0.15225.20028）32ビットの画面を用いて解説しています。
ご利用の環境によっては、本書の掲載内容と異なる場合がありますので、あらかじめご了承ください。

計算について

本書ではExcelの計算において計算途中では四捨五入などは行わず、解答する段階で解答条件に照らして四捨五入を行います。そのため、計算で必要になる数値（Excelでの計算結果）については、セル参照を基本とします。

PART

1

データサイエンスの基本

第1章 データの構造化とデータマネジメント

「データを分析する」とはどのようなことを指すのでしょうか。これを知るには、与えられたデータがどのような構造をもち、どのような単位で集計され、何を目的として処理をすべきなのかを把握することが有用です。

本章ではまず、データ分析を取り巻くデータサイエンスの領域について概観し、続いてデータや変数のもつ特徴や性質について整理します。その上で分析目的に応じた層別、水準化、変数変換といったデータマネジメントの方法について学習します。

第1章 データの構造化とデータマネジメント

1 データアナリティクスと問題解決

❶ データアナリティクス

技術の発展に伴い、多様なデータが得やすい時代となりました。例えば、顧客がレシートとして受け取る購買情報は、取引の度に随時蓄積され、**ビッグデータ**として集約・活用されています。また、インターネット上に書き込まれた情報も、刻一刻とデータとなって積み重なっています。このようなさまざまなデータの中には、私たちの行動パターンを知るための有用な知見が眠っています。データを適切に処理し、その内容の分析を通して有益な情報を得る考え方や一連の方法を総称したものが**データサイエンス**です。データサイエンスの方法を使いこなし、仕事やビジネスにおける価値を作り出すことができる能力を持った人が**データサイエンティスト**です。

デジタル社会では、データの取得・加工・分析に至るまで、それぞれの処理には専らコンピューターが用いられています。すなわち、データサイエンスには、コンピューターの操作技術が必要不可欠です。また、データの分析を行うためには、データの適切な処理・演算方法に関する統計的な分析技法の知識も必要です。分析方法を知り、それをコンピューターを用いて実現させることで、より実践的な**データ分析（データアナリティクス）**が可能となります。

❷ 分析の目的

データの分析には目的があります。例えばある商品における売上のデータを分析する際には、どのような年齢層の顧客が多く購入していたのか、その商品と一緒に購入される頻度が多かった商品はどれなのかなど、具体的な目的があります。他にも、臨床の現場で新しい薬と従来の薬を投与した結果のデータを分析する際には、どちらが症状の改善に効果があるのか、どの程度の症状の患者により効果が出てるのかを明らかにする、といった目的が考えられます。適切なデータの処理・分析をすることで、これらの目的を果たすための手がかりを得ることができます。つまり、データ分析は**問題解決**のための手がかりを得るためのアプローチということができるでしょう。

複雑化し不確実性の高くなってきた現代社会では、解の見えない問題も少なくありません。それでもなお私たちは、意思決定を日々迫られています。このような中で、客観的な事実（**ファクト**）に基づいた科学的な意思決定を行うことが求められています。データを分析し、その結果を客観的に読み解くことで、ファクトに基づいた提案や判断をすることが可能となります。このような能力は、文系、理系といった垣根を越えて、すべての学生と業界の垣根を超えたすべての社会人の必須リテラシーとして位置づけられてきています。

❸ 情報倫理

データを分析して結果を明らかにすることは、意思決定を助ける大きな力となる反面、扱い方を間違えれば、プライバシーを侵害したり、社会を事実とは異なる方向へ誘導してしまう原因ともなり得ます。そこで、個人や世帯から収集した情報が世間一般に流出してしまう事態を防ぐため、個人情報は他者の手によって復元できないように**匿名化**の処理を行ったり、IDやパスワードを使ったデータの厳密な**機密処理**を行ったりする必要があります。このように、データの扱いには細心の注意を払わなければいけません。

また、二次利用のためにデータ・アーカイブから借り受けたデータの規約を超えた利用や、書籍、写真、映像情報といった他者の著作物の**不正使用**、データの捏造や改ざん、剽窃といった行為も、データの利用上あってはならないことです。データは適切に活用し、分析に役立てることをまず心がけましょう。

2 構造化データと非構造化データ

例題1

エクセルデータシート『自転車データ』は、A-1、A-2、B-1、B-2の4つの地区に住んでいる、あるクラスの30名の生徒に、現在使用している自転車のタイヤのサイズ（inch)、身長（cm)、ヘルメットのタイプを調査した結果である。ただし、自転車のタイヤのサイズが確認できなかった箇所は欠測値として空欄となっている。データを分析して、下の問いの空欄に適切な文字や数値を入力せよ。

ID	地区	自転車のタイヤのサイズ（inch)	身長（cm)	ヘルメットのタイプ
1	A-1	26	148	X
2	A-1	27	165	Z
3	A-1	26	143	X
4	A-1	26	157	Y
5	A-1	27	160	Z
6	A-1	26	143	X
7	A-2	28	178	X
8	A-2	26	162	Y
9	A-2	26	154	Z
10	A-2		153	Y
11	A-2	26	140	X

1 ヘルメットのタイプで一番多いのは [　　　] である。[半角、大文字で記入せよ。]

2 欠測値として空欄となっている箇所について、地区ごとの平均値を小数第1位で四捨五入した整数で代入したとする。このとき、地区全体の中で自転車のタイヤのサイズの平均値が最も大きくなる地区は [　　　] である。[番号の数値を半角、整数で入力せよ。]

① A-1　② A-2　③ B-1　④ B-2

3 地区A-1とA-2を併せてA、地区B-1とB-2を併せてBとする。このとき、次の①～⑤のうち、最も適切なものを一つ選び、番号を空欄に入力せよ。[番号の数値を半角、整数で入力せよ。]

① 地区Aも地区Bもヘルメットのタイプは Z が多い
② 地区Aも地区Bも、X、Y、Zの頻度は同じである
③ 地区Aの方が地区BよりもYのタイプを持っている者が多い
④ 地区Aの方が地区BよりもZのタイプを持っている者が多い
⑤ ①～④はすべて誤りである

[　　　　]

4 1inchを2.54cmとする。このとき、**2**の方法で欠測値を代入した後のデータ全体を用いて、ヘルメットのタイプ毎に、自転車のタイヤのサイズ1cmあたりの身長の平均値を求めた。この値が最も大きいヘルメットのタイプはX、Y、Zのうち [　　　　] である。[半角、大文字で入力せよ。]

❶ 量的変数と質的変数

図表1-1は、ある部活のチームに所属する3名の部員に関するデータを示しています。この中で3名の部員のいくつかの特徴や性質が表の形で示されています。それらは各々の「名前」、チームでの「背番号」、「好きな言葉」、公式試合に出場した「試合数」、持ってきた水筒の中身の大きさを示す「水筒の容量」の5つです。こうした個々の観測対象が示す特徴や性質のことを変数（データ項目）といいます。

図表1-1　データと変数

変数

名前	背番号	好きな言葉	試合数(回)	水筒の容量(ml)
佐藤一郎	8	努力	15	1000
鈴木二郎	10	夢	3	800
高橋三郎	14	努力	5	2000

図表1-2は、図表1-1の変数に値を割り振ったものです。「名前」では佐藤一

郎を1、鈴木二郎を2、高橋三郎を3と割り振り、「好きな言葉」では努力を1、夢を2と割り振っています。ここでは、すべての変数が一見、その値を用いて計算ができるように見えますが、実際はそうではありません。例えば「名前」における1＋2＝3は、佐藤一郎＋鈴木二郎＝高橋三郎といった計算を示すことになり、その結果に意味を成しません。これらの値は、分類（値によって、種類を分けること）のために使用されるものだからです。このような変数を**質的変数**といい、質的変数を扱ったデータを**質的データ**といいます。

一方、「試合数」の1＋2＝3（合計3回の試合に出場した）や、「水筒の容量」の1000＋1000＝2000（2000mlの容量）のような計算が成り立つ変数を**量的変数**と言い、量的変数を扱ったデータを**量的データ**といいます。量的変数には、「試合数」の1回、2回というようなとびとびの値を取る離散的な変数と、「水筒の容量」のように1000ml、1000.1ml、1000.11ml…と、どこまでも細かく連続した値を取る連続的な変数があります。量的変数は平均値などの統計量を計算することができます。

図表1-2　変数の例

名前	背番号	好きな言葉	試合数(回)	水筒の容量(ml)
1	8	1	15	1000
2	10	2	3	800
3	14	1	5	2000

質的変数（名前・背番号・好きな言葉）　量的変数（試合数・水筒の容量）

❷ 構造化データと非構造化データ

構造化データとは、データの観測対象を行方向、各変数を列方向に整理した形式でまとめられるデータを指します。このような行列形式のデータを**テーブルデータ**（**矩形**（くけい）**データ**）ともいいます。図表1-3に構造化データの例を示しました。このデータは、スーパーマーケットの売上に関するID-POSデータを加工したものです。

図表1-3　構造化されたデータの例

列 →

行 ↓

年月日	時台	レシート番号	性別	年代	部門	商品名	規格名	売上数量	売上金額
20181005	9	R20181005-10075349	女性	60代	農産	さらだほうれんそう		1	64
20181005	9	R20181005-10075349	女性	60代	農産	自然の恵みベビーリーフ	30g	1	48
20181005	9	R20181005-10075349	女性	60代	日配	国産小麦のどら焼き	2個入	1	50
20181005	9	R20181005-10075349	女性	60代	日配	和歌山中華そば	1人前	1	196
20181005	9	R20181005-10075349	女性	60代	日配	黒豆大福5個入		1	48
20181005	9	R20181005-10075354	男性	50代	一般食品	香るブラック	290ml	1	91
20181005	9	R20181005-10075354	男性	50代	一般食品	オロナミン	120ml	1	77

商品が売れた販売時点の状況をPOS（Point of Sales）と言い、顧客の年齢や性別等、どのような属性の顧客が購入をしたかについてのデータが、店舗のレジ（POSレジ）で収集されています。顧客が自身のカードを使用した場合には、顧客ID情報が付く場合もあります。このようにPOSデータにIDが付与されたデータをID-POSデータと言います。このようなデータからは、どのような顧客が、どのような商品とどのような商品を併せて購入したのかなどの傾向が分析でき、マーケティング戦略を練るためのデータとして広く活用されています。

非構造化データとは、構造化データではないデータの総称です。例としては、SNSなどで得られるたくさんの文字で綴られたテキストデータや、PC内に取り込んだ動画、静止画（写真）のような画像データなどが挙げられます。近年、テキストや画像分析のニーズが増加してきています。このようなデータを用いた統計的な分析には、分析手法に合った加工をする必要があります。

図表1-4　構造化データと非構造化データの概念図

構造化データ

変数1	変数2	変数3	変数4
値	値	値	値
値	値	値	値
値	値	値	値
値	値	値	値

非構造化データ

私は○○については
△△だと思います。
理由は□□で

○○は☆☆ですね。
僕は昔からそのよう
に…

文章

画像

❸ ロングフォーマットとワイドフォーマット

構造化データの形式には、ロングフォーマット（縦持ち）とワイドフォーマット（横持ち）と呼ばれる分類もあります。ロングフォーマットは図表1-3のように、データが得られた順に行にまとめられたもので、ワイドフォーマットは「レシート番号」の同一IDを用いるなどして、1つの対象が1行になるようまとめたものです。

図表1-5　ロングフォーマット（上）とワイドフォーマット（下）

年月日	時台	レシート番号	性別	年代	部門	商品名	規格名	売上数量	売上金額
20181005	9	R20181005-10075349	女性	60代	農産	さらだほうれんそう		1	64
20181005	9	R20181005-10075349	女性	60代	農産	自然の恵みベビーリーフ	30g	1	48
20181005	9	R20181005-10075349	女性	60代	日配	国産小麦のどら焼き	2個入	1	50
20181005	9	R20181005-10075349	女性	60代	日配	和歌山中華そば	1人前	1	196
20181005	9	R20181005-10075349	女性	60代	日配	黒豆大福5個入		1	48
20181005	9	R20181005-10075354	男性	50代	一般食品	香るブラック	290ml	1	91
20181005	9	R20181005-10075354	男性	50代	一般食品	オロナミン	120ml	1	77

レシート番号	性別	農産	水産	畜産	惣菜	日配	一般食品	総計
R20181001-20105241	1	3	0	7	3	7	1	21
R20181001-30103820	1	4	0	7	1	7	2	21
R20181001-40072068	1	2	0	2	0	0	0	4

ロングフォーマットのデータを読み解くと、例えば一番上の内容は、簡単に言えば「60代の女性がほうれんそうを1つ購入した」となります。しかし、上から二行目のデータも、「レシート番号」が同じ「R20181005-10075349」となっています。これは、同じ60代の女性顧客が、ほうれんそうとベビーリーフを同時に購入していたということです。1回の買い物で複数の商品を購入することは珍しくありません。単純に「商品名」を集計するようなデータ処理、分析手法を行う場合には、ロングフォーマットが適していることもありますが、バスケット分析と言われるような抱き合わせ（1回の買い物の中身）をレシートごとに分析したい場合は、ワイドフォーマットにして分析する方が適しています。図表1-5の下のワイドフォーマットを一行ずつ読み取っていくと、一番上の行は「レシート番号」が「R20181001-20105241」となっていて、性別が1（性別：1が女性、性別：0が男性）で、農産物を3つ、畜産物を7つ、総菜を3つ、日配品を7つ、一般食品を1つ、総計21点の買い物をしていることがわかります。二行目は「レシート番号」が異なるため、別の購入者のデータだとわかり

ます。これは、レシートごとに、どの部門の商品を同時にいくつ購入したのかを示すデータとなっています。また、図表1-5の上は商品ごと、下はレシートごとにデータが形成されています。データ分析では、個人ごとにデータを取ったり、世帯ごと、日ごと、曜日ごと、千人ごと、一万人ごとで集計したりと、さまざまな単位でまとめられたデータが扱われます。このようなデータの集計の単位を**観測の単位（ケース）**といいます。

Tips

ピボットテーブル

ピボットテーブルは、Excelの機能の1つで、構造化されたデータの集計を行う際に用いられます。数式や関数を入力するよりもすばやく、ドラッグ操作だけで集計表を作れるのがメリットです。基本的なピボットテーブルは、［行］［列］［値］の3つのエリアで構成されます。［行］は表の左側の縦軸に並ぶ変数エリア、［列］は表の上部に並ぶ変数エリア、［値］は集計結果が表示されるエリアになります。これらのエリアにフィールド（リストの変数）をドラッグで割り当てることで、集計表を作成します。

図表1-6　リストとピボットテーブル

リスト

データ番号	顧客番号	購入金額（円）	食品種類	曜日	性別
1	000153	220	肉	火曜日	女性
2	000263	760	魚貝缶詰	火曜日	女性
3	000321	920	卵	火曜日	男性
4	000349	700	軽食	火曜日	女性
5	000402	950	パン	火曜日	女性

ピボットテーブル

合計 / 購入金額（円）	列ラベル							
行ラベル	日曜日	曜日	火曜日	水曜日	木曜日	金曜日	土曜日	総計
おかず	[illegible]	[illegible]	[illegible]	[illegible]	[illegible]	[illegible]	[illegible]	[illegible]
ツナ缶	7080	1600	2430		4850	1210	310	17480
パン	78410	13910	16700	[illegible]5000	27140	10290	7770	179220
果物	64790	30640	14490	[illegible]9010	20540	16340	9590	185400
菓子類	138920	34350	37510	[illegible]8850	49100	32160	16240	357130
海鮮品	13900	3600	2640	4070	2740	610	1250	28810
缶スープ	44090	12390	8900	4340	13200	7100	4800	104820
魚貝缶詰	[illegible]	[illegible]	[illegible]	9650	11010	1670	3670	75190
軽食	194130	69050	56800	60190	48530	33080	30950	492730
朝食用食品	43400	18490	8340	11510	16570	10810	1610	110730
調理用品	41110	10240	9490	7960	12750	5230	7740	94520
肉	88610	37630	19440	28820	19200	16220	6680	216600
乳製品	91460	24520	25780	30540	31590	15790	14630	234310
米・麺類	36480	6090	5780	7780	18230	4650	4600	83610
野菜	225850	65210	39100	65910	84690	34690	27200	542650
卵	31740	10460	7300	9960	7090	3180	1800	71530
冷凍食品	22090	3390	4030	4350	3220	2580	880	40540
総計	**1159840**	**361370**	**268790**	**361140**	**377930**	**197490**	**141860**	**2868420**

EXCEL WORK
集計（ピボットテーブル）

動画はコチラから▶

手順 1　データを選択してピボットテーブルをクリック

表の❶データの部分を選択します。「挿入」タブにある❷「ピボットテーブル」のアイコンを押して❸OK を押します。

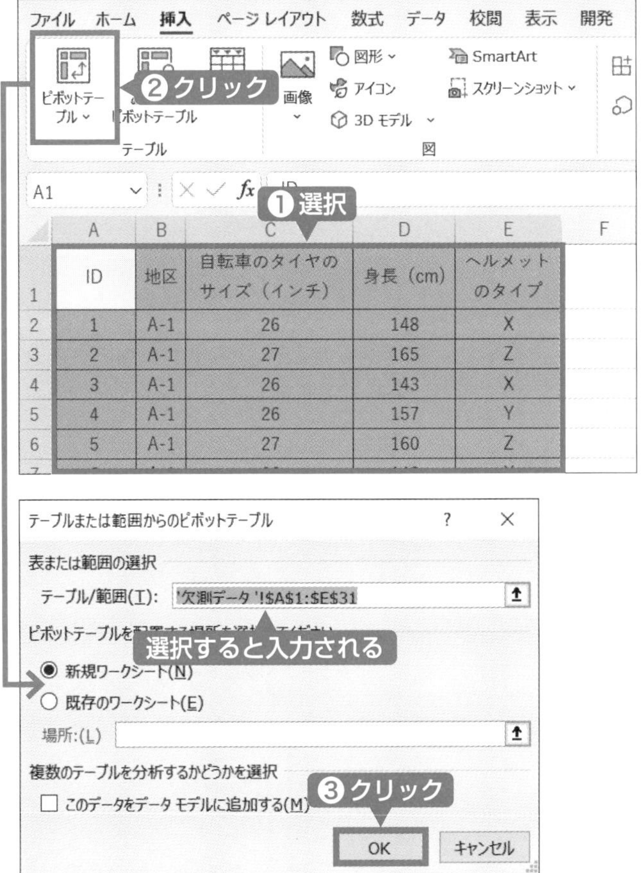

例題の解き方　例題1では「ID」から「Ctrl＋Shift＋→」を推して右端まで選択し、「Ctrl＋Shift＋↓」を押して一番下の行まで選択して、ピボットテーブルを押します。

手順2 「行」に変数をいれる

❹「ピボットテーブルのフィールド」の「行」に変数をドラッグして入れます。

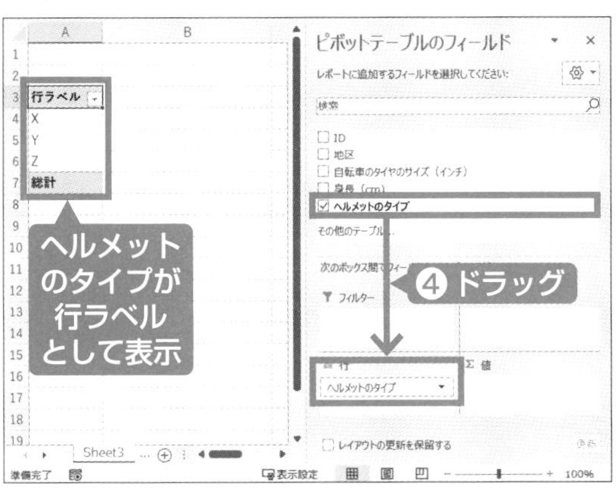

例題の解き方 「ヘルメットのタイプ」を「行」に入れます。X、Y、Zが表示されヘルメットタイプが3種類だとわかります。

手順3 「値」に変数をいれる

❺「ピボットテーブルのフィールド」の「値」に変数をドラッグして入れます。

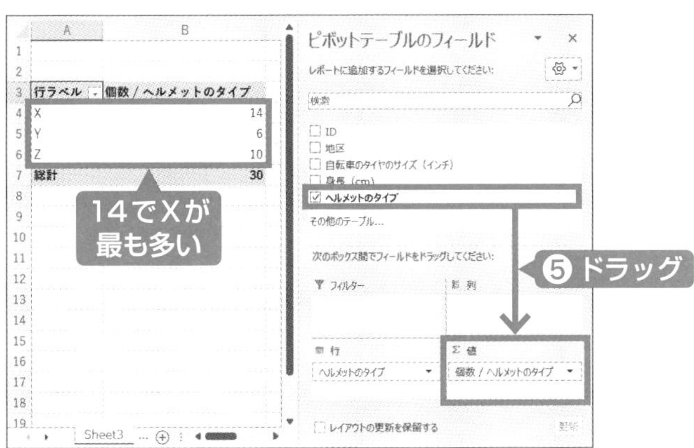

例題の解き方 「ヘルメットのタイプ」を「値」に入れます。表示される「ヘルメットのタイプ」の個数値を比較すると、例題1 ❶ の最も購入数が多いのは14の「X」だとわかります。

3 データマネジメント（層別・水準化・変数変換・欠測値処理）

❶ 層別

層別とは、性別、年代別など、質的変数の値を使ってデータセット全体をグループ（層）に分ける処理を指します。層別を行うことで、グループごとに比較して分析することができます。例えば、全体での分析の後に性別に分けて計算を行うことで、女性と男性の特徴を明らかにすることが可能となります。

図表1-7　層別の概念図

❷ 水準化（レベル化）

水準化とは、量的変数の値をいくつかに分割してコード化することで、順序情報のある質的データにする処理を指します。例えば、量的な変数である「所得」を用いて仮に、200万円未満に入っている層を「低所得」、また800万円以上を「高所得」、その間をここでは便宜的に「中所得」と呼んで分類することができれば、各所得階級の特徴を比較することが可能となります。水準化のために元の変数を分割するしきいとなる値（値域）の選択は、分析者に委ねられています。

図表1-8　水準化の概念図

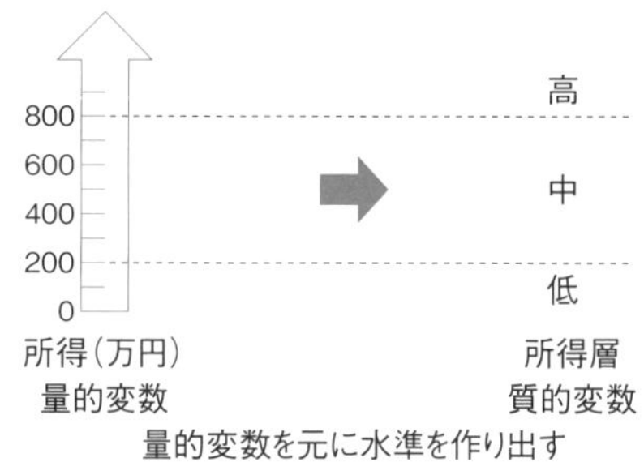

❸ 変数変換

変数変換とは、他の変数を使うなどして変数を加工して別の変数を作り上げる処理を指します。例えば、市町村別の「人口」と「小学校設置数」が収められたデータがあれば、「人口1万人あたりの小学校設置数」という変数を作ることができます。このほかにも、購入した商品の「合計売上金額」を「合計売上数量」で割ることで、「1商品あたりの平均売上金額」を算出したり、「農産物の合計売上数量」と、購入した「品の合計売上数量」の比を取って、「買い物かご全体に占める農産物の割合」を算出したりすることが可能です。

図表1-9　変数変換の概念図

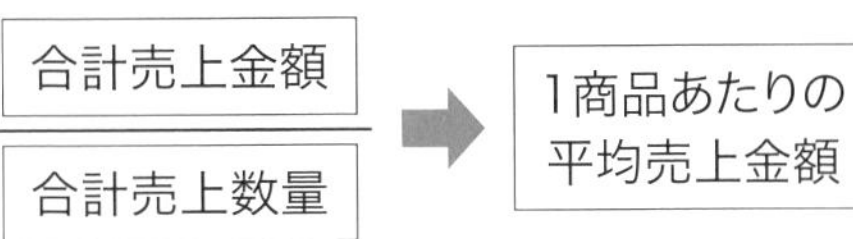

既存の変数を元に、別の変数を作成する

1つの変数から単位を変換する例もあります。

単位変換の例

- 人数を割合（人数/全体）に変換する
- 1m²→1坪（3.3m²）に変換する
- 1万人あたり→10万人あたりに変換する

また、本章の内容から逸脱しますが、全体の平均と標準偏差を使って標準化データ（z値）やIQ、偏差値のデータを作ることもあります。変数を組み合わせて計算を行うことで、新しい変数を作り出すことが可能です。

- z値：（データの値－平均）／標準偏差
- 偏差値：10×z値＋50

❹ 欠測値の対処

データにおいて、値がない部分のことを**欠測値（欠損値）**といいます。例えば、調査において調査対象から回答が得られなかった場合や、調査における何らかの手続きのミスで偶然値が入力されていなかった場合など、欠測値の生じる理由はさまざま[1]です。分析をする上で、無視して良い理由から生じた欠測値に対しては、適切な対処をすることで分析可能にすることができます。

欠損値への対処方法の例
・リストワイズ（ケースワイズ）除去
・代入法

リストワイズ除去とは、分析に必要な変数の中に1つでも欠測値を含んでいるケース（データの行）をすべて削除して、縮小した完全データとする方法です。行を削除するだけで良いため、簡単に実行できる反面、欠測値が多いとデータのサイズが縮小してしまう恐れがあります。

代入法は、欠測値を適切な値で代入する方法です。実務上、欠測部分に平均値を入力して補う方法が便宜的にとられることがあります。しかし、その変数の分散を過少に評価してしまうことや、その他の変数との相関がある場合に相関関係が正しく評価できなくなるので注意してください。このため、欠測値を複数の値で補う**多重代入法**や**期待値最大化法**などのより精緻な方法が使われることもあります。

1 MCAR（Missing Completely At Random）、MAR（Missing At Random）、MNAR（Missing Not At Random）などのメカニズムが知られています。

EXCEL WORK

欠測値への対処

動画はコチラから▶

手順１ データを選択してピボットテーブルをクリック

表の❶データの部分を選択します。「挿入」タブにある❷「ピボットテーブル」のアイコンを押して❸OKを押します。(p.24参照)

手順２ 「フィールド」に変数をいれ、集計方法を「平均」にする

❹「ピボットテーブルのフィールド」の「行」に変数をドラッグして入れます。❺値を右クリックして、[値の集計方法] から [平均] をクリックして集計します。

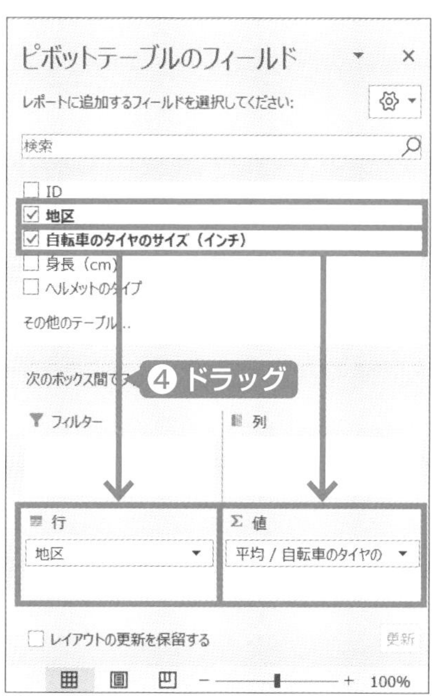

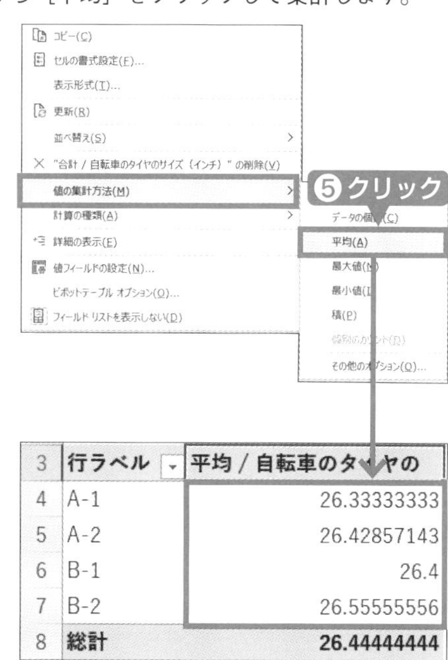

3	行ラベル	平均 / 自転車のタイヤの
4	A-1	26.33333333
5	A-2	26.42857143
6	B-1	26.4
7	B-2	26.55555556
8	**総計**	**26.44444444**

例題の解き方　例題１❷は［行］に「地区」を入れ、［値］に「自転車のタイヤのサイズ（inch)」を入れます。表示された「個数／自転車のタイヤのサイズ（inch)」の値を右クリックし、「値の集計方法」から「平均」を選びます。これで各地区の平均値がでました。

手順３　欠測値に四捨五入した平均値を入れる

❹「データ」シートに戻り、空欄となっていた欠測値に先ほどの平均値を四捨五入して入力します。その後ピボットテーブルに戻り、❼［更新］をクリックします。

	A	B	C	D	E
1	ID	地区	自転車のタイヤのサイズ（インチ）	身長（cm）	ヘルメットのタイプ
2	1	A-1	26	148	X
3	2	A-1	27	165	Z
4	3	A-1	26	143	X
5	4	A-1	26	157	Y
6	5	A-1	27	160	Z
7	6	A-1	26	143	X
8	7	A-2	28	178	X
9	8	A-2	26	162	Y
10	9	A-2	26	154	Z
11	10	A-2	**26**		
12	11	A-2	26	140	X
13	12	A-2	26	153	Z
14	13	A-2	26	156	X

❻欠測値に平均値を入力

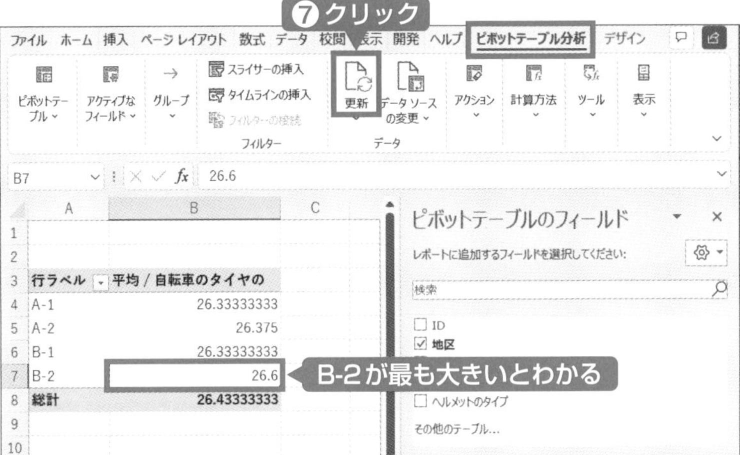

例題の解き方　データシートに戻って欠測値に先ほどのそれぞれの平均値の四捨五入したもの（A-2は26、B-1は26、B-2は27）を入力します。そして、またピボットテーブルのシートに戻り、メニュータブの「ピボットテーブル分析」から「更新」か、任意のセル上で右クリックから「更新」をクリックします。入力後の平均値が反映され、「B-2」が最も大きいとわかります。

EXCEL WORK

層別（ピボットテーブル）

動画はコチラから▶

手順 1　ピボットテーブルの「フィルター」「行」「値」に変数を入れる

ピボットテーブルで層別を行うには「フィルター」を使います。❶「ピボットテーブルのフィールド」の「フィルター」に層別をかけたい変数を、「行」と「値」に集計したい変数をいれます。

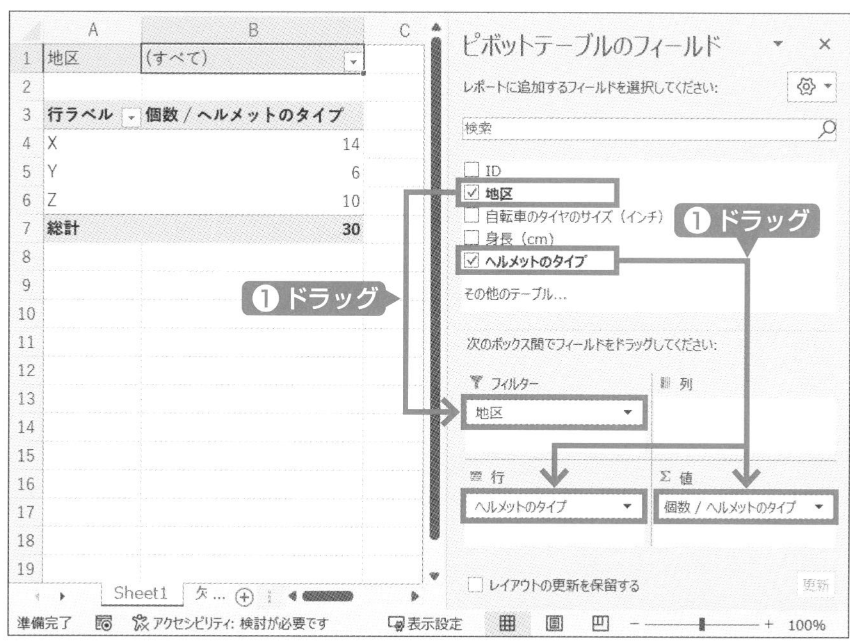

例題の解き方　例題1❸では地区とヘルメットに関する正しい記述を選ぶ問題のため、先ほど使った「データ」シートで、「フィルター」に「地区」、「行」と「値」に「ヘルメットのタイプ」を入れます。

手順２　「フィルター」で反映したいものにチェックを入れる

ピボットテーブルの上部の列ラベルにできたフィルターの❷「▼」マークを押して、❸「複数のアイテムを選択」をチェックして、❹層別したいものにチェックを入れ❺［OK］を押します。

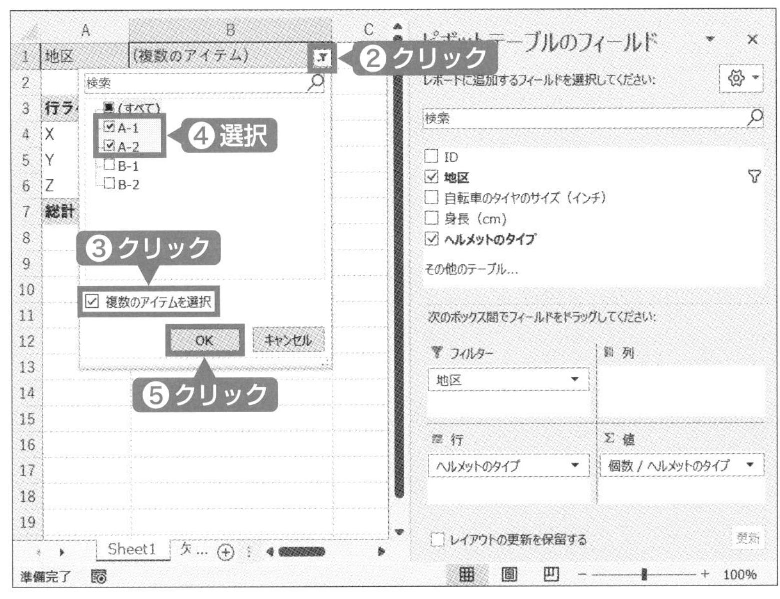

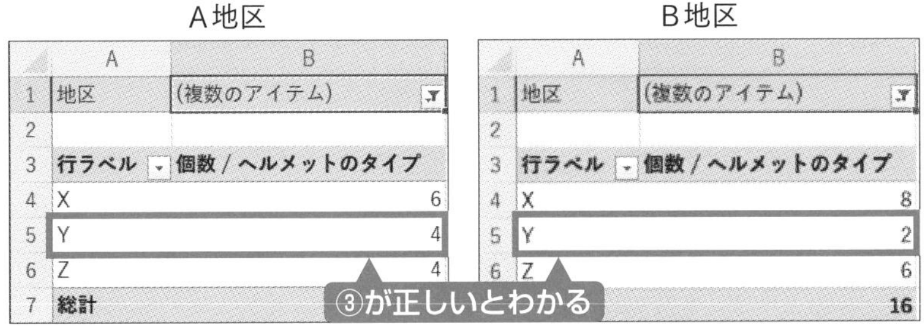

A地区

	A	B
1	地区	(複数のアイテム)
2		
3	行ラベル	個数 / ヘルメットのタイプ
4	X	6
5	Y	4
6	Z	4
7	総計	

B地区

	A	B
1	地区	(複数のアイテム)
2		
3	行ラベル	個数 / ヘルメットのタイプ
4	X	8
5	Y	2
6	Z	6
7		16

例題の解き方　例題1❸では、まずはA地区を見るために❹「A-1」「A-2」のみチェックします。A地区のみの結果が反映されたものが左の画像です。同じように❹「B-1」「B-2」のみチェックして反映させ、A地区のものと比較します。結果より③が正しいことがわかります。

EXCEL WORK

変数変換（ピボットテーブル）

動画はコチラから▶

手順 1　変数変換の計算をする

❶新しく変数をいれる行や列を作り、変数変換の計算式を入力します。そして❷計算式をドラッグしてコピーします。

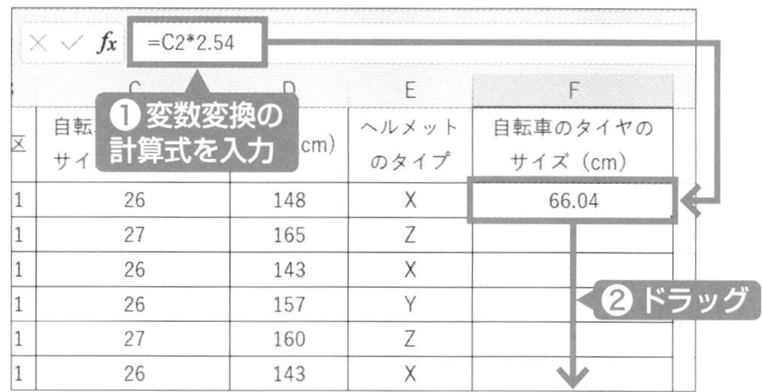

区	自転…サイ…	…cm)	ヘルメットのタイプ	自転車のタイヤのサイズ（cm）
1	26	148	X	66.04
1	27	165	Z	
1	26	143	X	
1	26	157	Y	
1	27	160	Z	
1	26	143	X	

=D2/F2

変数変換した変数を使ってさらに計算

❷ドラッグ

区	自…	…	ヘルメットのタイプ	自転車のタイヤのサイズ（cm）	自転車のタイヤのサイズ1cmあたりの身長（cm）
1	26	148	X	66.04	2.241066021
1	27	165	Z	68.58	
1	26	143	X	66.04	
1	26	157	Y	66.04	
1	27	160	Z	68.58	
1	26	143	X	66.04	

例題の解き方　例題1❹では、「自転車のタイヤのサイズ（inch）」を「自転車のタイヤのサイズ（cm）」に変換するため、「2.54」を「自転車のタイヤのサイズ（inch）」の各値にかけて求めます（＝C行*2.54）。続いて、「自転車のタイヤのサイズ1cmあたりの身長（cm）」を求めるために、「身長」を「自転車のタイヤのサイズ（cm）」で割って求めます（＝D2/F2）。

手順2 「フィールド」に変数をいれ、集計方法を「平均」にする

変数変換後の変数を用いた集計をするため、変数変換した表からピボットテーブルを作成し、❹「ピボットテーブルのフィールド」に変数をドラッグして入れます。その際、求める結果に応じて集計方法を選択します。

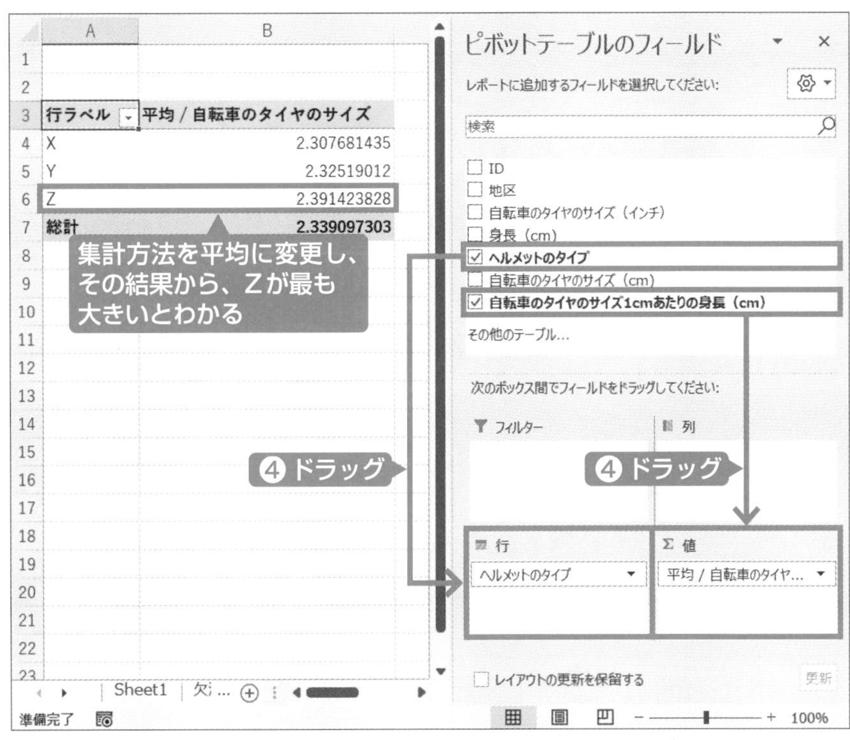

例題の解き方　ここではヘルメットごとに大きいものを知りたいため、「行」に「ヘルメットのタイプ」を入れます。また「値」に先ほど作った「自転車のタイヤのサイズ1cmあたりの身長（cm）」を入れ、「値の集計方法」もしくはダブルクリックの「値フィールドの設定」から集計方法で「平均」を選びます（p.29参考）。これで各ヘルメットごとの平均値がでました。この結果から、最も大きいのは「Z」だとわかります。

4 例題の解答

例題1

1 ヘルメットのタイプで一番多いのは [X] である。[半角、大文字で記入せよ。]

2 欠測値として空欄となっている箇所について、地区ごとの平均値を小数第1位で四捨五入した整数で代入したとする。このとき、地区全体の中で自転車のタイヤのサイズの平均値が最も大きくなる地区は [4] である。[番号の数値を半角、整数で入力せよ。]

3 地区A-1とA-2を併せてA、地区B-1とB-2を併せてBとする。このとき、次の①～⑤のうち、最も適切なものを一つ選び、番号を空欄に入力せよ。[番号の数値を半角、整数で入力せよ。]

[3]

4 1inchを2.54cmとする。このとき、2の方法で欠測値を代入した後のデータ全体を用いて、ヘルメットのタイプ毎に、自転車のタイヤのサイズ1cmあたりの身長の平均値を求めた。この値が最も大きいヘルメットのタイプはX、Y、Zのうち [Z] である。[半角、大文字で入力せよ。]

Keywords

- □ データサイエンス　□ 匿名化　□ 質的変数　□ 量的変数
- □ 構造化データ　□ ケース　□ 層別　□ 水準化　□ 変数変換
- □ 欠測値

PART
2

質的データのアナリティクス

第2章
重点志向とパレート分析

「何が最も売れる商品なのか」「どういう苦情が最も多いのか」など、重要度や優先度を割り出すことは多くの場面で見られる課題です。

商品の種類や苦情の種類など、蓄積された質的データを分析する場合、適切に集計やその結果をグラフに表すことで整理や重要度の重みづけができるようになります。

この章ではその手法として、パレート表、パレート図によるパレート分析（ABC分析）およびその層別分析を学習します。

例題2

エクセルデータシート『顧客ID付き食品購入データ』は、スーパーマーケットA店で店舗専用のカードを作成した顧客が店舗を訪れ、カードを提示し食品を購入した際の購入記録一か月分である。データは、食品の種類ごとに1回の購入で1行記録される。データを分析して、下の問いの空欄に適切な文字や数値を入力せよ。

	A	B	C	D	E	F
1	データ番号	顧客番号	購入金額（円）	食品種類	曜日	性別
2	1	000153	220	肉	火曜日	女性
3	2	000263	760	魚貝缶詰	火曜日	女性
4	3	000321	920	卵	火曜日	男性
5	4	000349	700	軽食	火曜日	女性
6	5	000402	950	パン	火曜日	女性
7	6	000441	340	果物	火曜日	女性
8	7	000443	770	冷凍食品	火曜日	男性
9	8	000468	1,160	肉	火曜日	女性
10	9	000486	1,430	菓子類	火曜日	男性

1 購入された「食品種類」のカテゴリー（種類）は、全部で［　　　］個である。［数値は整数を半角で入力せよ。］

2 購入された「食品種類」の中で、購入された回数が最も多かった食品の種類は、［　　　］である。［漢字で入力せよ。］

3 食品種類別にみたとき、「購入金額」の合計が上位3種類までの累積購入金額は、全体の購入金額総計の［　　　］%を占める。［数値は四捨五入して小数第1位までを半角で入力せよ。］

4 食品種類の中で「軽食」は購入金額で上位の位置を占めるが、曜日別に比較した場合、「軽食」の購入金額の合計が最も大きい曜日は、［　　　］曜日である。［漢字で入力せよ。］

5 購入金額による曜日×食品種類のクロス集計表から、特化係数を求めた。特化係数の値からみて土曜日に強みがある食品種類がいくつかある。その中で、土曜日の特化係数が最も大きい値を示す食品種類は、［　　　　］である。［漢字で入力せよ。］

1 パレート分析の手順とパレート表

❶ パレート表

例題2では、食品の購入時点情報が3629件あったときに、その中の何が購入されているのか、「食品種類」（質的データ）に着目した分析を行います。一般に、このような質的データは次の手順に従って分析します。

①「食品種類」の中で観測されているカテゴリーを洗い出す
② カテゴリー別に購入件数や購入金額を集計する
③ 件数の多い順（降順）に並べ替える【重点志向】
④ 構成割合（%）を求めて、全体のカテゴリ別の構造を把握する
⑤ ④を足し上げることで、累積件数、累積構成割合（%）を求め、全体の傾向を把握する

商品の購入情報を分析する場合、各商品の重要度は、**頻度とコスト（金額）**の両方で評価されます。ここでは②の手順において、購入件数から説明をしますが、購入件数を購入金額に置き換えると金額に対する分析となります。上記の①～⑤の手順を実行してまとめたものが、次のパレート表・パレート図です。

図表2-1　件数をベースとしたパレート表

①食品種類	②購入件数	③構成割合(%)	④累積購入件数	⑤累積構成割合(%)
野菜	683	18.7%	683	18.7%
軽食	612	16.8%	1295	35.5%
菓子類	491	13.5%	1786	48.9%
乳製品	268	7.3%	2054	56.3%
肉	267	7.3%	2321	63.6%
果物	241	6.6%	2562	70.2%
パン	227	6.2%	2789	76.4%
朝食用食品	150	4.1%	2939	80.5%
缶スープ	143	3.9%	3082	84.5%
調理用品	143	3.9%	3225	88.4%
米・麺類	95	2.6%	3320	91.0%
卵	88	2.4%	3408	93.4%
魚貝缶詰	83	2.3%	3491	95.7%
おかず	49	1.3%	3540	97.0%
冷凍食品	49	1.3%	3589	98.4%
海鮮品	35	1.0%	3624	99.3%
ツナ缶	25	0.7%	3649	100.0%
総計	3649	100.0%		

件数で降順

全体の約7割の販売件数および販売金額は上位6種類で占められている

図表2-2　金額をベースとしたパレート表

①食品種類	②購入金額合計(円)	③構成割合(%)	④累積購入金額合計(円)	⑤累積構成割合(%)
野菜	542,650	18.9%	542,650	18.9%
軽食	492,730	17.2%	1,035,380	36.1%
菓子類	357,130	12.5%	1,392,510	48.5%
乳製品	234,310	8.2%	1,626,820	56.7%
肉	216,600	7.6%	1,843,420	64.3%
果物	185,400	6.5%	2,028,820	70.7%
パン	179,220	6.2%	2,208,040	77.0%
朝食用食品	110,730	3.9%	2,318,770	80.8%
缶スープ	104,820	3.7%	2,423,590	84.5%
調理用品	94,520	3.3%	2,518,110	87.8%
米・麺類	83,610	2.9%	2,601,720	90.7%
魚貝缶詰	75,190	2.6%	2,676,910	93.3%
卵	71,530	2.5%	2,748,440	95.8%
冷凍食品	40,540	1.4%	2,788,980	97.2%
おかず	33,150	1.2%	2,822,130	98.4%
海鮮品	28,810	1.0%	2,850,940	99.4%
ツナ缶	17,480	0.6%	2,868,420	100.0%
総計	2,868,420	100.0%		

金額合計で降順

例題2❶～❸は、このパレート表を作成することで解答することができます。

データからパレート表（図表2-1）を作成する手順は次節のEXCEL WORKで説明しますが、まずは表の列構成をみてみましょう。

①**食品種類**：データの中に出てくるすべての食品種類が購入回数もしくは金額に応じて降順に並び替えて表示されています。購入回数（もしくは金額）の最も多い食品種類があり、重要度（優先順位）に応じて並べられています。回数や金額などの結果に与える重要性（大きさ）に応じて対象を並べ替えて整理することを**重点志向**といいます。統計的な用語として、先頭のカテゴリーのことを、質的データの分布の**モード（最頻カテゴリー）**といいます。

❶の答えは17個、❷の答えは野菜であることがわかります。

②**購入回数**または**購入金額**：各食品種類で集計された値です。

③**構成割合（%）**：各食品種類の購入回数や購入金額を全体の合計で割った値で、全体に対して占めている割合（シェア）です。

④**累積購入回数**または**累積購入金額**：各食品種類に対して、自身とそれより上の行にある食品種類ごとの購入回数または購入金額を上からすべて足し上げた値を示しています。この足し上げる計算を**累積**といっています。累積が示されていると、上位2種類や3種類の合計がわかります。

⑤**累積（構成）割合（%）**：④と同様に、各食品種類に対して、自身とそれより上の行にある食品種類の構成割合をすべて足し上げた（累積した）割合です。累積割合から全体の中で、例えば上位2種類や3種類などの食品種類が占める割合を読み取ることができます。

❸の答えは、図表2-2より48.5%であることがわかります。

❷ パレート図

パレート図は、パレート表における購入回数または購入金額（棒グラフ）を第1軸（左の縦軸）で表し、累積構成割合（%）（折れ線グラフ）を第2軸（右の縦軸）で表したグラフです。横軸には、パレート表の並びの順で食品種類が並んでいます。右軸の累積構成割合で、例えば、70%のところにあたる折れ線の位置を下に見ていくと、パレート表でもみたように、ちょうど上位6種類目の果物のところにあたります。このように、累積構成割合を使ってパレート図を説明する方法を学習しておきましょう。

Tips

80:20の原理とABC分析

「80:20の原理」は、土地の8割を人口の2割が所有するという分配の不平等性を分析した経済学者パレートにちなんで名付けられた法則です。現在は、成果全体の80%が、原因となる要素（カテゴリー）全体の20%に起因するとする、重点化の必要性を説くマネジメントの原理として知られています。「80:20」の数値は例えで、成果の大部分が上位の少数の要素で説明できることを意味しています。

先ほどの食品購入データの例では全体の件数（金額）の70%が17種類の中の上位6種類、つまり35%で説明できることになります。

商品購買データによるパレート分析では、商品の重要度に応じて順位付けされることから、商品をAランク、Bランク、Cランク、…とグループに括ることもできます。

そのため、**ABC分析**とも呼ばれています。どこまでをAランクにするのか、Bランクにするのかは、累積構成割合や構成割合をみて判断します。

例えば、累積構成割合が40%までをAランク、80%までをBランクとする、もしくは構成割合が同じような値を同じグループに括るなどの観点で重要度や優先度を判断します。

図表2-3　件数をベースとしたパレート図

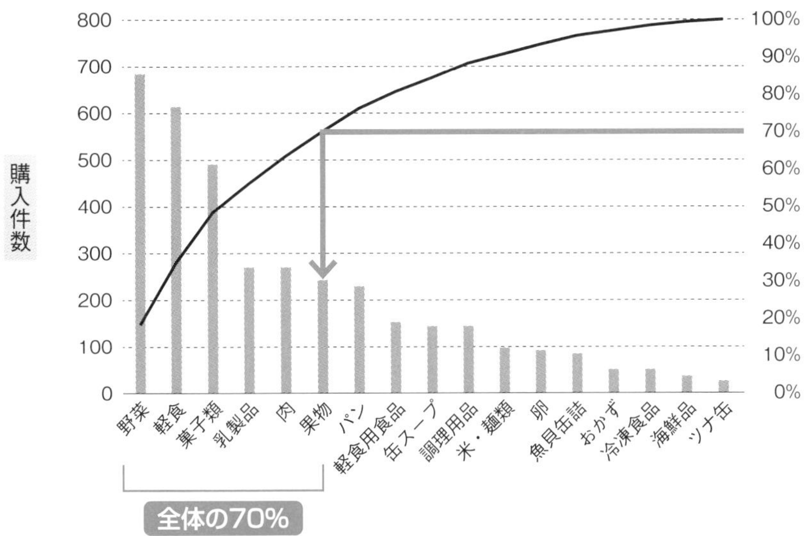

図表2-4　金額をベースとしたパレート図

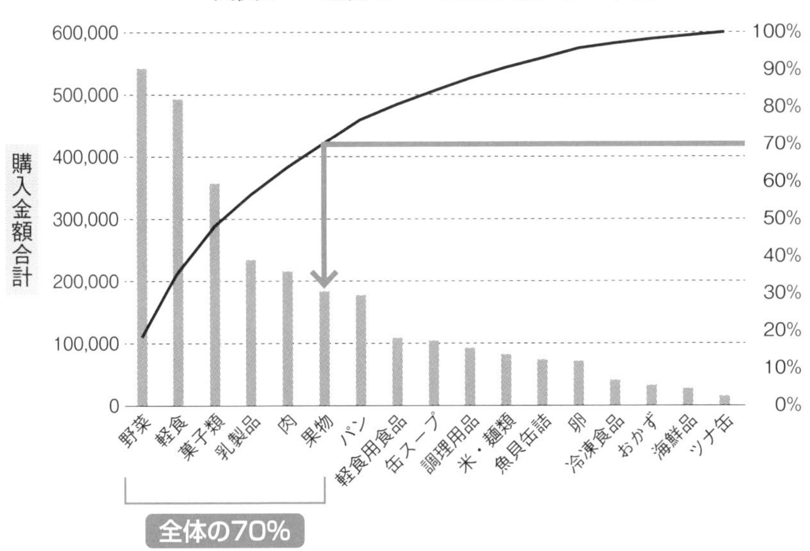

EXCEL WORK

パレート表の作成（ピボットテーブル）

動画はコチラから▶ 

手順 1　データを選択してピボットテーブルをクリック

表の❶データの部分を選択します。「挿入」タブにある❷「ピボットテーブル」のアイコンを押して❸OKを押します。

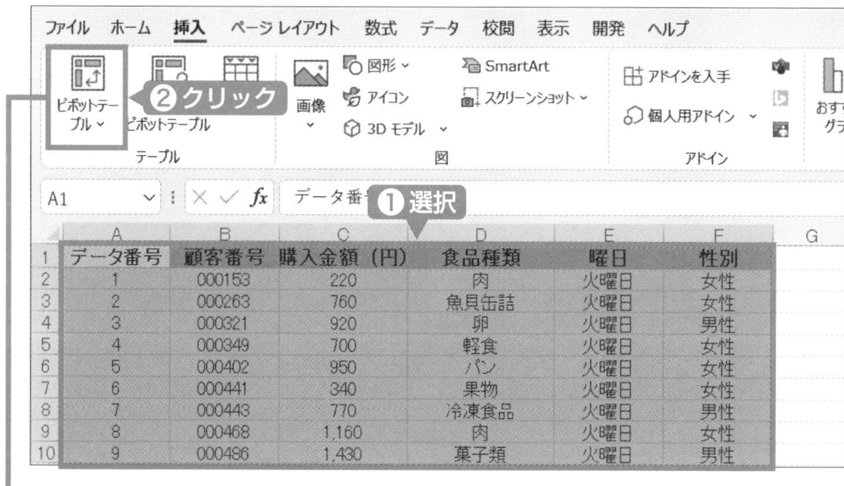

	A	B	C	D	E	F
1	データ番号	顧客番号	購入金額（円）	食品種類	曜日	性別
2	1	000153	220	肉	火曜日	女性
3	2	000263	760	魚貝缶詰	火曜日	女性
4	3	000321	920	卵	火曜日	男性
5	4	000349	700	軽食	火曜日	女性
6	5	000402	950	パン	火曜日	女性
7	6	000441	340	果物	火曜日	女性
8	7	000443	770	冷凍食品	火曜日	男性
9	8	000468	1,160	肉	火曜日	女性
10	9	000486	1,430	菓子類	火曜日	男性

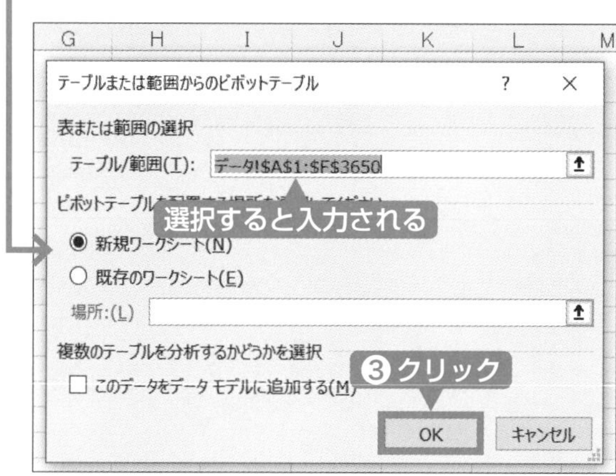

例題の解き方　「データ番号」から「性別」までの変数の入ったセルを選択し、「Ctrl＋Shift＋↓」または、「Ctrl＋A」を押して一番下の行まで選択し、ピボットテーブルにします。

手順2　フィールドに変数を入れる

❹［ピボットテーブルのフィールド］に変数をいれます。表示結果の並べ替えを行いたい場合は、❺列の任意のセル位置（列名を除く）を選択して、右クリックで表示されるメニューから「並べ替え」を選び、「降順」をクリックします。

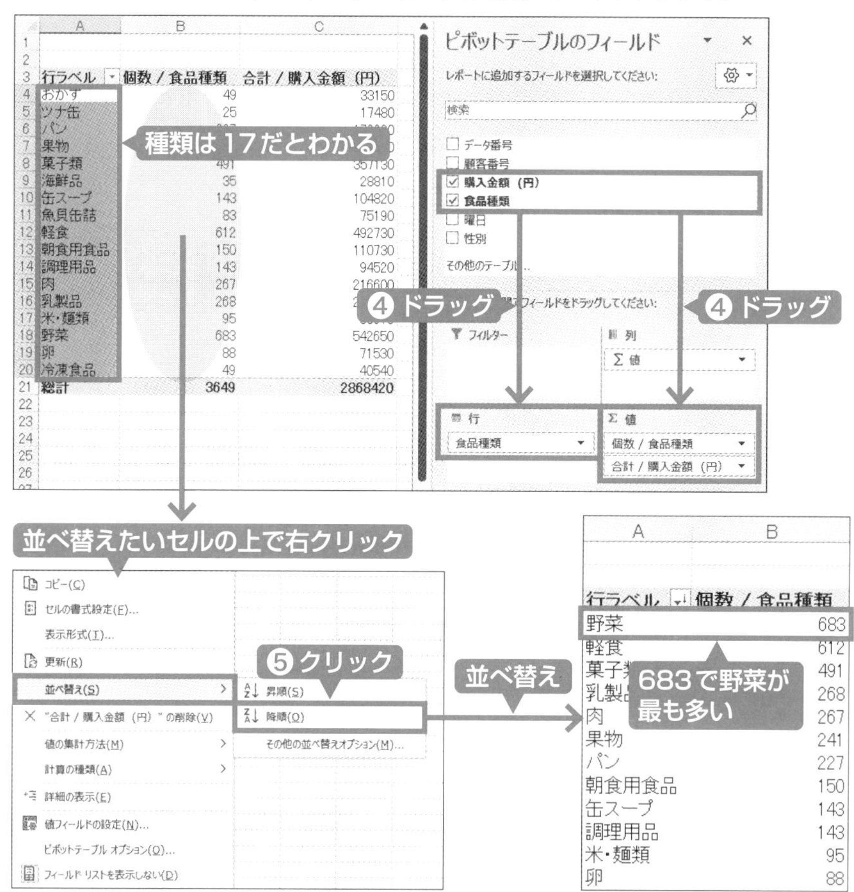

例題の解き方　例題2❶では［行］に「食品種類」、［値］に「食品種類」「購入金額(円)」を入れます。表示される結果から、例題2❶の食品種類のカテゴリーは17種類とわかります。また並び替えにより、例題2❷の購入された回数が最も多かった食品の種類は、「683」回の「野菜」だとわかります。

手順3　計算の表示内容を変更する

計算の表示内容を変更したい場合は、❻任意のセル位置（列名を除く）を選択して、右クリックで表示されるメニューから「計算の種類」より表示したい項目を選びます。

3	行ラベル	額	合計 / 購入金額（円）
4	野菜	83	18.92%
5	軽食	12	17.18%
6	菓子類	91	12.45%
7	乳製品	268	8.17%
8	肉	267	7.55%
9	果物	241	6.46%
10	パン	227	6.25%
11	朝食用食品	150	3.86%
12	缶ス	3	3.65%
13	調理用品	143	3.30%
14	米・麺類	95	2.91%
15	卵	88	2.49%
16	魚貝缶詰	83	2.62%
17	冷凍食品	49	1.41%
18	おかず	49	1.16%
19	海鮮品	35	1.00%
20	ツナ缶	25	0.61%
21	**総計**	3649	100.00%

例題の解き方　例題2❸では、「列集計に対する比率」をクリックすると、列方向の総計を100%としたときのそれぞれの食品種類に対応する割合が表示され、上位3種類を合計すると48.546%となり（繰上げを考慮して小数第3位まで表示して確認する）、問題文の解答条件から小数第2位を四捨五入すると、「48.5%」となります。

EXCEL WORK

パレート図の作成（ピボットテーブル）

動画はコチラから▶

手順 1　パレート表を作成

❶ピボットテーブルで集計し、❷コピーして［値の貼り付け］*をし、❸構成割合や累積、累積購入割合を計算してパレート表を作ります。

*そのまま「貼り付け」を実行すると、ピボットテーブルとしてコピーされてグラフにできないので注意。

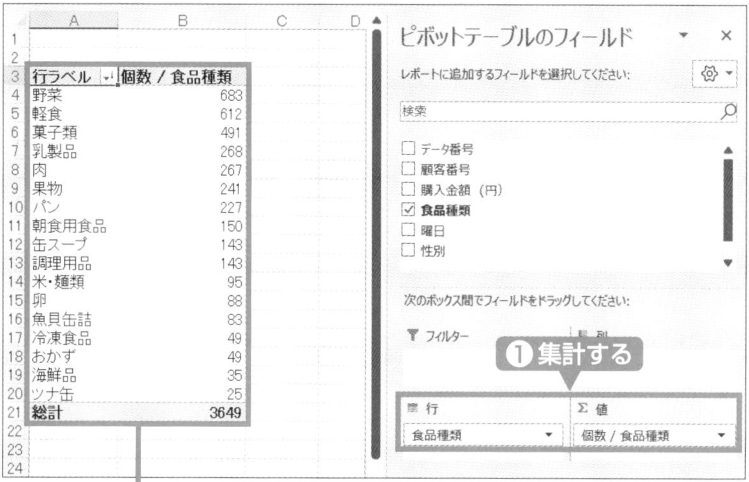

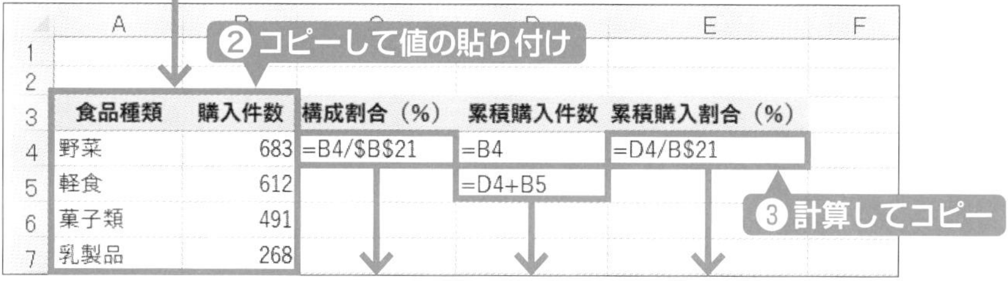

行ラベル	個数 / 食品種類
野菜	683
軽食	612
菓子類	491
乳製品	268
肉	267
果物	241
パン	227
朝食用食品	150
缶スープ	143
調理用品	143
米・麺類	95
卵	88
魚貝缶詰	83
冷凍食品	49
おかず	49
海鮮品	35
ツナ缶	25
総計	3649

食品種類	購入件数	構成割合（%）	累積購入件数	累積購入割合（%）
野菜	683	=B4/$B$21	=B4	=D4/B$21
軽食	612		=D4+B5	
菓子類	491			
乳製品	268			

例題での応用　購入件数を集計したピボットテーブルからパレート表を作ります。まずは［行］［値］に「食品種類」を入れたピボットテーブルの「行ラベル」「個数／食品種類」を選択・コピーして貼り付けます。「構成割合」の計算式などを入力して、計算式をフィルハンドルからドラッグしてコピーし、「構成割合」「累積購入件数」「累積購入割合」を算出します。

手順2　パレート図を作成

❹パレート図にしたい項目を選択し、［挿入］タブから［グラフ］＞［組み合わせ］＞❺［集合縦棒-第2軸の折れ線］を選んでパレート図を作成します。

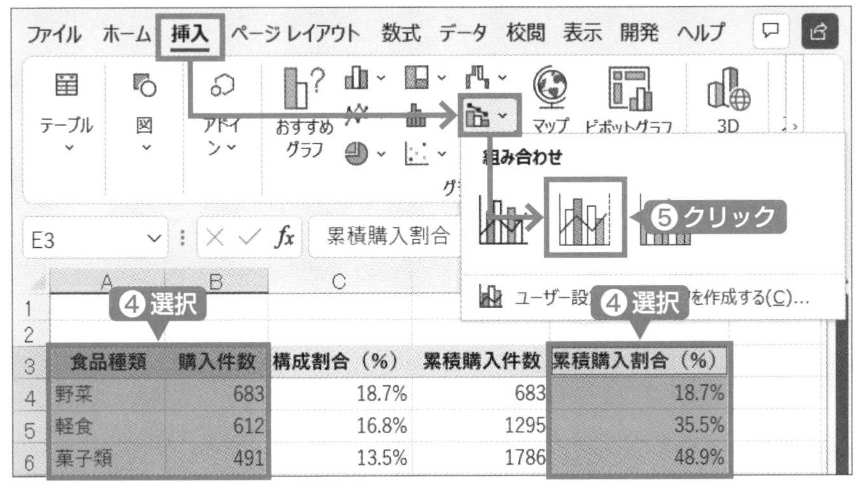

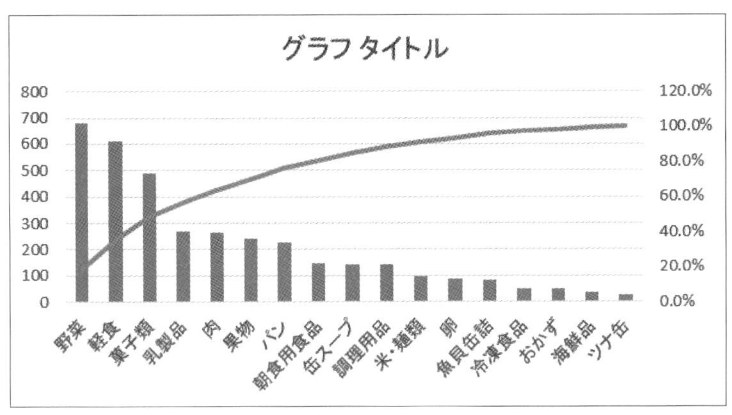

例題での応用　「食品種類」「購入件数」「累積購入割合」を総計を除いて選択し、パレート図を作成します。

Tips

パレート図の情報量を増やす

パレート図の左軸目盛の部分をダブルクリックして［軸の書式設定］を使い、［最小値］を0、［最大値］を「購入件数総計」の3649に設定します。同じく右軸目盛も［最小値］を0、最大値を1に設定します。またグラフを選択すると表示されるグラフ要素から［目盛線］の［第2主横軸］のみをチェックすると、購入件数（棒グラフ）と累積購入件数（折れ線グラフ）の双方に関して、左軸の件数の実数値と右軸の全体に占める割合（%）を共通して読み取れるグラフにすることができます。つまり、パレート表の4つの項目列のすべての情報を読み取ることができるグラフになるわけです。なお、総計の値が個々の種類別の値に比べて大きすぎる場合は値（棒の高さ）の差異が読み取れなくなるため、この操作はしない方が良いです。

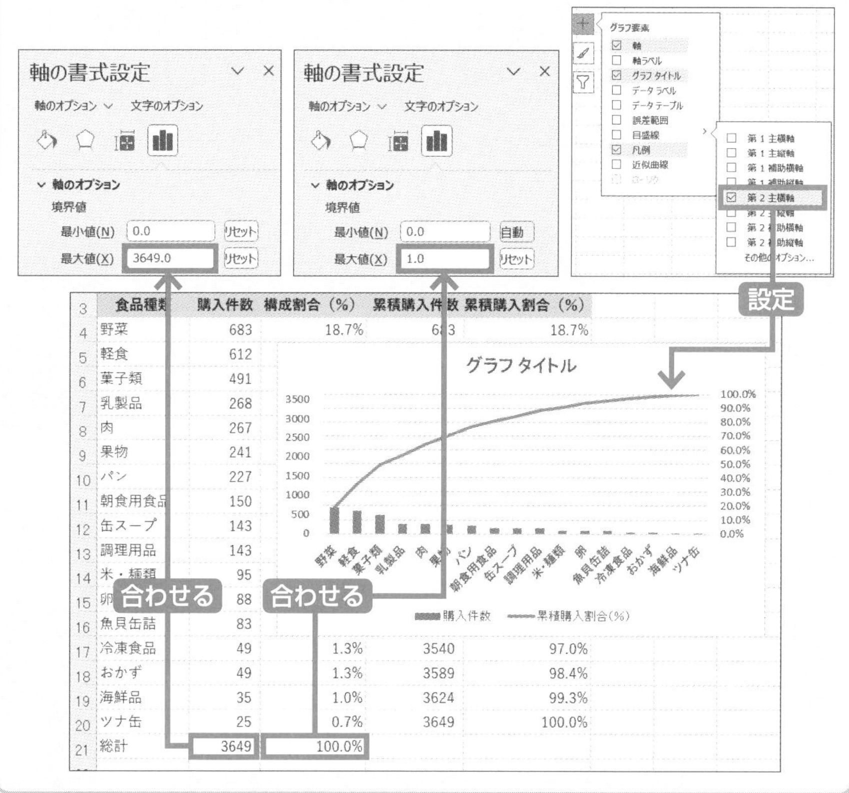

2 層別パレート分析

❶ クロス集計表の作成

例題2❶から❸は、一つの質的データ「食品分類」の全体の傾向をパレート分析することによって解答を得ることができました。例題2❹と❺は、全体の傾向が状況によってどう変化するのかを問う問題です。例えば、曜日の違いによって購入される食品種類の傾向がどう変わるのか、またどの曜日に特徴的な違いが出てくるのかなど、曜日別に購入件数や購入金額を比較して特徴をつかむことに焦点を当てています。

状況や条件を示す他の質的データのカテゴリーでデータを分けて、傾向を比較分析することを**層別分析**といいます。層別分析を行うためには、**クロス集計表**を作成します。

図表2-5は、曜日別に食品種類ごとの購入金額を比較するために、曜日と食品種類の**2つの質的データに対して作成したクロス集計表**です。

全体の購入金額の総計2,868,420円の内訳を食品種類と曜日別に見ることが

図表2-5　曜日×食品種類別のクロス集計（購入金額）

食品種類	日曜日	月曜日	火曜日	水曜日	木曜日	金曜日	土曜日	総計
野菜	225,850	65,210	39,100	65,910	84,690	34,690	27,200	542,650
軽食	194,130	69,050	56,800	60,190	48,530	33,080	30,950	492,730
菓子類	138,920	34,350	37,510	48,850	49,100	32,160	16,240	357,130
乳製品	91,460	24,520	25,780	30,540	31,590	15,790	14,630	234,310
肉	88,610	37,630	19,440	28,820	19,200	16,220	6,680	216,600
果物	64,790	30,640	14,490	29,010	20,540	16,340	9,590	185,400
パン	78,410	13,910	16,700	25,000	27,140	10,290	7,770	179,220
朝食用食品	43,400	18,490	8,340	11,510	16,570	10,810	1,610	110,730
缶スープ	44,090	12,390	8,900	14,340	13,200	7,100	4,800	104,820
調理用品	41,110	10,240	9,490	7,960	12,750	5,230	7,740	94,520
米・麺類	36,480	6,090	5,780	7,780	18,230	4,650	4,600	83,610
魚貝缶詰	28,570	12,830	7,790	9,650	11,010	1,670	3,670	75,190
卵	31,740	10,460	7,300	9,960	7,090	3,180	1,800	71,530
冷凍食品	22,090	3,390	4,030	4,350	3,220	2,580	880	40,540
おかず	9,210	6,970	2,270	3,200	7,480	1,880	2,140	33,150
海鮮品	13,900	3,600	2,640	4,070	2,740	610	1,250	28,810
ツナ缶	7,080	1,600	2,430	0	4,850	1,210	310	17,480
総計	1,159,840	361,370	268,790	361,140	377,930	197,490	141,860	2,868,420

できます。例題2④は食品種類「軽食」に関して、どの曜日に購入金額が最も大きいのかを問う問題ですので、図表2-5の軽食の行を横に比べたときに日曜日の194,130円が最も大きい値であることがわかります。

また、曜日ごとに購入金額の総計が異なります。そこで、どの曜日にどういう食品種類の購入割合が上昇するのかをみるため、条件付き構成割合を求めたりします。つまり各曜日で層別した食品種類の購入割合（%）を調べることで、曜日ごとの購入傾向の比較ができるようになります。

図表2-6は、各曜日の購入金額の構成割合を示しています。月曜日を除くどの曜日も上位の3種類は「野菜」「軽食」「菓子類」と変わりはありませんが、その順位が異なっており、曜日によって購入される食品の傾向に違いがあるということを示しています。特に月曜日は「肉」が3番目に大きな割合を示し、他の曜日に比べて購入される傾向が大きくなっています。図表2-6における食品ごとの行方向の割合の数値を比べることで、曜日と購入される商品の関係がわかります。

このように、特定の食品種類と曜日が組み合わされることで、特徴的な効果が出てくることを2つの変数に交互作用効果があるといいます。どこに大きな交互作用効果があるのかを見るために、特化係数といわれる指標が使われます。

❷ 特化係数

特化係数とは、ある分類項目に対して、全体集団とそれを分ける部分集団の構成割合があったときに、部分集団での割合を対応する全体集団での割合で割った値になります。食品種類の例では、各曜日の列が部分集団、総計の列が全体集団に相当します。

$$\text{特化係数} = \frac{\text{部分集団の割合}}{\text{全体集団の割合}}$$

特化係数の値が1であれば、部分集団の割合が全体集団と同じです。すなわち、傾向に変化はないことを意味します。1より離れた値をとると、全体の傾向から離れたその部分集団固有の特徴（交互作用効果）があることを意味します。

地域経済分析では、全体集団の割合となる全国における産業別の割合と、部分集団となる各都道府県の産業別割合とを比較して、各都道府県の産業の**強みや弱みの項目の特定**に特化係数がよく使用されます。

図表2-6から計算した特化係数表が図表2-7です。特化係数の値が1.3を超えるセルおよび0.5より小さいセルに色付けして、その対応をクロス集計表（%）に反映すると、どの曜日のどの食品種類に特徴が出ているのかがわかるようになります。

例えば、土曜日の調理用品の特化係数は、1.66（＝5.5%÷3.3%）と他の曜日より大きな値を示していて、これは、土曜日が他の曜日に比べて「調理用品」の購入割合が最も大きくなっていることを意味しています。つまり、「調理用品」は土曜日に強みが出る食品種類ということになります。

また、月曜日の「肉」の特化係数も1.38と他の曜日の特化係数よりも大きな値を示しているので、月曜日の「肉」の購入金額の割合10.4%が他の曜日と比

図表2-6　曜日別の食品種類に対する構成割合

食品種類	日曜日	月曜日	火曜日	水曜日	木曜日	金曜日	土曜日	総計
野菜	19.5%	18.0%	14.5%	18.3%	22.4%	17.6%	19.2%	18.9%
軽食	16.7%	19.1%	21.1%	16.7%	12.8%	16.8%	21.8%	17.2%
菓子類	12.0%	9.5%	14.0%	13.5%	13.0%	16.3%	11.4%	12.5%
乳製品	7.9%	6.8%	9.6%	8.5%	8.4%	8.0%	10.3%	8.2%
肉	7.6%	10.4%	7.2%	8.0%	5.1%	8.2%	4.7%	7.6%
果物	5.6%	8.5%	5.4%	8.0%	5.4%	8.3%	6.8%	6.5%
パン	6.8%	3.8%	6.2%	6.9%	7.2%	5.2%	5.5%	6.2%
朝食用食品	3.7%	5.1%	3.1%	3.2%	4.4%	5.5%	1.1%	3.9%
缶スープ	3.8%	3.4%	3.3%	4.0%	3.5%	3.6%	3.4%	3.7%
調理用品	3.5%	2.8%	3.5%	2.2%	3.4%	2.6%	5.5%	3.3%
米・麺類	3.1%	1.7%	2.2%	2.2%	4.8%	2.4%	3.2%	2.9%
魚貝缶詰	2.5%	3.6%	2.9%	2.7%	2.9%	0.8%	2.6%	2.6%
卵	2.7%	2.9%	2.7%	2.8%	1.9%	1.6%	1.3%	2.5%
冷凍食品	1.9%	0.9%	1.5%	1.2%	0.9%	1.3%	0.6%	1.4%
おかず	0.8%	1.9%	0.8%	0.9%	2.0%	1.0%	1.5%	1.2%
海鮮品	1.2%	1.0%	1.0%	1.1%	0.7%	0.3%	0.9%	1.0%
ツナ缶	0.6%	0.4%	0.9%	0.0%	1.3%	0.6%	0.2%	0.6%
総計	100.0%	100.0%	100.0%	100.0%	100.0%	100.0%	100.0%	100.0%

全体の割合と比べて、
曜日別の構成割合を読む

べて最も大きいこともわかります。

ただし、これはあくまでも構成割合の比較であって、月曜日の「肉」の購入金額そのものが他の曜日の金額より大きいことを指しているわけではありません。また、曜日内で特化係数を比較して、その値が最も大きいからと言って、その曜日内でその商品種類の購入割合が最も大きいことにはならないことにも注意してください。こうした間違いを防ぐためにも、特化係数を示す際には、構成割合表（図表2-6）やクロス集計表（図表2-5）も並記しておくとよいでしょう。

例題2 5 は、土曜日の特化係数が最も大きい食品種類を答える問題でした。図表2-7の土曜日の列をみて、最も大きい値となる1.66の「調理用品」が解答となります。

図表2-7　曜日×食品種類に対する特化係数（購入金額）

食品種類	日曜日	月曜日	火曜日	水曜日	木曜日	金曜日	土曜日	全体
野菜	1.03	0.95	0.77	0.96	1.18	0.93	1.01	1.00
軽食	0.97	1.11	1.23	0.97	0.75	0.98	1.27	1.00
菓子類	0.96	0.76	1.12	1.09	1.04	1.31	0.92	1.00
乳製品	0.97	0.83	1.17	1.04	1.02	0.98	1.26	1.00
肉	1.01	1.38	0.96	1.06	0.67	1.09	0.62	1.00
果物	0.86	1.31	0.83	1.24	0.84	1.28	1.05	1.00
パン	1.08	0.62	0.99	1.11	1.15	0.83	0.88	1.00
朝食用食品	0.97	1.33	0.80	0.83	1.14	1.42	0.29	1.00
缶スープ	1.04	0.94	0.91	1.09	0.96	0.98	0.93	1.00
調理用品	1.08	0.86	1.07	0.67	1.02	0.80	1.66	1.00
米・麺類	1.08	0.58	0.74	0.74	1.65	0.81	1.11	1.00
魚貝缶詰	0.94	1.35	1.11	1.02	1.11	0.32	0.99	1.00
卵	1.10	1.16	1.09	1.11	0.75	0.65	0.51	1.00
冷凍食品	1.35	0.66	1.06	0.85	0.60	0.92	0.44	1.00
おかず	0.69	1.67	0.73	0.77	1.71	0.82	1.31	1.00
海鮮品	1.19	0.99	0.98	1.12	0.72	0.31	0.88	1.00
ツナ缶	1.00	0.73	1.48	0.00	2.11	1.01	0.36	1.00
総計	1.00	1.00	1.00	1.00	1.00	1.00	1.00	1.00

Tips

行集計に対する比率、列集計に対する比率と特化係数

図表2-6で示した曜日別の食品種類の購入割合の表は、**列集計に対する比率（列方向の比率）**です。一方、クロス集計表（図表2-5）からは、**行集計に対する比率（行方向の比率）**として、食品種類別に曜日に関する構成割合も求めることができます（図表2-8)。この表から土曜日の調理用品の特化係数は、およそ1.66（＝8.19%÷4.95%）と列集計から求めた特化係数と同じになります。特化係数は行と列の各要素（カテゴリー）が組み合わされることで生じる固有の効果なので、どちらの比率から計算しても同じ値になるということも理解しておきましょう。

図表2-8　曜日別の食品種類に対する構成割合

食品種類	日曜日	月曜日	火曜日	水曜日	木曜日	金曜日	土曜日	総計
野菜	41.62%	12.02%	7.21%	12.15%	15.61%	6.39%	5.01%	100.00%
軽食	39.40%	14.01%	11.53%	12.22%	9.85%	6.71%	6.28%	100.00%
菓子類	38.90%	9.62%	10.50%	13.68%	13.75%	9.01%	4.55%	100.00%
乳製品	39.03%	10.46%	11.00%	13.03%	13.48%	6.74%	6.24%	100.00%
肉	40.91%	17.37%	8.98%	13.31%	8.86%	7.49%	3.08%	100.00%
果物	34.95%	16.53%	7.82%	15.65%	11.08%	8.81%	5.17%	100.00%
パン	43.75%	7.76%	9.32%	13.95%	15.14%	5.74%	4.34%	100.00%
朝食用食品	39.19%	16.70%	7.53%	10.39%	14.96%	9.76%	1.45%	100.00%
缶スープ	42.06%	11.82%	8.49%	13.68%	12.59%	6.77%	4.58%	100.00%
調理用品	43.49%	10.83%	10.04%	8.42%	13.49%	5.53%	8.19%	100.00%
米・麺類	43.63%	7.28%	6.91%	9.31%	21.80%	5.56%	5.50%	100.00%
魚貝缶詰	38.00%	17.06%	10.36%	12.83%	14.64%	2.22%	4.88%	100.00%
卵	44.37%	14.62%	10.21%	13.92%	9.91%	4.45%	2.52%	100.00%
冷凍食品	54.49%	8.36%	9.94%	10.73%	7.94%	6.36%	2.17%	100.00%
おかず	27.78%	21.03%	6.85%	9.65%	22.56%	5.67%	6.46%	100.00%
海鮮品	48.25%	12.50%	9.16%	14.13%	9.51%	2.12%	4.34%	100.00%
ツナ缶	40.50%	9.15%	13.90%	0.00%	27.75%	6.92%	1.74%	100.00%
総計	40.43%	12.60%	9.37%	12.59%	13.18%	6.88%	4.95%	100.00%

EXCEL WORK

クロス集計表・条件付き構成割合・特化係数の計算

動画はコチラから▶

手順 1　クロス集計表を作成する

データのセルを選択して［ピボットテーブル］をクリックします。［テーブル/範囲］が正しく選択されていることを確認して［OK］を押します（p.24参照）。❶［ピボットテーブルのフィールド］に変数をいれます。

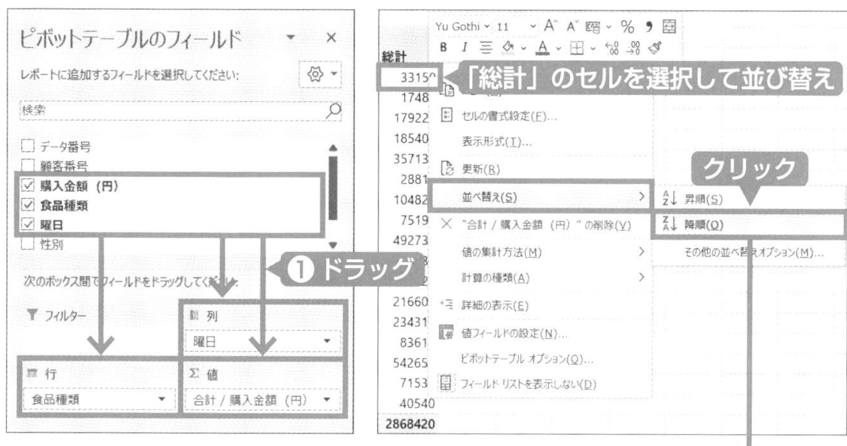

	合計 / 購入金額（円）	列ラベル							
4	行ラベル	日曜日	月曜日	火曜日	水曜日	木曜日	金曜日	土曜日	総計
5	野菜	225850	65210	39100	65910	84690	34690	27200	542650
6	軽食	194130	69050	56800	60190	48530	33080	30950	492730
7	菓子類	138920	34350	37510	48850	49100	32160	16240	357130
8	乳製品	[illegible]	[illegible]	25780	30540	31590	15790	14630	234310

例題の解き方　例題2❹❺では、曜日と食品種類に関する購入金額のクロス集計表をつくるため、［列］に「曜日」、［行］に「食品種類」［値］に「購入金額」をドラッグしていれます。集計できたら「総計」のセルを選択して右クリックし、［並べ替え］を［降順］でしておきます。例題2❹は、データから「194130」の「日曜日」が「軽食」についての金額が最も大きい曜日だとわかります。

手順 2　条件付き構成割合（行集計・列集計に対する比率）を作成する

❺ピボットテーブルの任意のセルを選択して、右クリックで表示されるメニューから［計算の種類］＞［列集計の対する比率］［行集計の対する比率］を選択します(p.46参照)。

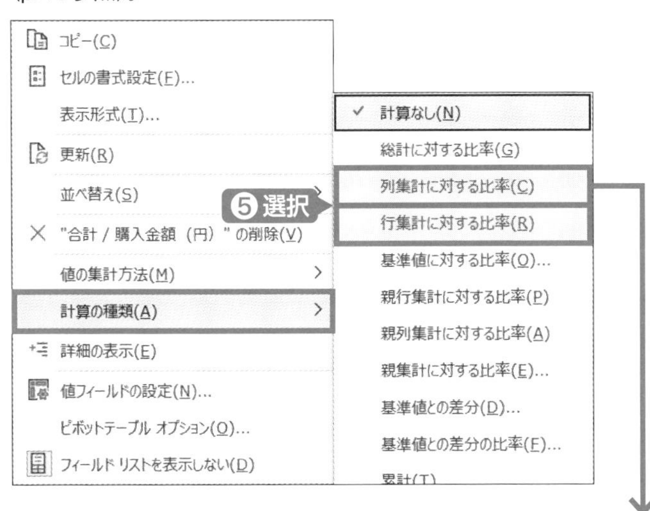

合計 / 購入金額（円）	列ラベル							
行ラベル	日曜日	月曜日	火曜日	水曜日	木曜日	金曜日	土曜日	総計
野菜	19.5%	18.0%	14.5%	18.3%	22.4%	17.6%	19.2%	18.9%
軽食	16.7%	19.1%	21.1%	16.7%	12.8%	16.8%	21.8%	17.2%
菓子類	12.0%	9.5%	14.0%	13.5%	13.0%	16.3%	11.4%	12.5%
乳製品	7.9%	6.8%	9.6%	8.5%	8.4%	8.0%	10.3%	8.2%
肉	7.6%	10.4%	7.2%	8.0%	5.1%	8.2%	4.7%	7.6%
果物	5.6%	[illegible]	[illegible]	[illegible]	5.4%	8.3%	6.8%	6.5%
パン	6.8%	[illegible]	[illegible]	[illegible]	7.2%	5.2%	5.5%	6.2%
朝食用食品	3.7%	5.1%	3.1%	3.2%	4.4%	5.5%	1.1%	3.9%
缶スープ	3.8%	3.4%	3.3%	4.0%	3.5%	3.6%	3.4%	3.7%
調理用品	3.5%	2.8%	3.5%	2.2%	3.4%	2.6%	5.5%	3.3%
米・麺類	3.1%	1.7%	2.2%	2.2%	4.8%	2.4%	3.2%	2.9%
魚貝缶詰	2.5%	3.6%	2.9%	2.7%	2.9%	0.8%	2.6%	2.6%
卵	2.7%	2.9%	2.7%	2.8%	1.9%	1.6%	1.3%	2.5%
冷凍食品	1.9%	0.9%	1.5%	1.2%	0.9%	1.3%	0.6%	1.4%
おかず	0.8%	1.9%	0.8%	0.9%	2.0%	1.0%	1.5%	1.2%
海鮮品	1.2%	1.0%	1.0%	1.1%	0.7%	0.3%	0.9%	1.0%
ツナ缶	0.6%	0.4%	0.9%	0.0%	1.3%	0.6%	0.2%	0.6%
総計	**100%**	**100%**	**100%**	**100%**	**100%**	**100%**	**100%**	**100%**

列集計に対する構成割合が表示

手順3　特化係数の計算をする

❻「条件付き構成割合」の表全体をコピーします。❼［ホーム］タブの［値の貼り付け］でピボットテーブルの隣に貼り付け、❽特化係数を計算する表を作り、❾計算式をいれます。❿計算式を行または列方向にコピーし、⓫コピーした行または列を全体にコピーします。

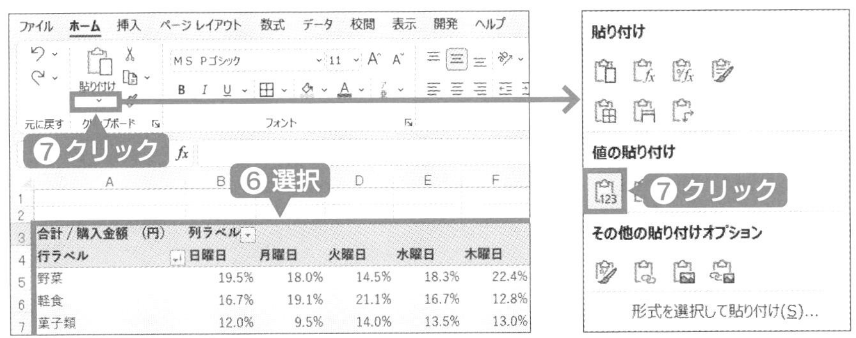

「列集計に対する比率」から特化係数を計算する場合

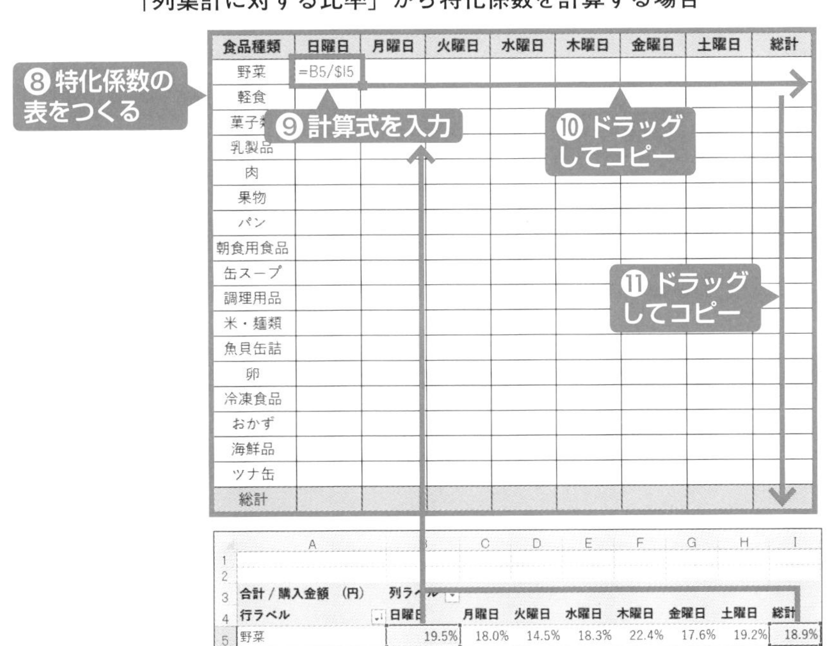

「行集計に対する比率」から特化係数を計算する場合

食品種類	日曜日	月曜日	火曜日	水曜日	木曜日	金曜日	土曜日	総計
野菜	=B5/B$22							
軽食								
菓子類								
乳製品								
肉								
果物								
パン								
朝食用食品								
缶スープ								
調理用品								
米・麺類								
魚貝缶詰								
卵								
冷凍食品								
おかず								
海鮮品								
ツナ缶								
総計								

❾計算式を入力

❿ドラッグしてコピー

⓫ドラッグしてコピー

	A	B
1		
2		
3	合計 / 購入金額（円	列ラベル
4	行ラベル	日曜日
5	野菜	41.6%
6	軽食	39.4%
7	菓子類	38.9%
8	乳製品	39.0%
9	肉	40.9%
10	果物	34.9%
11	パン	43.8%
12	朝食用食品	39.2%
13	缶スープ	42.1%
14	調理用品	43.5%
15	米・麺類	43.6%
16	魚貝缶詰	38.0%
17	卵	44.4%
18	冷凍食品	54.5%
19	おかず	27.8%
20	海鮮品	48.2%
21	ツナ缶	40.5%
22	総計	40.4%

食品種類	日曜日	月曜日	火曜日	水曜日	木曜日	金曜日	土曜日	総計
野菜	1.03	0.95	0.77	0.96	1.18	0.93	1.01	1.00
軽食	0.97	1.11	1.23	0.97	0.75	0.98	1.27	1.00
菓子類	0.96	0.76	1.12	1.09	1.04	1.31	0.92	1.00
乳製品	0.97	0.83	1.17	1.04	1.02	0.98	1.26	1.00
肉	1.01	1.38	0.96	1.06	0.67	1.09	0.62	1.00
果物	0.86	1.31	0.83	1.24	0.84	1.28	1.05	1.00
パン	1.08	0.62	0.99	1.11	1.15	0.83	0.88	1.00
朝食用食品	0.97	1.33	0.80	0.83	1.14	1.42	0.29	1.00
缶スープ	1.04	0.94	0.91	1.09	0.96	0.98	0.93	1.00
調理用品	1.08	0.86	1.07	0.67	1.02	0.80	1.66	1.00
米・麺類	1.08	0.58	0.74	0.74	1.65	0.81	1.11	1.00
魚貝缶詰	0.94	1.35	1.11	1.02	1.11	0.32	0.99	1.00
卵	1.10	1.16	1.09	1.11	0.75	0.65	0.51	1.00
冷凍食品	1.35	0.66	1.06	0.85	0.60	0.92	0.44	1.00
おかず	0.69	1.67	0.73	0.77	1.71	0.82	1.31	1.00
海鮮品	1.19	0.99	0.98	1.12	0.72	0.31	0.88	1.00
ツナ缶	1.00	0.73	1.48	0.00	2.11	1.01	0.36	1.00
総計	1.00	1.00	1.00	1.00	1.00	1.00	1.00	1.00

例題の解き方　例題2❺では、特化係数を計算すると図表2-7の結果となり、土曜日の係数が「1.66」となる「調理用品」が最も高いとわかります。

3　例題の解答と演習問題

例題2

1 購入された「食品種類」のカテゴリー（種類）は、全部で 17 個である。[数値は整数を半角で入力せよ。]

2 購入された「食品種類」の中で、購入された回数が最も多かった食品の種類は、 野菜 である。[漢字で入力せよ。]

3 食品種類別にみたとき、「購入金額」の合計が上位3種類までの累積購入金額は、全体の購入金額総計の 48.5 %を占める。[数値は四捨五入して小数第1位までを半角で入力せよ。]

4 食品種類の中で「軽食」は購入金額で上位の位置を占めるが、曜日別に比較した場合、「軽食」の購入金額の合計が最も大きい曜日は、 日 曜日である。[漢字で入力せよ。]

5 購入金額による曜日×食品種類のクロス集計表から、特化係数を求めた。特化係数の値からみて土曜日に強みがある食品種類がいくつかある。その中で、土曜日の特化係数が最も大きい値を示す食品種類は、 調理用品 である。[漢字で入力せよ。]

演習問題

エクセルデータシート『クレームデータ』は、訪問販売サービスに対して苦情センターに寄せられた記録である。データを分析して、下の問いの空欄に適切な文字や数値を入力せよ。

	A	B	C	D
1	データ番号	販売地域	苦情者性別	苦情内容
2	0001	Gエリア	女性	不要な契約強要
3	0002	Gエリア	男性	料金割引の説明不足
4	0003	Gエリア	女性	料金請求の不一致
5	0004	Cエリア	女性	不要な契約強要
6	0005	Gエリア	女性	その他

1 寄せられた「苦情内容」の種類は、全部で ＿＿＿ 個である。[数値は半角、整数で入力せよ。]

2 「苦情内容」の中で、件数が最も多い内容は、＿＿＿ である。[データ内の文字を全角で入力せよ。]

3 「苦情内容」別にみたとき、件数が上位に3つまでの苦情内容の累積件数は、苦情件数全体の ＿＿＿ %を占める。[数値は四捨五入して小数第1位までを半角で入力せよ。]

4 Fエリアで、最も割合の大きい「苦情内容」は、＿＿＿ である。[データ内の文字を全角で入力せよ。]

5 「エリア」×「苦情内容」のクロス集計表から、特化係数を求めた。Fエリアで最も大きな特化係数の値を示した苦情内容は、＿＿＿ である。[データ内の文字を全角で入力せよ。]

Keywords

- □質的データ　□パレート分析（ABC分析）
- □パレート表、パレート図　□構成割合　□累積構成割合
- □クロス集計表　□行集計に対する比率（行方向の比率）
- □条件付き構成割合　□特化係数

演習問題の解答

1 8　**2** 料金請求の不一致　**3** 53.4　**4** 料金請求の不一致

5 解約条件の説明不足

PART

2

質的データのアナリティクス

第 3 章 データ項目間の関連性とクロス集計分析

よく性別による嗜好の違いや行動の違いを明らかにするために、アンケート調査の結果からクロス集計表を作成して２つ以上の質的データ間の関連性の有無とその程度を分析することがあります。

この章ではクロス集計表を基本として、行（列）集計の比率の計算から独立性の意味、期待度数、χ^2統計量、連関係数、χ^2検定等の一連のデータ処理を学習します。

第3章 データ項目間の関連性とクロス集計分析

例題3

エクセルデータシート『テレビ視聴アンケートデータ』は、ある商品への関心の有無がテレビのスポーツ中継をよくみるかみないかと関係しているのかどうかをアンケート調査した結果、得られた有効回答者440名のデータである。データを分析して、下の問いの空欄に適切な文字や数値を入力せよ。

	A	B	C	D
1	回答者番号	性別	スポーツ中継	商品への関心
2	001	男	みる	ない
3	002	男	みる	ない
4	003	男	みる	ない
5	004	女	みない	ある
6	005	女	みる	ある
7	006	男	みる	ある
8	007	女	みない	ある

1 「商品への関心」があると答えた人の人数は、[　　　　]人である。[数値は半角、整数で入力せよ。]

2 「スポーツ中継」をみないと答えた人の中で、「商品への関心」があると答えた人の割合は[　　　　]%である。[数値は四捨五入して小数第1位までを半角で入力せよ。]

3 このデータには3つの変数A:「性別」、B:「スポーツ中継」をよくみるかみないか、C:「商品への関心」があるかないかがある。2つの質的データの間に関連があるかどうかについて、条件付き構成割合を比較して記述的に判断するとき、次の①～⑧の2つの変数の組み合わせの中から、関連がある変数の組み合わせをすべて上げたものとして最も適切なものを一つ選べ。

[　　　　]

①AとB　②BとC　③AとC　④AとB、BとC
⑤BとC、AとC　⑥AとB、AとC　⑦AとB、BとC、AとC
⑧どの組み合わせも該当しない
[番号の数値を半角、整数で入力せよ。]

4 3つの変数A：「性別」、B：「スポーツ中継」をみるかみないか、C：「商品への関心」があるかないかに対して、分析の結果、以下の記述が考えられる。
『変数（　ア　）で層別すると、変数（　イ　）間の連関は消える。したがって、変数（　イ　）間の連関は、変数（　ア　）で説明できる疑似的なものである。』
次の①～⑩の中から、（　ア　）に入る最も適切なものを一つ選べ。
次の①～⑩の中から、（　イ　）に入る最も適切なものを一つ選べ。

（ア）	（イ）

①A　②B　③C
④AとB　⑤AとC　⑥BとC
⑦AとB、AとC　⑧AとB、BとC
⑨AとC、BとC　⑩AとB、AとC、BとC
[番号の数値を半角、整数で入力せよ。]

1 クロス集計表（同時分布・周辺分布・条件付き分布）

2つの質的データ「スポーツ中継」と「商品への関心」の間の関連性をみるためには、第1章でも示したクロス集計表を作成します。

図表3-1 「スポーツ中継」×「商品への関心」のクロス集計表

	商品への関心		
スポーツ中継	ある	ない	総計
みる	68	188	256
みない	131	53	184
総計	199	241	440

ここでは、初めにクロス集計表の構成に関して、詳しく学習してみましょう。一般に、2つの質的データAとB（Aのカテゴリーの数はa、Bのカテゴリーの数はb）の度数に基づくクロス集計表を**$a \times b$のクロス集計表**といいます。例えば図表3-1では、「スポーツ中継」「商品への関心」のどちらもカテゴリーの数は2（スポーツ中継であれば「みる・みない」の2つ、商品の関心であれば「ある・ない」の2つ）となっていますので、後で示す2×2のクロス集計表となります。

$a \times b$のクロス集計表は図表3-2で表されます。ここで、i行j列の度数「n_{ij}」は、Aのデータで第i行のカテゴリー「A_i」と、Bのデータで第j列のカテゴリー「B_j」に応答した対象の数を表します。また、「$n_{i\cdot}$」、「$n_{\cdot j}$」はそれぞれ第i行の行合計、第j列の列合計、「$n_{\cdot\cdot}$」は総計を表しています。特に、第i行の行合計、第j列の列合計の度数のことを**周辺度数**といいます。

図表3-2 a×bのクロス集計表

	B_1	B_2	…	B_b	行合計
A_1	n_{11}	n_{12}	…	n_{1b}	$n_{1\cdot}$
A_2	n_{21}	n_{22}	…	n_{2b}	$n_{2\cdot}$
…			…		…
A_a	n_{a1}	n_{a2}	…	n_{ab}	$n_{a\cdot}$
列合計	$n_{\cdot 1}$	$n_{\cdot 2}$	…	$n_{\cdot b}$	$n_{\cdot\cdot}$

クロス集計表は質的データの度数分布として、1つの質的データの周辺分布、2つの質的データが組み合わさった同時分布、一方の質的データの条件をあるカテゴリーの値に固定した際のもう一方の質的データの条件付き分布、の3種類の度数分布から構成されています（図表3-3）。

クロス集計表から読み取るべき問いは、周辺分布に関する問題、同時分布に関する問題、条件付き分布に関する問題になるということを理解しておきましょう。

図表3-3　度数分布の種類

1次元の度数分布　周辺分布

	B_1	B_2	…	B_b	行合計
A_1	n_{11}	n_{12}	…	n_{1b}	$n_{1.}$
A_2	n_{21}	n_{22}	…	n_{2b}	$n_{2.}$
…			…		…
A_a	n_{a1}	n_{a2}	…	n_{ab}	$n_{a.}$
列合計	$n_{.1}$	$n_{.2}$	…	$n_{.b}$	$n_{..}$

2次元の度数分布　同時分布

	B_1	B_2	…	B_b	行合計
A_1	n_{11}	n_{12}	…	n_{1b}	$n_{1.}$
A_2	n_{21}	n_{22}	…	n_{2b}	$n_{2.}$
…			…		…
A_a	n_{a1}	n_{a2}	…	n_{ab}	$n_{a.}$
列合計	$n_{.1}$	$n_{.2}$	…	$n_{.b}$	$n_{..}$

条件付きの度数分布　条件付き分布

	B_1	B_2	…	B_b	行合計
A_1	n_{11}	n_{12}	…	n_{1b}	$n_{1.}$
A_2	n_{21}	n_{22}	…	n_{2b}	$n_{2.}$
…			…		…
A_a	n_{a1}	n_{a2}	…	n_{ab}	$n_{a.}$
列合計	$n_{.1}$	$n_{.2}$	…	$n_{.b}$	$n_{..}$

図表3-4　「スポーツ中継」×「商品への関心」のクロス集計表

	商品への関心		
スポーツ中継	ある	ない	総計
みる	68	188	256
みない	131	53	184
総計	199	241	440

○周辺分布に関する問題

「スポーツ中継」と「商品への関心」の**2×2のクロス集計表**の例では、図表3-4の①の行が、**「商品への関心」に関する周辺分布**、表右の②の列が、**「スポーツ中継」に関する周辺分布**となります。

「商品への関心」に関する周辺分布から、440人の回答者の中で、「商品への関心」が「ある」と答えた人は何人いるのか（199人）、またはその割合は何％か（約45%、199/440により計算）や、440人の回答者の中で、「商品への関心」が「ない」と答えた人は何人か（241人）、またはその割合（約55%）などについて求めます。

○同時分布に関する問題

図表3-4の③の部分が、2つの質的データである「スポーツ中継」と「商品への関心」の**同時分布**となります。

「スポーツ中継をみる、かつ商品への関心もある」人は全体で何人いるのか（68人）、またはその割合は何％か（約15%、**総計に対する割合**として68/440により計算）や、「スポーツ中継をみる、かつ商品への関心はない」人は何人いるのか（188人）、またはその割合などについて読み取ります。4つのセルの人数の合計は回答者数である440人となります。

図表3-5の総計部分の行と列は、それぞれ、「商品への関心」、「スポーツ中継」のデータの周辺分布（割合％）になっています。

図表3-5 「商品への関心」×「スポーツ中継」の総計に対する構成割合（セル比率）

	商品への関心		
スポーツ中継	ある	ない	総計
みる	15.45%	42.73%	58.18%
みない	29.77%	12.05%	41.82%
総計	45.23%	54.77%	100.00%

この4つのセルの合計は100%

○条件付き分布に関する問題

図表3-4の④の行が、「スポーツ中継」を「みる」と回答した256人に対する**「商品の関心」の条件付き分布**です。条件付き分布は、行方向で条件を付ける場合と列方向で条件を付ける場合の2通りがあります。列方向で条件を付ける

場合は、「商品の関心」が「ある」と回答した199人に対する「スポーツ中継」を「みる」、「みない」の分布を表します。

「スポーツ中継」を見ると回答した人の中で、「商品への関心」があると回答した人の人数は何人か（68人）、または「スポーツ中継」を「みる」と回答した人の中で、「商品への関心」が「ある」と回答した人の割合（条件付きの割合）は何％か（約27%、68/256により計算）などについて求めます。

条件付き分布を比較することで、例えば「スポーツ中継」を「みる」回答者と「みない」回答者で、「商品への関心」への傾向に違いがあるのかどうかを判断することができます。ただし、「スポーツ中継」を「みる」回答者と「みない」回答者では人数に違いがあるので、傾向を比較する場合は、**（構成）割合**を比較します（図表3-6）。

表から、「商品への関心」が「ある」人の割合は全体の約45%に対し、「スポーツ中継」を「みない」人に限定すると、その割合は約71%となり、「みる」人での割合である約27%と大きく異なっていることがわかります。

図表3-6 「スポーツ中継」視聴傾向別の「商品への関心」に関する構成割合（行方向の比率）

	商品への関心		
スポーツ中継	ある	ない	総計
みる	26.56%	73.44%	100.00%
みない	71.20%	28.80%	100.00%
総計	45.23%	54.77%	100.00%

反対に、「商品への関心」がある人の中でスポーツ中継を見る人の割合は、図表3-7（列方向での構成割合）を作成することでわかります。表の値から、「スポーツ中継」を「みる」人の割合は、「商品への関心」が「ある」人に限定すると、その割合は約34%となり、「ない」人での割合である約78%とやはり大きく異なっていることがわかります。

図表3-7 「商品への関心」別にみた「スポーツ中継」に関する構成割合

	商品への関心		
スポーツ中継	ある	ない	総計
みる	34.17%	78.01%	58.18%
みない	65.83%	21.99%	41.82%
総計	100.00%	100.00%	100.00%

このように、条件付き分布を比較してその傾向、特に**条件付き（構成）割合に明らかな違いがあるとき、2つの質的な変数の間には関連があること**が示唆されます。逆に、**条件付き（構成）割合に違いがほとんどないとき、2つの質的な変数の間には関連がない**ことになります。

例題のデータセットには、3つの変数「性別」、「スポーツ中継」、「商品への関心」があり、「スポーツ中継」と「商品への関心」の関連があることは、図表3-6、図表3-7からわかりました。「性別」と「スポーツ中継」、また、「性別」と「商品への関心」の関連性に関しては、それぞれ、図表3-8、図表3-9から判断することになります。この表から、「男性」はスポーツ中継をみる人の割合が大きいですが「女性」は小さいこと、反対に「男性」は商品への関心がある人の割合が小さく「女性」は大きいことがわかります。

図表3-8 性別の「スポーツ中継」に関する構成割合

性別	みる	みない	総計
男	90.04%	9.96%	100.00%
女	19.60%	80.40%	100.00%
総計	58.18%	41.82%	100.00%

図表3-9 性別の「商品への関心」に関する構成割合

性別	ある	ない	総計
男	17.01%	82.99%	100.00%
女	79.40%	20.60%	100.00%
総計	45.23%	54.77%	100.00%

一方で、2つの変数の間にみられる関連性は、その他の変数で条件を付ける（層別する）と、変化する可能性があることに注意しなければなりません。例えば、図表3-6、図表3-7でみられた「スポーツ中継」と「商品への関心」の間の関連は、「性別」で条件を付ける、すなわち男女別にみてみると、下の表のように、どちらの性別でもスポーツをみる人とみない人を比べると、商品への関心の割合が同じであることから、関連性がないという結果になります。

図表3-10　「スポーツ中継」と「商品への関心」を性別でみたクロス集計表

	商品への関心		
スポーツ	ある	ない	計
女	158	41	199
みる	31	8	39
みない	127	33	160
男	41	200	241
みる	37	180	217
みない	4	20	24
総計	199	241	440

図表3-11　「スポーツ中継」と「商品への関心」を性別でみた構成割合

	商品への関心		
スポーツ	ある	ない	計
女	79.4%	20.6%	100.0%
みる	79.5%	20.5%	100.0%
みない	79.4%	20.6%	100.0%
男	17.0%	83.0%	100.0%
みる	17.1%	82.9%	100.0%
みない	16.7%	83.3%	100.0%
総計	45.2%	54.8%	100.0%

このことは、「スポーツ中継」と「商品への関心」の間に見られた関連が、「性別」で説明できる疑似的な関連であるということを意味します。図表3-12と図表3-13をみてください。「性別」と「スポーツ中継」、「性別」と「商品への関心」を列方向の割合でみたものです。

図表3-12　性別の「スポーツ中継」に関する構成割合

性別	みる	みない	総計
男	84.77%	13.04%	54.77%
女	15.23%	86.96%	45.23%
総計	100.00%	100.00%	100.00%

図表3-13　性別の「商品への関心」に関する構成割合

性別	ある	ない	総計
男	20.60%	82.99%	54.77%
女	79.40%	17.01%	45.23%
総計	100.00%	100.00%	100.00%

表から、「スポーツ中継」の回答結果は男女の構成比が大きく異なること、そして男女によって「商品への関心」の傾向が異なることが見てとれます。そのため、「スポーツ中継」と「商品への関心」には直接的な関連はなくても「スポーツ中継」と「商品への関心」だけでクロス集計すると、「性別」を介した間接的な関連が生じていたことがわかります。このような間接的な関連は、その原因になっている要因（交絡要因）を分析に組み込めば、消え去ります。次の図表3-14（左）の両矢印は、「性別」を分析に組み込まないときに生じた「スポーツ中継」と「商品への関心」の偽の関連性を表し、図表3-14（右）は、「性別」を分析に組み込んだときには「性別」から「スポーツ中継」、「商品への関心」にそれぞれ関係を示すパス（片矢印）が生じ、「スポーツ中継」と「商品への関心」に存在していた左図の偽似的な関連性が消えることを表しています。

図表3-14　交絡要因と偽似的の関連性

このように、変数間の関連を分析する場合は、一般にその関連を引き起こす要因に関して考察を深めていくことが重要です。そのためには、3変数以上のクロス集計表（**多重クロス集計表**または多重クロス表）を作成して、行方向、列方向の割合を文脈に応じて計算し、使い分けて解釈していくと良いでしょう。下の表は、「性別」、「スポーツ中継」、「商品への関心」の3変数の多重クロス集計表です。

ここから、いろいろな方向の割合を計算してみていきましょう。

図表3-15　3変数のクロス集計表

	商品への関心		
スポーツ	ある	ない	計
女	158	41	199
みない	127	33	160
みる	31	8	39
男	41	200	241
みない	4	20	24
みる	37	180	217
全体計	199	241	440

EXCEL WORK

動画はコチラから▶

多重クロス集計表の作成

手順 1　データを選択してピボットテーブルをクリック

多重クロス集計したい❶データの部分を選択します。[挿入] タブにある❷ [ピボットテーブル] のアイコンをクリックして、❸ [ピボットテーブルの作成] ダイアログを確認しOKを押します。(p.24参照)。

手順 2　「フィールド」に変数を入れる

❹ [ピボットテーブルのフィールド] にそれぞれの変数（3変数以上）をドラッグして入れます。設定ができると、多重クロス表が表示されます。ボックス内の上下で表示内容が変わるので注意しましょう。

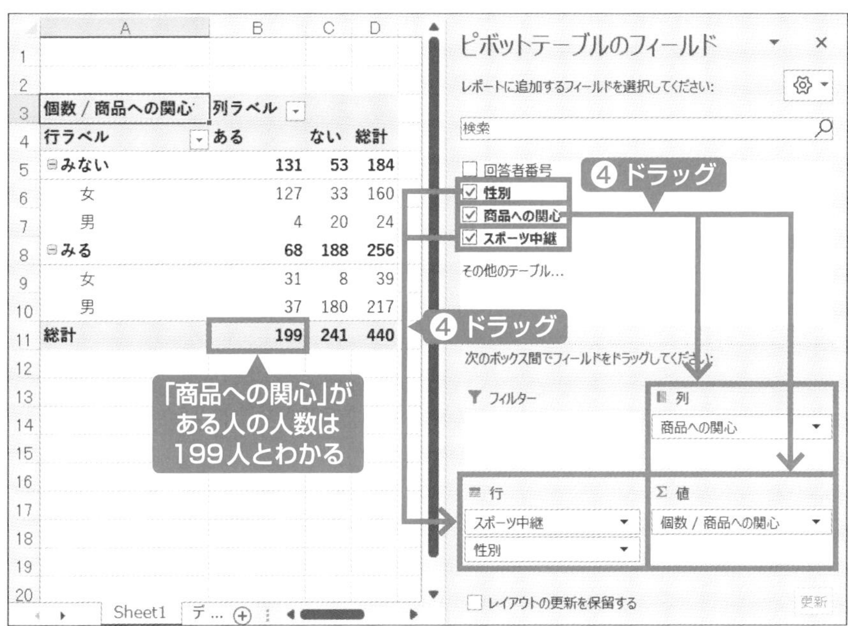

例題の解き方　例題3❶では、[行] に「性別」と「スポーツ中継」を、[列] と [値] のそれぞれに「商品への関心」をドラッグして入れます。表示される総計から「商品への関心」がある人は199人とわかります。

手順3 フィールドの「行」「列」「値」に変数を入れる

それぞれの割合の計算は、❺ピボットテーブルの任意のセルを右クリックすると表示されるメニューから❻［計算の種類］を選択し、❼求めたいサブメニューをクリックすると結果が表示される。

計算の種類の代表例

総計に対する比率	総計を100%とした同時分布に対する割合
列集計に対する比率	列合計を100%とした、列の変数で条件を付けた、条件付き付き分布に対する行の変数の割合（総計の列は周辺分布に対する割合）
行集計に対する比率	行合計を100%とした、行の変数で条件を付けた、条件付き付き分布に対する列の変数の割合（総計の行は周辺分布に対する割合）

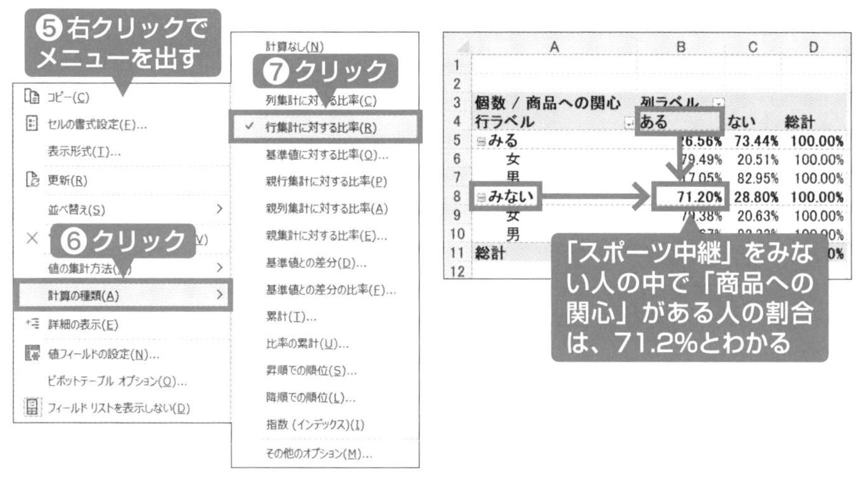

例題の解き方　例題3❷では、［計算の種類］＞［行集計に対する比率］を選択します。表示される結果から、「スポーツ中継」をみない人の中で「商品への関心」がある人の割合は71.20%となっており、問題文の解答条件から小数第2位を四捨五入すると、71.2%となります。

2　連関係数とχ^2検定～関連性の強さを測る～

この章の例題には含まれていませんが、出題範囲の質的データの分析には、連関係数とχ^2検定の問題も含まれています。クロス集計表から2つの質的変数の間の関連性の強弱の程度を測る連関係数を求める問題や、データに基づいてその背景にある母集団全体での関連性を判断するためにχ^2検定を行いますが、その内容も問題も出題されます。

いずれにおいても、クロス集計表からχ^2統計量の値を求める必要があるので、求め方を説明します。

❶ 観測度数と期待度数

クロス集計表の実際に測定された集計値を**観測度数**といいます。観測度数に対して、行合計や列合計（周辺度数）をあらかじめ定めた比率で案分し、計算される値を**期待度数**といいます。

期待度数に関する問題を図表3-16の観測度数から求めてみましょう。

図表3-16　「スポーツ中継」×「商品への関心」のクロス集計表

	商品への関心		
スポーツ中継	ある	ない	総計
みる	68	188	256
みない	131	53	184
総計	199	241	440

○期待度数に関する問題

「スポーツ中継」と「商品への関心」のクロス集計表において、「商品への関心」のある人とない人は、**1：1であると仮定**します。このとき、「スポーツ中継」をみる人でかつ「商品への関心」がある人の期待度数は何人になるでしょうか。

「スポーツ中継」をみる人は256人なので、その中で、「商品への関心」がある人とない人は1：1、つまり半々なので、「商品への関心」がある人の期待度数は、256×(1/2) = 128(人) になります。

同様に、「商品への関心」のある人とない人は**2：1であると仮定**すると、「スポーツ中継」を見る人でかつ「商品への関心」がある人の期待度数は、256×(2/3)≒170.7(人) になります。

すべてのセルの期待度数は下のようになります。

図表3-17 「スポーツ中継」×「商品への関心」の期待度数

「商品への関心」の有無が1：1のとき

	商品への関心		
スポーツ中継	ある	ない	総計
みる	128	128	256
みない	92	92	184
総計	220	220	440

図表3-18 「スポーツ中継」×「商品への関心」の期待度数

「商品への関心」の有無が2：1のとき

	商品への関心		
スポーツ中継	ある	ない	総計
みる	170.7	85.3	256
みない	122.7	61.3	184
総計	293.4	146.6	440

❷ 2つの変数に関連がないことを仮定したときの期待度数

2つの変数（ここではスポーツ中継と商品への関心）の間の**関連性が強いか弱いかの程度を考える場合**、まずはまったく関連がない（2つの変数は独立である）ことを仮定したときの期待度数を計算し、観測度数が期待度数からどれだけ離れているのかを基準に考えます。

クロス集計表で2つの変数に関連がまったくない状態とは、前節で述べたように、周辺相対度数（行合計または列合計での構成割合（構成比））と、条件付きの相対度数（構成割合、構成比）が同じになる状態です。そのため、**関連がないことを仮定**したときの期待度数は、行合計または列合計での構成割合に応じて周辺和を案分した条件付きの度数によって求めます。

図表3-19 「スポーツ中継」×「商品への関心」のクロス集計表

観測度数

	商品への関心		
スポーツ中継	ある	ない	総計
みる	68	188	256
みない	131	53	184
総計	199	241	440

「スポーツ中継」視聴傾向別の「商品への関心」に関する観測された構成割合（観測相対度数）

	商品への関心		
スポーツ中継	ある	ない	総計
みる	26.56%	73.44%	100.00%
みない	71.20%	28.80%	100.00%
総計	45.23%	54.77%	100.00%

上の表は観測度数から行方向の割合（構成比）を求めたものです。したがって、期待度数は右の表の総計の行の割合になるように、左の表の総計の列（周辺和）を案分した度数になります。

例えば、「スポーツ中継」を「みる」と「商品への関心」が「ある」のセル（1行×1列）のセルの期待度数は、以下のようになります。

256（人）× 0.4523（45.23%）≒ **115.8（人）**

図表3-20 「スポーツ中継」×「商品への関心」のクロス集計表

関連がない場合の期待度数の計算

	商品への関心		
スポーツ中継	ある	ない	総計
みる			256
みない			184
総計	199 (45.2%)	241 (54.8%)	440

関連がない場合の期待度数

	商品への関心		
スポーツ中継	ある	ない	総計
みる	115.8	140.2	256
みない	83.2	100.8	184
総計	199	241	440

Excelでの計算は、G4セルの値を数式「＝$I4*G$6/$I$6」で求め、H4セルにコピー後、G4:H4セルをG5:H5セルにコピーします。

	A	B	C	D	E	F	G	H	I
1	「スポーツ中継」×「商品への関心」のクロス集計表 観測度数					「スポーツ中継」×「商品への関心」のクロス集計表 関連がない場合の期待度数			
2		商品への関心					商品への関心		
3	スポーツ中継	ある	ない	総計		スポーツ中継	ある	ない	総計
4	みる	68	188	256		みる	=$I4*G$6/$I$6		256
5	みない	131	53	184		みない			184
6	総計	199	241	440		総計	199	241	440
7									

ちなみに、関連がないことを仮定したときの期待度数の計算は、列方向の周辺割合（比率）（図表3-21）から求めても同じ結果となるので、どちらの方向から計算しても構いません。実際、「スポーツ中継」を「みる」と「商品への関心」が「ある」のセル（1行×1列）の期待度数を列方向の周辺割合（比率）から求めると、

$$199(\text{人}) \times 0.5818(58.18\%) \fallingdotseq 115.8(\text{人})$$

となり、行方向の周辺割合（比率）から求めた結果と一致します。また、Excelでの計算も、G4セルに入力する数式「＝G$6*$I4/$I$6」は、同じことになります。

図表3-21 「スポーツ中継」×「商品への関心」のクロス集計表

	商品への関心		
スポーツ中継	ある	ない	総計
みる			256 (58.2%)
みない			184 (41.8%)
総計	199	241	440 (100%)

➡

関連がない場合の期待度数

	商品への関心		
スポーツ中継	ある	ない	総計
みる	115.8	140.2	256
みない	83.2	100.8	184
総計	199	241	440

❸ χ^2統計量：観測度数の期待度数からの乖離

クロス集計表から、2つの質的変数（ここではスポーツ中継と商品への関心）の間の関連の強さを測る指標として、χ^2統計量が使われます。

χ^2統計量を求めるためには、まず関連がないと仮定される場合に期待される度数(期待度数)から、実際に観測された度数(観測度数)がどれくらい乖離するかに関して、次の値を計算します（同時分布のすべてのセルを対象にします)。

$$\frac{(\text{観測度数} - \text{期待度数})^2}{\text{期待度数}}$$

ここで、マイナスの値を避けるために差を2乗していること、また期待度数の大きさに対する相対値で評価するためにそれを期待度数で割っていることに注意してください。

例えば、「スポーツ中継」を「みる」と「商品への関心」が「ある」のセル（1行×1列）のセルでは、観測度数＝68、期待度数＝115.8なので、以下のように求めます。

$$\frac{(68-115.8)^2}{115.8} \fallingdotseq 19.7$$

χ^2統計量とは、これらの値をすべてのセルで合計した数値となります。2つの変数の関連が強いほど観測度数と期待度数の差は大きくなり、χ^2統計量の値も大きくなってきます。また、関連がまったくないという仮定が成立するとき、χ^2統計量の値は0となります。

例では、χ^2統計量の値は86.1と大きな値を示し、「スポーツ中継」を「みる」か「みない」かと、「商品への関心」が「ある」か「ない」かの関連性の度合いが高いことがわかります。

「スポーツ中継」×「商品への関心」のクロス集計表
（観測度数ー期待度数）^2/期待度数

	商品への関心				
スポーツ中継	ある	ない			
みる	**19.7**	**16.3**			χ^2統計量の値
みない	**27.5**	**22.7**			86.1

Excelの計算シートは下記のようになります。

	A	B	C	D	E	F	G	H	I
1	「スポーツ中継」×「商品への関心」のクロス集計表 観測度数					「スポーツ中継」×「商品への関心」のクロス集計表 関連がない場合の期待度数			
2		商品への関心					商品への関心		
3	スポーツ中継	ある	ない	総計		スポーツ中継	ある	ない	総計
4	みる	68	188	256		みる	115.8	140.2	256
5	みない	131	53	184		みない	83.2	100.8	184
6	総計	199	241	440		総計	199	241	440
7									
8									
9	「スポーツ中継」×「商品への関心」のクロス集計表 （観測度数ー期待度数）^2/期待度数								
10		商品への関心							
11	スポーツ中継	ある	ない						
12	みる	=(B4-G4)^2/G4	=(C4-H4)^2/H4			χ^2統計量の値			
13	みない	=(B5-G5)^2/G5	=(C5-H5)^2/H5			=SUM(B12:C13)			
14									

❹ クラメールとピアソンの連関係数

χ^2統計量の値は関連性の大きさだけではなく、一般にはクロス集計表の大きさ（行数aや列数bの大きさ）にも依存するため、その調整をした指標が**連関係数**です。**連関**とは、量的データの間の関連性を表す**相関**と区別するため、特に質的データの関連性を表すときに使用する用語です。

ここでは、図表3-2（p.66）のクロス集計表を踏まえて、**クラメールの連関係数**と**ピアソンの連関係数**を紹介します。

クラメールの連関係数 $$r_c=\sqrt{\frac{\chi^2}{n_{..}(k-1)}}$$

（kはaとbの小さい方の値、$n_{..}$はデータの総数）

ピアソンの連関係数 $$r_p=\sqrt{\frac{\chi^2}{\chi^2+n_{..}}}$$

この例では、クラメールの連関係数は

$$r_c=\sqrt{\frac{86.1}{440\times(2-1)}}\fallingdotseq 0.442 \quad (a=b=2,\quad n_{..}=440)$$

ピアソンの連関係数は　$r_p = \sqrt{\dfrac{86.1}{86.1 + 440}} \fallingdotseq 0.405$

となります。連関係数は0から1の間の値を取り、0のときは連関がまったくない状態、1に近づくほど2つの変数の連関が強いと解釈します。しかし、値自身に絶対的な意味があるというより、異なる変数の組み合わせ、すなわち異なるクロス集計表の連関（関連性）ごとの大きさを相対的に比較する際に参考値として使用するといいでしょう。例えば、「スポーツ中継」と「商品への関心」のクラメールの連関係数は、0.442でしたが、「性別」と「商品への関心」のクラメールの連関係数は、0.624とより大きな値を示します。つまり、「性別」の方が、「スポーツ中継」よりも「商品への関心」との関連が強いということを連関係数で記述的に示すことができるというわけです。

❺ χ^2 検定：母集団における関連性の検定

これまでの2つの質的変数の関連性の評価は、観測されたクロス集計表による記述統計の範囲での分析でした。しかし、観測されたクロス集計表は、母集団（2つの変数の間の関連性を言及したい一般的な集団）から得られた標本データの結果と考えると、標本誤差を考慮した推測統計の分析が必要になります。

図表3-22　母集団と標本

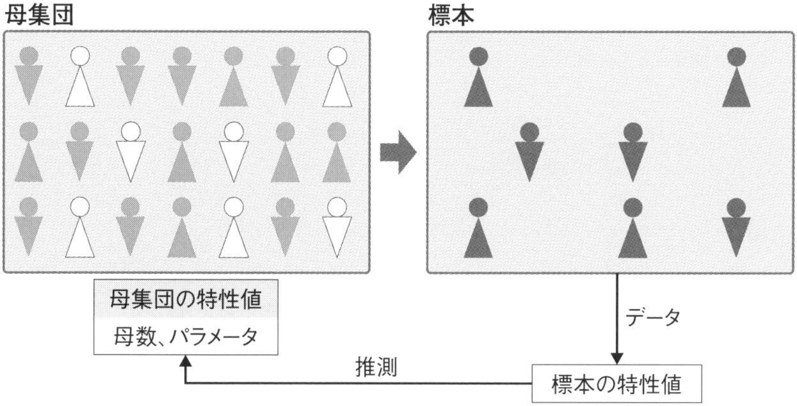

母集団

標本

母集団の特性値

母数、パラメータ

データ

推測

標本の特性値

「スポーツ中継」と「商品への関心」のようなアンケートデータの例では、入手している440人に限定した考察をしたいのではなく、440人が抽出された背景の消費者全体という、より大きな集団に関して、「スポーツ中継」と「商品への関心」の関連性の有無を知りたいというのが、分析の目的です。このような場合、消費者全体というような調査の目的となっている集団を**母集団**、実際にアンケートに回答した440人の集団（母集団の一部）を**標本**といいます。標本のデータから**母集団に対する仮説の正否を判断**する場合には、一般に推測統計の分析手法として、**仮説検定**を行います。ここでは、クロス集計表において、母集団上で2つの変数の関連性の有無を判断するための仮説検定としてよく使われる**χ^2検定**の手法を解説します。

① 仮説検定では、まず判断すべき、母集団（顧客全体）上での2種類の仮説、**帰無仮説**と**対立仮説**を想定します。χ^2検定の場合は、これら仮説は具体的に次のようになります。

> **帰無仮説H_0**：変数AとBは全く関連がない
> （変数AとBは独立である）
> **対立仮説H_1**：変数A、Bには関連がある。

② 標本データから作成されるクロス集計表からχ^2統計量の値を計算します。ここで、帰無仮説が正しいときに、計算されたχ^2統計量の値の起こりやすさに関して確率的な評価を行うために、帰無仮説が正しいときのχ^2統計量の**標本分布**（標本抽出を仮想的に繰り返したときに得られるχ^2統計量の分布、**帰無分布**と言う）を考えます。この分布が**χ^2分布**と呼ばれるものになります。

③ **χ^2分布**の形状は、クロス集計表の大きさ、行数aと列数bで決まる**自由度$(a-1)\times(b-1)$**の値によって変わってきます。そこで、χ^2分布というときには、自由度と一緒にして、**自由度$(a-1)\times(b-1)$のχ^2分布**のように言う必要があります。例えば、「スポーツ中継」と「商品への関心」のクロス集計表（図表3-1）の場合の自由度は、$(2-1)\times(2-1)=1$なので、このときの帰無分布は、下図のような自由度の1のχ^2分布ということになり

ます。図の横軸はχ^2統計量の値、縦軸は**確率密度**（起こりやすさの程度）を表し、曲線（**χ^2分布の確率密度関数**）と横軸の範囲で塗りつぶされている面積が、**その値以上の値が実現する確率**（**上側確率**、または**右側確率**）pを表しています。ここで、χ^2統計量は0以上の値をとるので、0以上の範囲の上側確率は、すべての事象が起きる確率1になっています。

図表3-23　自由度の1のχ^2分布

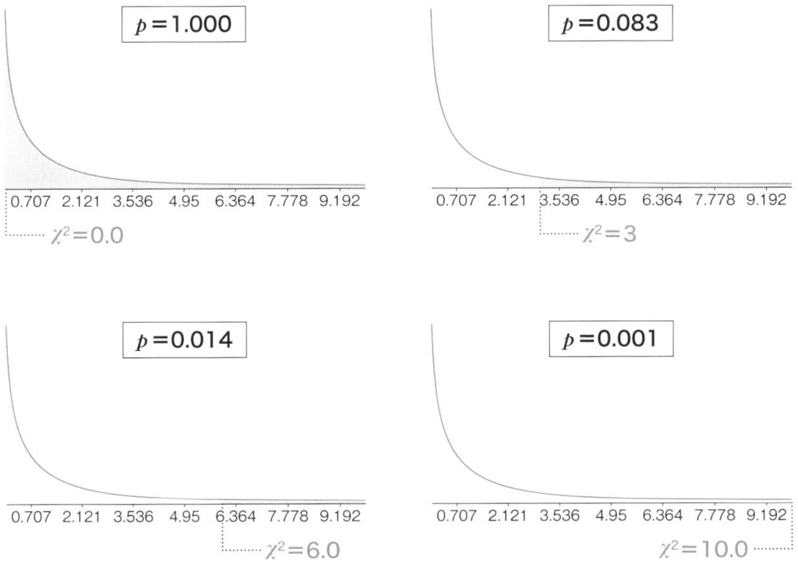

$p=1.000$

0.707 2.121 3.536 4.95 6.364 7.778 9.192

$\chi^2=0.0$

$p=0.083$

0.707 2.121 3.536 4.95 6.364 7.778 9.192

$\chi^2=3$

$p=0.014$

0.707 2.121 3.536 4.95 6.364 7.778 9.192

$\chi^2=6.0$

$p=0.001$

0.707 2.121 3.536 4.95 6.364 7.778 9.192

$\chi^2=10.0$

④ 上の図は、帰無仮説が正しいとき、すなわち母集団上ではχ^2統計量の値がきれいに0になるときでも、標本データの上ではχ^2統計量の値は0になるとは限らないこと、ただしχ^2統計量の値が大きくなるほど、その値以上となる上側確率pはだんだん小さくなることを示しています。

⑤ そこで、χ^2統計量の値のある閾値（**検定の棄却値**）を決め、その値を超えたら、帰無仮説を棄却し対立仮説が成立していると判断するという手順が仮説検定ということになります。仮説検定では、標本データを取ってχ^2統計量の値を知ってから、検定の棄却値を決めるのでは、帰無仮説を棄却する手順として分析者の恣意性を許すことになりますので、データを入手す

る前に、**検定の棄却値**を決めておかなければなりません。

⑥ 帰無仮説を棄却する検定の棄却値は、仮に帰無仮説が母集団上で正しいときに、帰無仮説を棄却してしまうリスクをどれくらい取るのかを予め決めることによって定まります。このリスクは**検定の有意水準**（α）と言われ、通常は確率で評価するため**5%**や**1%**の値が設定されます。図は、帰無分布が自由度1のχ^2分布の場合の有意水準5%と1%のときのχ^2統計量の値（**検定の棄却値**）を表しています。

図表3-24　有意水準5%と1%の検定の棄却値

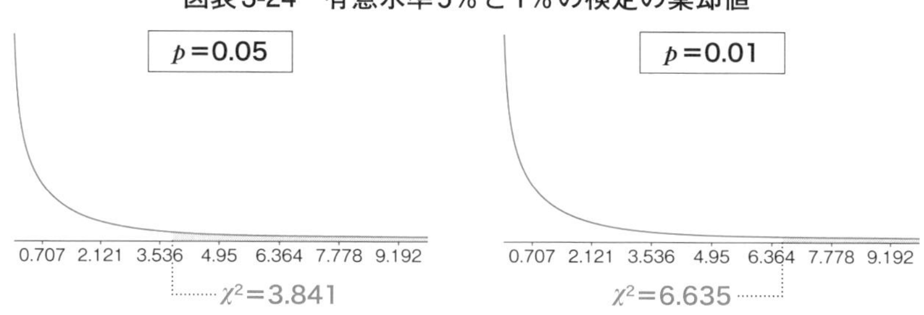

⑦ クロス集計表から**χ^2検定**をする場合、有意水準5%では、検定の棄却値は3.841になることから、実際に計算されるχ^2値の値が、棄却値3.841を超えていれば、帰無仮説は有意水準5%で棄却され、対立仮説である2つの変数間には母集団において関連があることが結論付けられます。ただし、この結論には大きくても5%の確率で誤りがある可能性があることにも留意しておきましょう。また、有意水準1%では検定の棄却値は6.635となり、有意水準5%のときよりも、帰無仮説を棄却する基準が厳しくなる一方で、棄却することが誤りである可能性は大きくても1%と低くなります。

⑧ **χ^2検定**に限らず、現在、一般の統計的な仮説検定では、エクセルを始めとする関数やソフトウェアの出力で、**有意確率p値**が直接、出力されることが多くなってきています。その場合は、有意確率p値を使って、出力される**p値**が設定している有意水準を超えるか超えないかで、帰無仮説が棄却できるのかどうかを判断することができます。

⑨ 仮説検定に基づく判断では、帰無仮説を棄却した場合にのみ対立仮説を採

択するという判断はできますが、帰無仮説を棄却できなかった場合は、帰無仮説が母集団上で正しいと判断するのではないということに留意する必要があります。いま手にしているデータでは、帰無仮説を棄却する証拠にならなかったという状況に過ぎず、別のデータ収集計画を行えば、また異なる結果になることもあるからです。

⑩ さて、❸で求めたように、ここでの例題では、クロス集計表から求められたχ^2値の値は86.1です。このとき、p値≒1.7×10^{-20}とほぼ0に近い値となり、有意水準1%のχ^2検定の結果として、「スポーツ中継」をみることと「商品への関心」があることには関連があると判断できます。例えば、マーケティング戦略として、その商品のCMがスポーツ中継には向いていることを主張するような場合に、この検定の結果は主張の一つの根拠として使うことができます。

ただし、そこには図表3-14にもあるように、スポーツ中継の視聴者に男性が多いことが原因であることにも注意しておきましょう。

EXCEL WORK

有意確率 p 値の求め方

動画はコチラから▶

方法1 CHISQ.TEST関数

CHISQ.TEST関数は、実際に集計されたクロス集計表の範囲（周辺の合計行や合計列は除く）と対応する期待度数表の範囲を指定することで、分析者が検定の自由度および χ^2 統計量の値を求めることなく、検定の有意確率 p 値を出力します。この値と有意水準を比較し、検定結果の判断をすることになります。

CHISQ.TEST（実測度数の範囲、期待度数の範囲）

手順1 表示したいセルを選択して「fx」をクリックし、「CHISQ.TEST」を選択

❶ p 値を納めたいセルを選択し、画面上部の❷「fx」をクリックします。「関数の挿入」ダイアログの中の関数の分類を「統計」にし、「関数名」の中から❸「CHISQ.TEST」を選択し、「OK」をクリックします。

F3 ❷クリック

	A	B	C	D	E	F
1	「スポーツ中継」×「商品への関心」のクロス集計表 観測度数					
2		商品への関心				p値
3	スポーツ中継	ある	ない	統計		=
4	みる	68	188	256		❶選択
5	みない	131	53	184		
6	総計	199	241	440		
7						
8						
9	「スポーツ中継」×「商品への関心」のクロス集計表 関連がない場合の期待度数					
10		商品への関心				
11	スポーツ中継	ある	ない	統計		
12	みる	115.8	140.2	256		
13	みない	83.2	100.8	184		
14	総計	199	241	440		

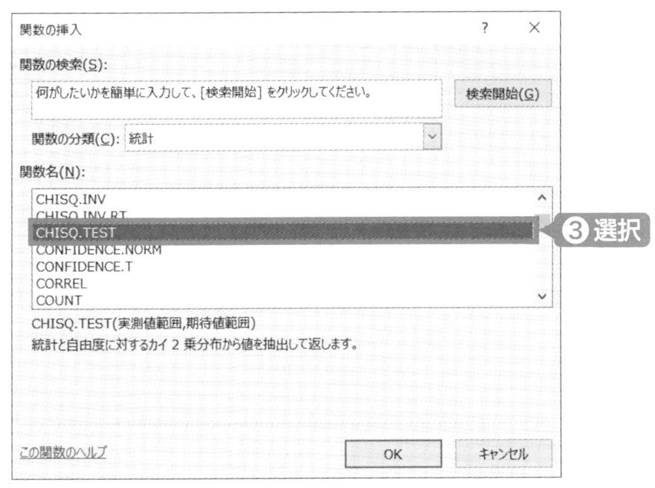

手順 2　観測度数と期待度数からp値を計算する

❹［実測値範囲］の［↑］をクリックし、❺観測度数の部分を選択し、同様に❻［期待値範囲］の［↑］をクリックし、❼期待度数の部分を選択します。❽ダイアログ右下の「OK」をクリックします。

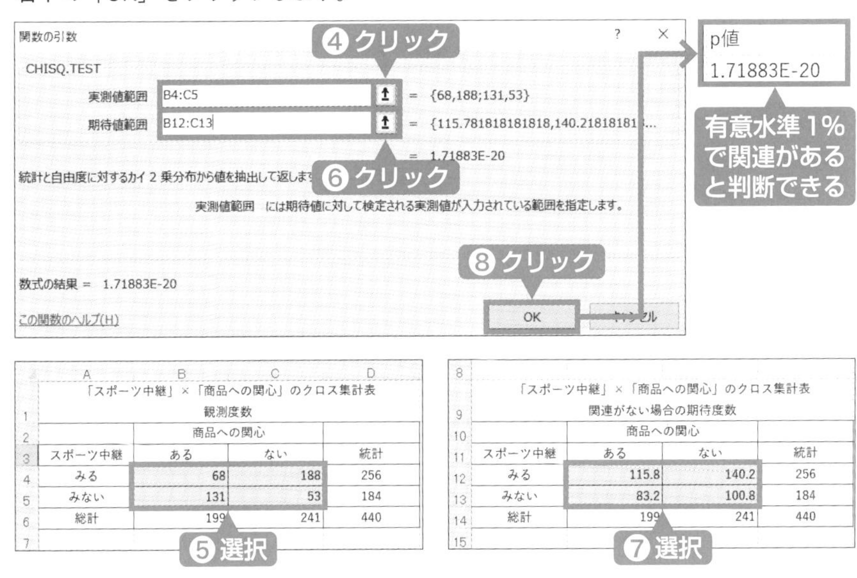

「スポーツ中継」×「商品への関心」のクロス集計表
観測度数

スポーツ中継	商品への関心 ある	ない	統計
みる	68	188	256
みない	131	53	184
総計	199	241	440

「スポーツ中継」×「商品への関心」のクロス集計表
関連がない場合の期待度数

スポーツ中継	商品への関心 ある	ない	統計
みる	115.8	140.2	256
みない	83.2	100.8	184
総計	199	241	440

例題での応用 ［実測値範囲］には観測度数表の同時分布の値である「B4:C5」を選択します。同じように［期待値範囲］については「B12:C13」を選択します。その結果、「1.71883E-20」*と計算され、0に近い値となり、有意水準1%のχ^2検定の結果として、「スポーツ中継」をみることと「商品への関心」があることには関連があると判断できます。

*「E」は指数表示です。「E-20」で「10の－20乗」を示し、「1.71883E-20」は「0.0000000000000000000171883」となります。

方法2 CHISQ.DIST.RT関数

CHISQ.DIST.RT関数は、あらかじめ求めたχ^2値と自由度を引数として指定することで、その自由度のχ^2分布に対して、指定したχ^2の値の上側確率、である検定の有意確率p値を求めることができます。

この関数を使用する場合は、クロス集計表から自由度やχ^2値を計算しておく必要があるので、χ^2の値が必要なければ、CHISQ.TEST関数の方が検定の結果を容易に知ることができます。

CHISQ.DIST.RT（χ^2値、自由度）

手順1 表示したいセルを選択して「fx」をクリックし、「CHISQ.DIST.RT」を選択

❶p値を納めたいセルを選択し、画面上部の❷［fx］をクリックします（p.86参照）。［関数の挿入］ダイアログの中の関数の分類を［統計］にし、［関数名］の中から❸［CHISQ.DIST.RT］を選択し、［OK］をクリックします。

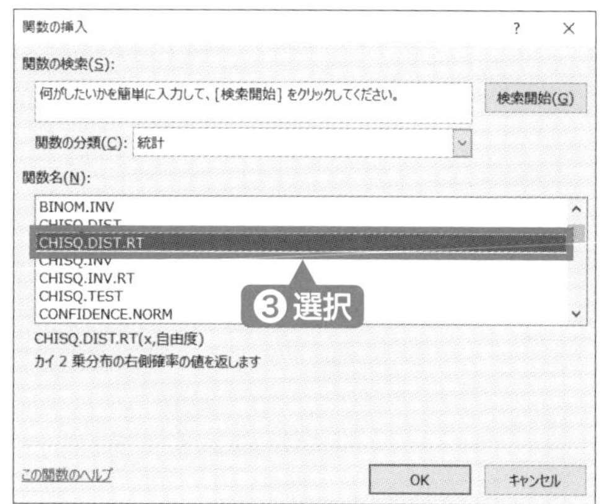

手順2　χ^2統計量の値と自由度からp値を計算する

❹［X］の［↑］をクリックし、❺あらかじめ計算した「χ^2統計量の値」を選択します。同じように❻［自由度］の［↑］をクリックし、あらかじめ計算した❼「自由度」を選択します。❽ダイアログ右下の「OK」をクリックします。

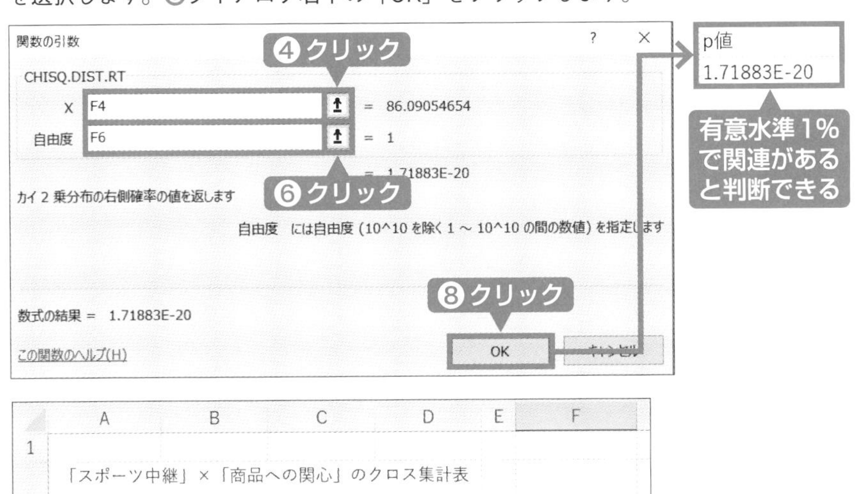

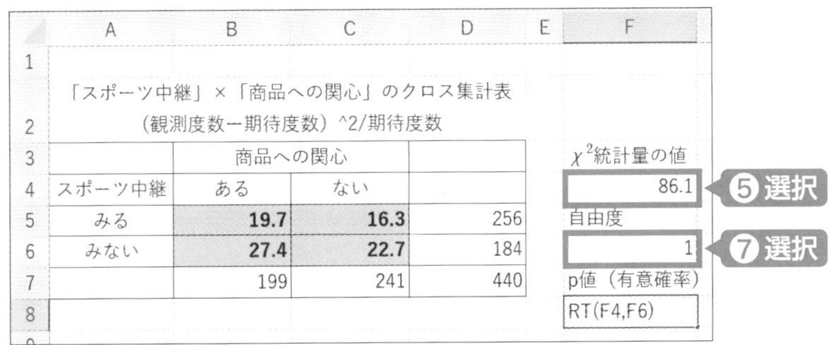

	A	B	C	D	E	F
1						
2	「スポーツ中継」×「商品への関心」のクロス集計表 （観測度数ー期待度数）^2/期待度数					
3		商品への関心				χ^2統計量の値
4	スポーツ中継	ある	ない			86.1
5	みる	**19.7**	**16.3**	256		自由度
6	みない	**27.4**	**22.7**	184		1
7		199	241	440		p値（有意確率）
8						RT(F4,F6)

例題での応用　［X］には、あらかじめクロス集計表でχ^2統計量の値を「(観測度数ー期待度数)^2/期待度数」で「86.1」と計算したセルを選択します。同じように［自由度］については自由度（aー1）×（bー1）で計算したセルを選択します。その結果、「1.71883E-20」*と計算され、0に近い値となり、有意水準1%のχ^2検定の結果として、「スポーツ中継」をみることと「商品への関心」があることには関連があると判断できます。

小さな期待度数とフィッシャーの正確検定

χ^2検定の理論が正しく機能するためには、クロス集計表のセルの度数に0がないこと、また期待度数が5未満のセルの数が全体のセル数の20%以下であるなどの条件があります。期待度数の小さいセルが含まれたクロス集計表に対してχ^2検定をしようとすると、専門的な統計ソフトでは「検定結果に信頼が置けない」という警告が出ます。そのような条件が満たない場合でも2×2のクロス集計表であれば、**フィッシャーの正確検定**を行うことができます。

「スポーツ中継」×「商品への関心」のクロス集計表
観測度数

	商品への関心		
スポーツ中継	ある	ない	総計
みる	a	b	$a+b$
みない	c	d	$c+d$
総計	$a+c$	$b+d$	$a+b+c+d$

例えば観測度数が上記の表のような場合に、2つのデータ項目「スポーツ中継」と「商品への関心」に関連がない（独立である）と仮定します。この場合、周辺の合計度数（総数）を固定したときにこのような度数（度数a）が観測される確率P_aは、全体の総数（$a+b+c+d$）から($a+c$)を選ぶ場合（組合せ）の数${}_{a+b+c+d}C_{a+c}$に対して、行方向の周辺和（$a+b$）からaが、（$c+d$）からcが同時に観測される場合（組合せ）の数${}_{a+b}C_a \times {}_{c+d}C_c$の比として、次式で計算することができます。

$$P_a = \frac{{}_{a+b}C_a \times {}_{c+d}C_d}{{}_{a+b+c+d}C_{a+c}}$$

Excelには、このような超幾何分布の確率を計算するHYPGEOM.DIST関数があります。

P_a＝HYPGEOM.DIST(a, $a+b$, $a+c$, $a+b+c+d$, 0)

最後の引数には、確率を返すとき0、累積確率を返すとき1を入力します。

例えば、2つの項目間に関連がないとき、下の2×2のクロス集計表が観測される確率は、以下のように計算されます。

	商品への関心		
スポーツ中継	ある	ない	総計
みる	2	2	4
みない	6	10	16
総計	8	12	20

$$P_2 = \text{HYPGEOM.DIST}(2, 4, 8, 20, 0) \fallingdotseq 0.381$$

また累積確率では、以下のようになります。

$$P_0 + P_1 + P_2 = \text{HYPGEOM.DIST}(2, 4, 8, 20, 1) \fallingdotseq 0.847$$

実際の仮説検定の有意確率は、観測された度数を含めてより極端な方向の度数になる確率も足し合わせるので、この場合は

p値$= P_2 + P_3 + P_4 \fallingdotseq 0.535$

となり、有意水準5%でも有意差はないと判断されます。

この正確検定は、度数が大きくなると計算量が膨大になるので、期待度数が5を超えていれば、通常はχ^2検定が使われることになります。

3 例題の解答と演習問題

例題3

1 「商品への関心」があると答えた人の人数は、[199] 人である。
[数値は半角、整数で入力せよ。]

2 「スポーツ中継」をみないと答えた人の中で、「商品への関心」があると答えた人の割合は [71.2] ％である。[数値は四捨五入して小数第1位までを半角で入力せよ。]

3 このデータには3つの変数A：「性別」、B：「スポーツ中継」をよくみるかみないか、C：「商品への関心」があるかないかがある。2つの質的データの間に関連があるかどうかについて、条件付き構成割合を比較して記述的に判断するとき、次の①～⑧の2つの変数の組み合わせの中から、関連がある変数の組み合わせをすべて上げたものとして最も適切なものを一つ選べ。

[7]

①AとB　②BとC　③AとC　④AとB、BとC
⑤BとC、AとC　⑥AとB、AとC　⑦AとB、BとC、AとC
⑧どの組み合わせも該当しない
[番号の数値を半角、整数で入力せよ。]

4 3つの変数A：「性別」、B：「スポーツ中継」をみるかみないか、C：「商品への関心」があるかないかに対して、分析の結果、以下の記述が考えられる。
『変数（　ア　）で層別すると、変数（　イ　）間の連関は消える。したがって、変数（　イ　）間の連関は、変数（　ア　）で説明できる疑似的なものである。』
次の①～⑩の中から、（　ア　）に入る最も適切なものを一つ選べ。

次の①～⑩の中から、（　イ　）に入る最も適切なものを一つ選べ。

1	6

①A　②B　③C

④AとB　⑤AとC　⑥BとC

⑦AとB、AとC　⑧AとB、BとC

⑨AとC、BとC　⑩AとB、AとC、BとC

[番号の数値を半角、整数で入力せよ。]

演習問題

エクセルデータシート『職場ストレス』は、ある会社で勤続年数1年から3年までの社員を無作為に選び、この1週間で仕事上の強いストレスを感じたことがあるかどうかを調査したデータである。データを分析して下の問いの空欄に適切な文字や数値を入力せよ。

	A	B	C	D
1	回答者番号	性別	勤続年数	強いストレス
2	001	男	1年	ない
3	002	男	1年	ない
4	003	女	2年	ある
5	004	男	1年	ある
6	005	男	1年	ない
7	006	女	2年	ない
8	007	女	2年	ある

1 「強いストレス」を感じたことが「ある」と答えた人の人数は、[　　　　]人である。[数値は半角、整数で入力せよ。]

2 入社1年目の社員の中で「強いストレス」を感じたことが「ある」と答えた人の割合は[　　　　]%である。[数値は四捨五入して小数第1位までを半角で入力せよ。]

3 入社1年目の社員の中で「強いストレス」を感じたことが「ある」と答えた人の割合を男女で比較した。このとき、割合の差は[　　　　]%ポイントである。差は大きな方の値から小さな方の値を引いて求めよ。[数値は四捨五入して小数第1位までを半角で入力せよ。]

4 「勤続年数」を質的データとみなし、「勤続年数」と「強いストレス」の有無に関するクロス集計表を作成した。「勤続年数」と「強いストレス」に関連がないと仮定したとき、「勤続年数」が1年で「強いストレス」があるセルの期待度数は[　　　　]人である。[数値は四捨五入して小数第1位までを半角で入力せよ。]

5 「勤続年数」を質的データとみなし、「勤続年数」と「強いストレス」の有無に関するクロス集計表に関して、χ^2検定を行った。その結果を表す文章として次の①～④の中から最も適切なものは、［　　　］である。
［番号を半角の数字で入力せよ。］

① この検定の自由度は1で、有意水準1%で「勤続年数」と「強いストレス」の間には、有意に関連がある。
② この検定の自由度は2で、有意水準1%で「勤続年数」と「強いストレス」の間には、有意に関連がある。
③ 男性社員に限定したとき、有意水準1%で「勤続年数」と「強いストレス」の間には、有意に関連がある。
④ 女性社員に限定したとき、有意水準1%で「勤続年数」と「強いストレス」の間には、有意に関連がある。

Keywords

□ クロス集計表　□（条件付き）構成割合
□ 行集計に対する比率（行方向の比率）　□ 自由度
□ 独立性を仮定したときの期待度数　□ χ^2 統計量　□ 連関係数
□ χ^2 検定　□ 有意水準　□ 有意確率（p 値）　□ 帰無仮説
□ 対立仮説

演習問題の解答

1 199　2 25.5　3 67.6　4 94.1　5 2

PART 3

量的データのアナリティクス

第4章 分布構造の把握と基本統計量

取得したデータをどのようにまとめると情報として活用しやすいでしょうか。

PART2では主に質的変数を扱う分析について解説しましたが、PART3では量的変数のまとめ方について着目していきます。質的データはカテゴリーがはっきりしているので、分けて集計できましたが量的データでは、まず値の区間に分けるところから始めなければなりません。また、データ全体の特徴を要約する指標についても学習します。

第4章 分布構造の把握と基本統計量

例題4

エクセルデータシート『5つの地域の事業所数』は、ある都道府県を5つの地域に区分し、それぞれの地域に属する44の都市のデータである。データの各行は、それぞれの地域に属する1つ1つの市区町村を表している。データを分析して、下の問いの空欄に適切な文字や数値を入力せよ。

地域	転入者数（人）	事業所数	公民館数	図書館数
A	3753	7453	0	4
A	906	2035	19	1
A	698	1284	7	1
A	920	1778	9	1
A	818	1989	25	1
A	270	1090	2	0

1 事業所数の分布を把握するため、すべての地域を併せた事業所数の度数分布表を作成した。次の度数分布表の①～⑤のうち、最も事業所数の多いものは [　　] である。番号を空欄に入力せよ。［番号は、半角数字で入力せよ。］

事業所数の階級	都市の数
5000以上	
4000以上 5000未満	①
3000以上 4000未満	②
2000以上 3000未満	③
1000以上 2000未満	④
1000未満	⑤

2 地域Cの「転入者数（人）」の平均は [　　] である。［数値は、四捨五入して小数第1位までを半角数字で入力せよ。］

3 地域Aの「転入者数（人)」の範囲は [　　　] である。[数値は半角、整数で入力せよ。]

4 次の図は、A～Eの事業所数を箱ひげ図にしたものである。

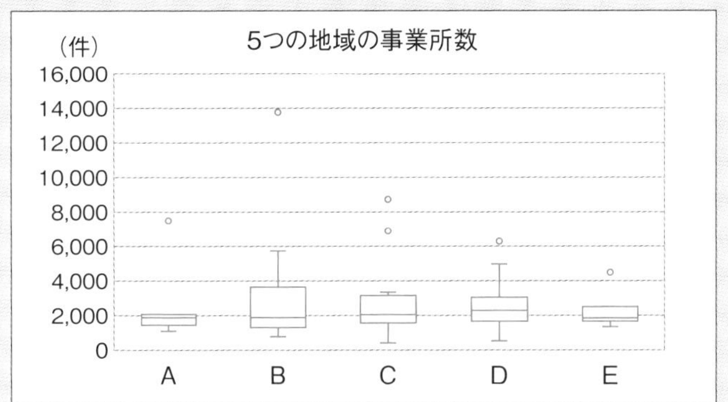

イ～ハの各記述の正誤に関して、下の①～⑤のうちから、最も適切なものを一つ選び、番号を空欄に入力せよ。[番号は、半角数字で入力せよ。]

イ 第1四分位が最も大きい地域はAである。
ロ 中央値が最も大きな値である地域はBである。
ハ 外れ値が最も多い地域はCである。

① イのみ正しい。　② ロのみ正しい。　③ ハのみ正しい。
④ イとロのみ正しい。　⑤ イとハのみ正しい。

[　　　]

5 5つの地域をそれぞれに対し、事業所数の変動係数を求めた。変動係数が最も大きくなった地域は [　　　] である。[地域は、半角大文字で入力せよ。]

PART 3 量的データのアナリティクス

1 分布の把握

❶ 度数分布表

量的データを分析する際には、まず変数ごとにどのような値がどのような頻度で記録されているのか、その分布を把握することが大切です。**分布**とは、データの値や値の区間について、それらが発生した、あるいは発生する可能性を**度数**や相対度数（割合）で対応させたものです。量的変数の分析において分布を知るための第一歩となるのが、度数分布表の作成やヒストグラムを用いた可視化です。

図表4-1　度数分布表の例

データの階級	階級値	度数	相対度数（%）	累積相対度数（%）
0～999	500	2560	36.11%	36.11%
1000～1999	1500	1503	21.20%	57.31%
2000～2999	2500	1350	19.04%	76.35%
3000～3999	3500	1012	14.27%	90.62%
4000～4999	4500	592	8.35%	98.97%
5000～5999	5000	65	0.92%	99.89%
6000～		8	0.11%	100.00%
計		7090	100%	

図表4-1に量的データの度数分布表の例を示しました。この表では、冒頭の『5つの地域の事業所数』データにおける「転入者数（人）」や「事業所数」のような量的データに対して、データの起こり得る範囲をいくつかの区間に区切り、その区間に属するデータの度数を示しています。この区間のことを**階級**といい、階級の幅を**階級幅**といいます。また度数分布表には、階級の中間の値である**階級値**や、各階級の度数を合計の度数で割った**相対度数（%）**、相対度数を階級ごとに順に足し上げていった**累積相対度数（%）**をつけることもあります。

図表1を読み解くと、0～999の階級が最も度数が多く、データ全体のうちの36.11%を占めていたことがわかります。また、0～3999の階級までで、全体

の90%を超えるデータ（90.62%）があったことがわかります。このように、量的データがどのような値をとるのかを表によって把握するのが、度数分布表による分析です。

❷ ヒストグラム

ヒストグラムは、量的データの分布の傾向を把握するために役立つグラフです。数直線を適当な長さの区間に分け、各区間内に入るデータの度数、または相対度数を縦軸として分布を可視化します。各区間の長さが階級幅となります。

図表4-2は架空のデータをもとに、Ⅰ～Ⅴまでの5つの例をヒストグラムにしたものです。Ⅰでは度数が階級の値の小さな左側の部分に集中しているものの、階級の値の大きな右側の部分にも少数のデータが存在しています。このような分布の形状のことを右に歪む、右に裾を引いている分布といいます。

図表4-2のⅡはⅠとは反対に、度数は階級の値の大きな右側の部分に集中しているものの、階級の値の小さな左側の部分にも長く裾を引いています。このような分布の形状を左に歪む、左に裾を引いている分布といいます。

ⅢとⅣは共に左右対称に近い分布をしています。ただし縦軸の目盛りを見ると、Ⅲは中央にある4000～4999の階級に度数が集中していることがわかります。一方Ⅳは、Ⅲと同様に4000～4999の階級に度数が集中しているものの、その度数は10と少なく、Ⅲと比較して周辺の階級にも広く分布しているため、全体的になだらかな形状をしています。このような場合、ⅣはⅢよりもデータのばらつきが大きいと判断します。反対に、ⅢはⅣよりもデータのばらつきが小さいと判断します。

ⅤはⅠ～Ⅳに比較して、度数の集中する階級が大きく2つあり、2つの山があるように見えます。このような場合を二峰性（より多くの山がある場合には多峰性）があるといいます。Ⅰ～Ⅳのような1つの山にみえる場合は、単峰性の分布といいます。

図表4-2　架空例のヒストグラム

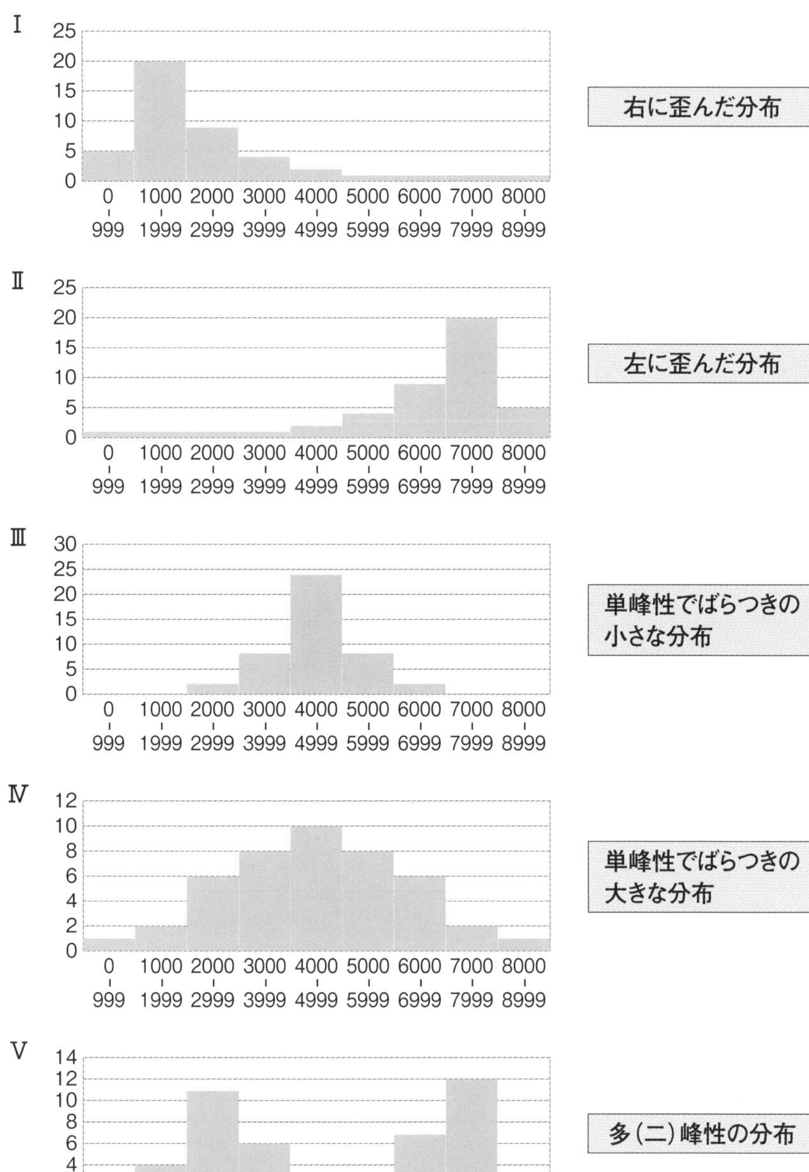

EXCEL WORK

動画はコチラから▶

度数分布表の作成（ピボットテーブル）

手順 1　データを選択してピボットテーブルをクリック

度数分布表として表したい❶データの部分を選択します。［挿入］タブにある❷［ピボットテーブル］のアイコンをクリックして、❸［ピボットテーブルの作成］ダイアログを確認しOKを押します。（p.24参照）。

手順 2　［行］に変数をいれて、データを［グループ化］する

❹［ピボットテーブルのフィールド］の［行］に、分布を調べたい変数をドラッグして入れます。データを右クリックし、❺［グループ化］を選択します。

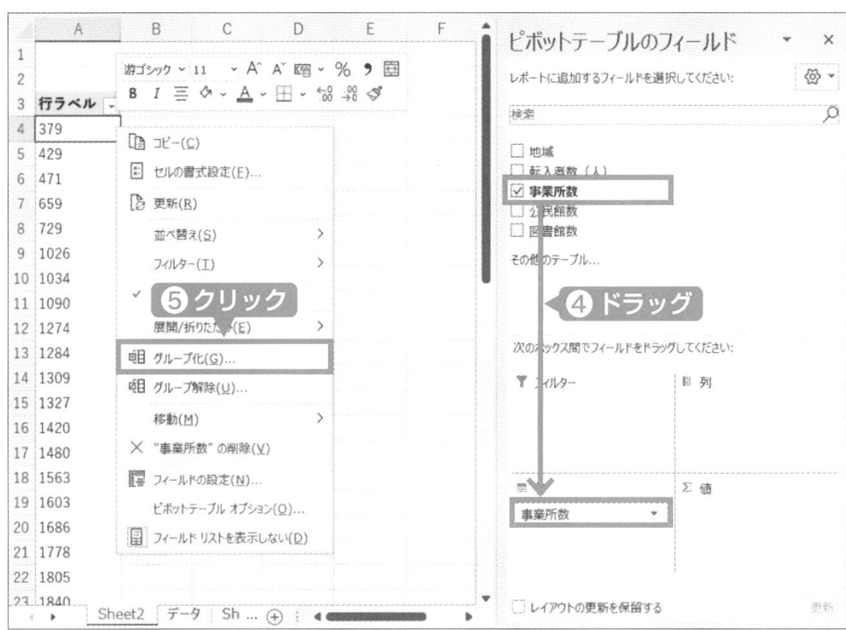

例題の解き方　例題4❶では、「地域」から「図書館数」までの変数の入った列（A～E列）を選択しピボットテーブルを作成します。［ピボットテーブルのフィールド］の［行］に「事業所数」を入れます。表示された事務所数の上でグループ化を選択します。

手順３　[先頭の値] [末尾の値] [単位] に入力する

「グループ化」ダイアログの❻「先頭の値」に度数分布表の階級の最初の値、「末尾の値」に階級の最後の値を入れ、「単位」に階級幅を入力します。分布のすべてが入るように「先頭の値」と「末尾の値」を設定し、「単位」の部分に適切な値を設定することがポイントです。

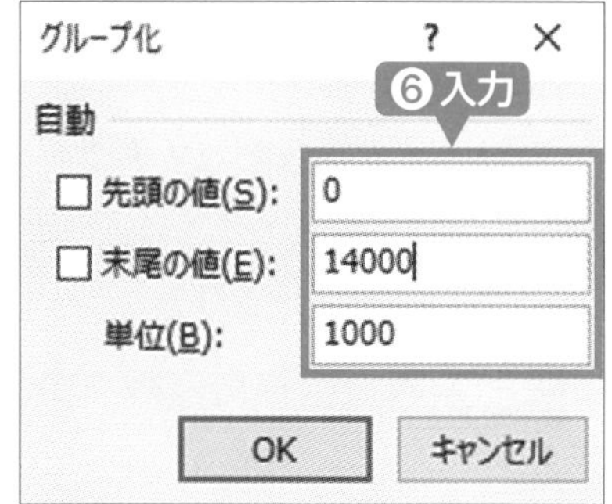

例題の解き方　例題4❶では、0～14000までを1000単位で区切るので、「先頭の値」に0、「末尾の値」に14000、「単位」に1000を入力します。

手順４　[値] に変数をいれる

❼「ピボットテーブルのフィールド」の「値」に分布を調べたい変数を入れます。

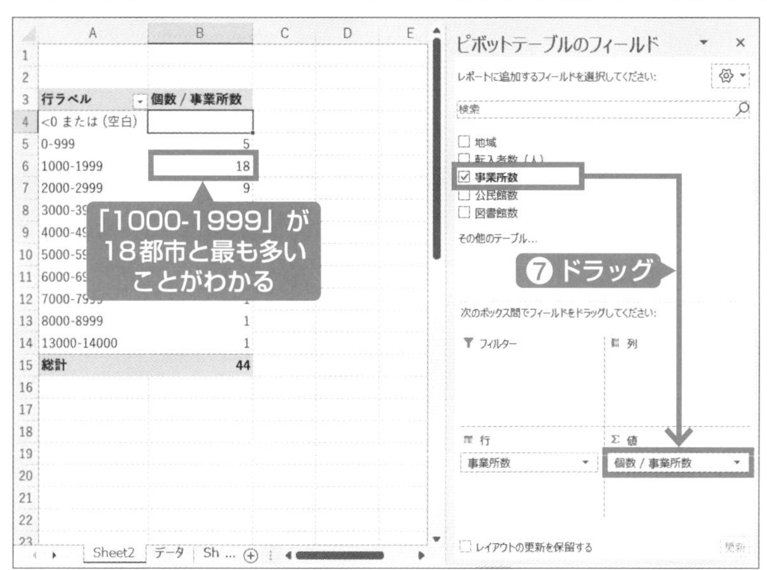

例題の解き方　例題4❶では、「値」に再び「事業所数」を入れます。表示される度数分布表から「1000～1999」が18都市と最も多いことがわかります。

EXCEL WORK
ヒストグラムの作成

動画はコチラから▶

手順1 データを選択してヒストグラムをクリック

ヒストグラムに用いたい❶変数のデータの部分を選択します。［挿入］タブにある❷「ヒストグラム」のアイコンをクリックします。

例題の解き方　例題ではヒストグラムを使用しませんが、例えば全地域の「事業所数」のヒストグラムを作成したい場合、「事業所数」のC列を選択します。

手順2 横軸の区間を右クリックして軸の書式設定を開く

表示されたヒストグラムの❸横軸の区間を右クリックして❹［軸の書式設定］をクリックします。もしくはダブルクリックでも軸の書式設定が表示されます。

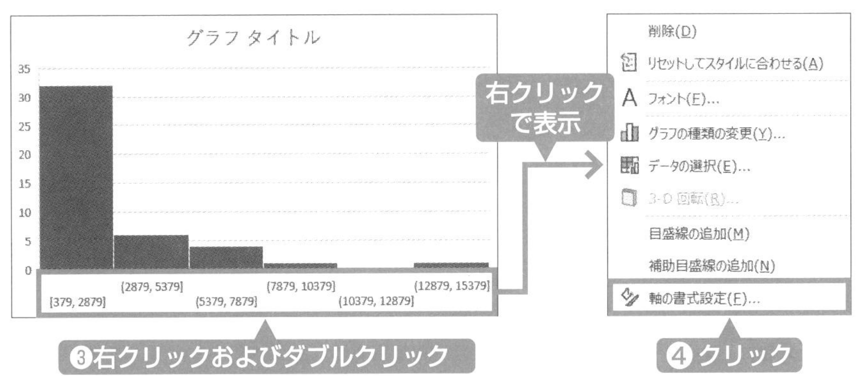

手順3　横軸の区間を右クリックして軸の書式設定をする

表❺「ビンの幅」に階級幅と❻「ビンのオーバーフロー」「ビンのアンダーフロー」に基準値を入力します。

例題の作成例　全地域の「事業所数」のヒストグラムを作成したい場合、階級幅を「1000」、10000以上の階級は「10000以上」としてまとめ、最初の区分の階級幅を0〜1000とするために、オーバーフローに「10000」、アンダーフローに「1000」を入力します。

図表4-3　全地域の「事業所数」のヒストグラム

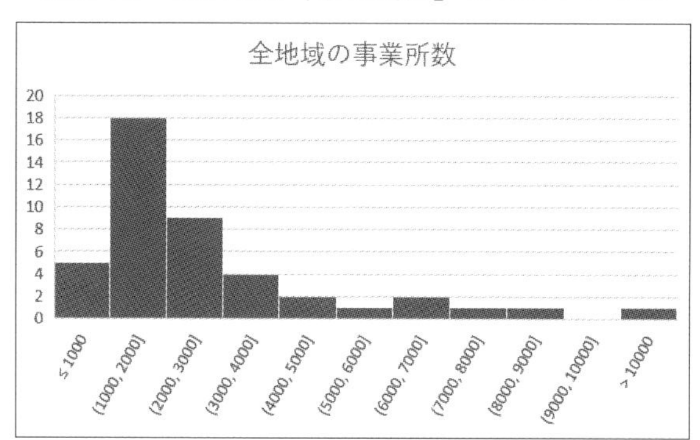

※Excel 2013以前のヒストグラムの作成方法

p.103の「度数分布表の作成」を参考に度数分布表を作成し、「9000-9999」「10000以上」の階級を追加した上で、それぞれの階級値（階級幅の中央値）を追加しています。
ヒストグラムとして表したい①データの部分（「個数/事業所数」）を選択します。「挿入」タブにある「棒グラフ」をクリックし、縦棒グラフのアイコンをクリックします。
作成されたグラフを右クリックして［データの選択］をクリックし、［データソースの選択］ダイアログの［横（項目）軸ラベル］の［編集］をクリックし、階級値の入ったデータ部分を指定します。
最後にグラフの棒の部分をクリックし、［データ系列の書式設定］で［要素の間隔］を「0%」にすることで、上記のヒストグラムと同様なグラフを作成することができます。

行ラベル	階級値	個数 / 事業所数
0-999	500	5
1000-1999	1500	18
2000-2999	2500	9
3000-3999	3500	4
4000-4999	4500	2
5000-5999	5500	1
6000-6999	6500	2
7000-7999	7500	1
8000-8999	8500	1
9000-9999	9500	0
10000以上	10000以上	1
総計		44

2 基本統計量

度数分布表やヒストグラムで大まかな分布の形状が把握できます。一方で、分布の様子をある数値にまとめることができれば、より簡潔な要約を行うことができます。データから計算した数値を統計量といい、とくに分布の特徴を表す統計量を基本統計量といいます。基本統計量は分布の中心傾向を表す指標と、分布のばらつきの大きさを表す指標に大別できます。

分布の中心傾向や位置を表す指標
平均値、中央値、最頻値、四分位数、パーセント点
分布のばらつきの大きさを表す指標
分散、標準偏差、不偏分散、標本標準偏差、範囲、四分位範囲

❶ 平均値

データの分布の中心を示す指標は代表値と言われます。代表値のうち最も頻繁に用いられる指標が平均値であり、分布の中心傾向を把握する手立てとなります。

$$\text{平均値}\ \bar{x} = \frac{x_1 + x_2 + \cdots + x_n}{n} = \frac{1}{n}\sum_{i=1}^{n} x_i$$

$\bar{x}$（エックスバー）は平均値を表すためによく用いられる表記です。平均値は、n個のデータ$x_1, x_2, \cdots\cdots, x_n$をすべて足し合わせ、データの個数$n$で割ることで求めます。

PART 3 量的データのアナリティクス

EXCEL WORK

平均値の計算例

動画はコチラから▶

手順 1　表示したいセルを選択して「fx」をクリックし、「AVERAGE」を選択

❶平均値の計算結果を納めたいセルを選択し、画面上部の❷「fx」をクリックします。「関数の挿入」ダイアログの中の関数の分類を「統計」にし、「関数名」の中から❸「AVERAGE」を選択し、「OK」をクリックします。

G18 ⌄ ⋮ × ✓ fx ❷クリック

	A	B	C	D	E	F	G
16	B	1336	1274	1	1		❶選択
17	C	5645	6888	8	5		平均値
18	C	1863	3274	15	1		=
19	C	2267	2638	0	1		
20	C	3356	3328	14	2		
21	C	3129	2481	0	1		
22	C	13016	8718	0	1		
23	C	3031	2185	5	1		
24	C	783	1840	4	1		
25	C	1366	1563	9	2		
26	C	2043	1480	5	3		
27	C	423	659	1	0		

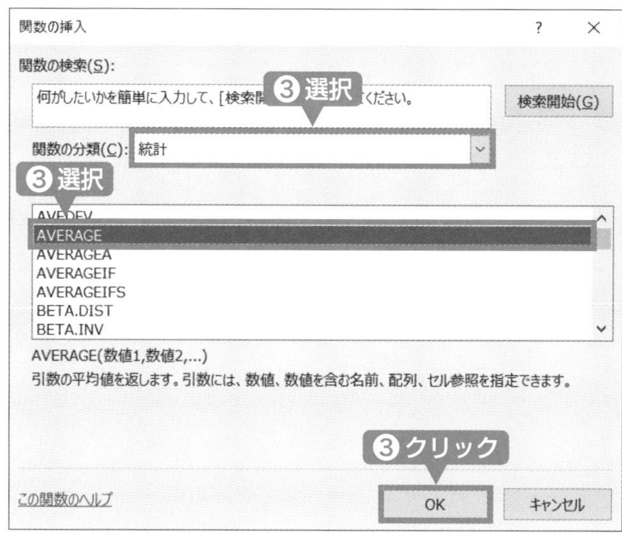

手順 2　計算したいデータを選択する

❹［数値1］の［↑］をクリックし、❺平均値を計算したいデータの部分を選択します。［数値1］が正しいことと確認して、❻ダイアログ右下の「OK」をクリックします。

B17　=AVERAGE(B17:B30)

	A	B	C	D	E	F	G
16	B	1336	1274	1	1		
17	C	5645	6888	8	5		平均値
18	C	1863	3274	15	1		30)
19	C	2267	2638	0	1		
20	C	3356	3328	14	2		
21	C	3129	2481	0	1		
22	C	13016	8718	0	1		
23	C	3031	2185	5	1		
24	C	783	1840	4	1		

❺選択

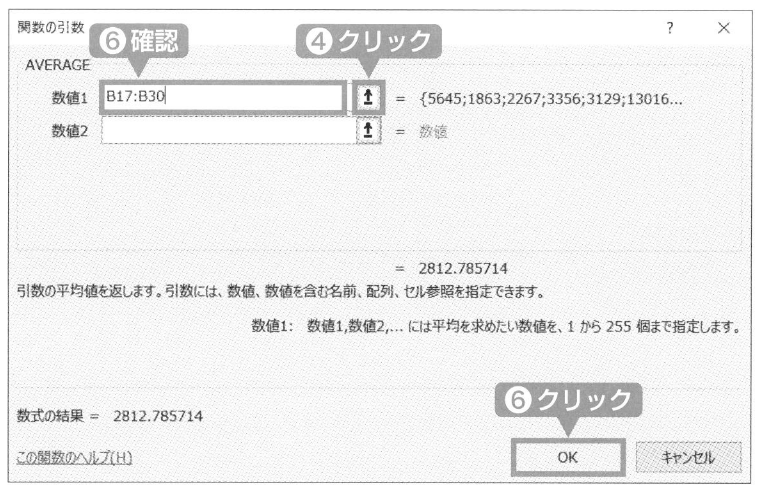

例題の解き方　例題4❷では、Cの地域の「転入者数（人）」の値が入った部分である「B17:B30」を選択します。平均値が「2812.786」と計算されますが、問題から小数第1位までを求めるため、地域Cに属する1つの都市あたりの平均的な「転入者数（人）」が「2812.8」人であることがわかります。

❷ 中央値

中央値も分布の中心を表す代表値の一つです。この値は、データを小さいものから順に並べていき、その中央となる値を分布の中心と捉えます。例えば次のようなデータの数が奇数個の場合（例では5個）を考えます。

7　10　5　3　14

これを小さい順に並び替えると、中央の○の部分に位置する7が中央値となります。

3　5　⑦　10　14

一方、データの数が次のように偶数個の場合（例では6個）を考えます。

11　2　15　5　6　1

並び替えると、3番目に位置する5と4番目に位置する6との間の●の部分が中央とみられるため、中央値（●）はこれらの値の平均である $(5+6)/2=5.5$ と計算します。

1　2　5　●　6　11　15
　　　　　‖
　　　　　5.5

また、データを中央値で分けた小さい方の群の中央値を**第１四分位数**、大きい方の群の中央値を**第３四分位数**といいます[2]。上記の奇数個のデータの場合は、$(3+5)/2=4$、偶数個のデータの場合は｛1、②、5｝の中央の2の値がそれぞれ第1四分位数となります。同様に第3四分位数は、奇数個の例では、$(10+14)/2=12$、偶数個の例では｛6、⑪、15｝の中央の数11となります。

❸ 最頻値

このほか、データの中で最も多く現れた値を中心と捉える**最頻値**も、代表値の一つです。例えば図表4-1のような分布であれば、最も度数の多い0～999の階級が最頻階級、その階級値である500が最頻値となります。

2　ヒンジ法による求め方

図表4-4　分布の歪みと代表値の関連

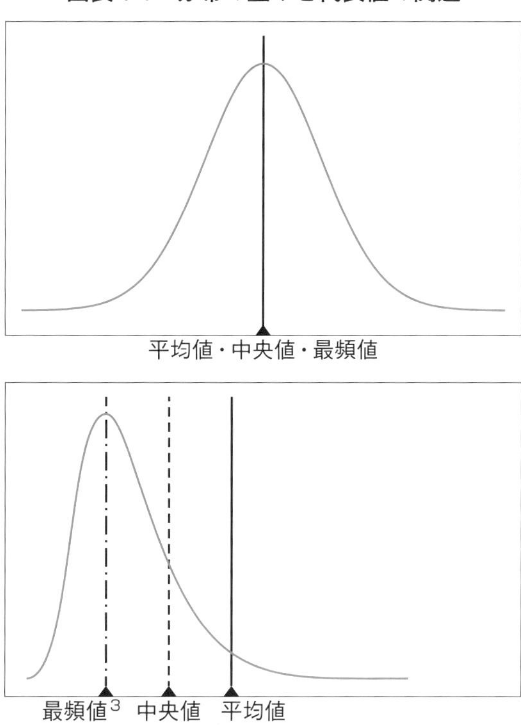

平均値、中央値、最頻値は、左右対称な分布に対して計算を行うと、図表4-4の上の図のように同様の値を取り、これらの指標はともに分布の中心を示します。しかしデータが歪んでいる場合には値が異なってきます。

平均値は関数の性質上、すべてのデータの値を足し上げて計算することから、大きな値を取るデータが存在する右に歪んだ分布では、それらの値に引き寄せられ中心より大きな方向に偏った値となり、小さな値を取るデータが存在する左に歪んだ分布では中心より小さな方向に偏った値となります。つまり平均値は、分布の歪んだ方向に偏ってしまうという欠点があります。対して中央値は計算の性質上、データの分布の裾の値そのものには依存せず、常にデータを半分に分ける値を示します。

3　最頻値は階級の取り方で変化するため、注意しましょう。

図表4-4の下の図は、図表4-2のⅠのように右に歪んだ分布です。このような場合には、平均値は裾を引いた少数個の右側の値に引き寄せられ、大きめの値を算出します。中央値はいつも、度数を半分に分ける中心的な位置を示します。このように、平均値より分布の歪みの影響を受けづらい中央値の性質を**頑健性**があるといいます。

❹ パーセント点

中央値や四分位数と関連した考え方の統計量に、分布における任意の位置の値を示すことができる**パーセント点（パーセンタイル）**があります。パーセント点は、データを小さい順に並べた際に、小さい方から数えて100αパーセントに位置する値のことを指します（$0 \leq \alpha \leq 1$）。例えば、40パーセント点（$\alpha = 0.4$）は、データの小さい方から数えて40%に位置する値を指します。この方法に依れば、第1四分位数は25パーセント点、中央値は50パーセント点、第3四分位数は75パーセント点と言い換えることができます。小さい方から数えた場合を**下側パーセント点**、大きい方から数えた場合を**上側パーセント点**といいます。

❺ 分散と標準偏差

平均値が分布の中心傾向を要約するために用いられることに対して、**分散**や**標準偏差（SD）**は分布のばらつきを要約するために用いられます。標準偏差は英語でStandard Deviationと表記するため、これを略してSDと呼ぶこともあります。分散とは、平均値からの差（偏差）をそれぞれ2乗したものの平均です。標準偏差は分散の平方根を取ったものになります。これらの統計量を用いることで、データが1つあたり、平均値から平均的にどれほどばらついているのかを把握することができ、ばらつきから分布の広がりの大きさをおおまかに要約することができます。分散s^2と標準偏差sはそれぞれ、以下のように求められます。

$$分散 s^2 = \frac{(x_1-\bar{x})^2+(x_2-\bar{x})^2+\cdots+(x_n-\bar{x})^2}{n} = \frac{1}{n}\sum_{i=1}^{n}(x_i-\bar{x})^2$$

$$標準偏差 s = \sqrt{s^2}$$

図表4-5の①～⑥の部分に分散と標準偏差の計算の手順を示しました。これは地域Aの市町村の図書館数の平均値と分散、標準偏差を求めた例です。分散は、①あらかじめ平均値を計算しておき、②それぞれのデータの値$x_1, x_2,$ ……, x_nと平均$\bar{x}$との差をとることで各データの平均からの差を計算し、③2乗して④すべてを足し上げた後に、⑤最後にデータの個数nで割ることで求めることができます。

⑥標準偏差は分散の平方根を取ったものです。計算結果の単位が元のデータの単位と一致するために解釈がしやすく、平均値と共に表記されることが多いばらつきの大きさの指標となっています。

図表4-5　分散と標準偏差の計算手順

地域	図書館数	② $x_i-\bar{x}$	③ $(x_i-\bar{x})^2$
A	4	2.7	7.1
A	1	-0.3	0.1
A	1	-0.3	0.1
A	1	-0.3	0.1
A	1	-0.3	0.1
A	0	-1.3	1.8
①平均	1.3		
		④合計	9.3
	分散	⑤合計/n	1.6
	標準偏差	⑥⑤の平方根	1.2

※図表4-5では実際の値を小数第2位を四捨五入した形で示しています。

❻ 不偏分散と標本標準偏差

分散、標準偏差には、不偏分散、不偏分散に基づく標本標準偏差という指標が別にあります。これらは次の式で表されるように、数式上の違いは分母がn

か、$n-1$かの違いのみとなります。Excel上でも図表4-5の⑤をnで割るのではなく、$n-1$の値で割るだけの違いです。

$$\text{不偏分散}\,s'^2=\frac{(x_1-\bar{x})^2+(x_2-\bar{x})^2+\cdots+(x_n-\bar{x})^2}{n-1}=\frac{1}{n-1}\sum_{i=1}^{n}(x_i-\bar{x})^2$$

$$\text{標本標準偏差}\,s'=\sqrt{s^2}$$

分散や標準偏差と、不偏分散や標本標準偏差は用途の違いがあります。前者は得られているデータそのもののばらつきの大きさの指標です。一方、後者はデータそのものではなく、分析対象としているデータの背景に、そのデータの元となるより大きな集団（母集団）があり、データからの計算によって母集団でのデータのばらつきの大きさを推定したい場合に用います。なお分散や標準偏差にこのような用途の別があることに対し、平均値は、どちらの場合も同じ計算ですみます。データの要約も母集団上の平均の推定も同じ値を使います。

分散、標準偏差の計算を行う際には、用いるべき計算式が分散なのか、不偏分散なのか、標準偏差なのか、標本標準偏差なのかに注意してください。どちらも「分散」「標準偏差」とだけ記載されていながら、その実は不偏分散や標本標準偏差が記載されていることが少なくありません。分析するデータが全数データであると考えられる場合には分散、標準偏差を、標本と考えられる場合には不偏分散、標本標準偏差で計算しましょう。

第7章のTips「STDEV.P関数とSTDEV.S関数」についても参照してください。

⑦ 四分位範囲、範囲

分散や標準偏差は、平均値からの偏差を使ったばらつきの大きさの指標でした。これと同様に、中央値（第2四分位数）に関連した指標として、**四分位範囲**があります。

$$四分位範囲 = 第3四分位数 - 第1四分位数$$

$$四分位偏差 = \frac{四分位範囲}{2}$$

$$範囲 = 最大値 - 最小値$$

まず、四分位範囲は第3四分位数と第1四分位数の差で求められます。第3四分位数と第1四分位数はそれぞれ、データの値の小さい方から75%点、25%点の値でした。この差を取るということは、中央値を中心に、データ全体の半分（75% − 25% = 50%）がどの区間幅でばらついているのかわかる指標となります。

範囲は最大値から最小値を引いた指標で、これはデータ全体（100%）がばらついている幅を示したものです。

例えば、小さい順に並べて次のようなデータがあったとき、

1　2　4　7　9　10　13　16　18

中央値はデータが奇数個なので9、第1四分位数 $\frac{2+4}{2} = 3$ と第3四分位数 $\frac{13+16}{2} = 14.5$ はそれぞれの周りが偶数個のデータなので、

1　2　●　4　7　⑨　10　13　◎　16　18

↑第1四分位数　中央値　↑第3四分位数

となります。最小値は最も小さいデータであるため、一番左の1、最大値は一番右の18となります。ここから、

$$四分位範囲 = 14.5 - 3 = 11.5$$

$$範囲 = 18 - 1 = 17$$

と計算できます。

PART 3　量的データのアナリティクス

EXCEL WORK

さまざまな統計量の計算

動画はコチラから▶ 

統計量は、平均値の計算例と同様の手順で求めることが可能です。平均値の計算例と異なるのは、関数名と戻り値等のオプションのみです。分散、不偏（標本）分散と、標準偏差、標本標準偏差では用いる関数が異なりますので注意してください。また四分位範囲は、QUARTILE.INCが「内分法」という方法で計算するため、ヒンジ法の結果とは値が異なる場合があることに注意してください。

図表4-6　Excelにおける統計量を求める関数

統計量	Excel関数（入力例）
平均値	=AVERAGE(B2:B7)
中央値	=MEDIAN(B2:B7)
最小値	=MIN(B2:B7)
最大値	=MAX(B2:B7)
第1四分位数	=QUARTILE.INC(B2:B7,1)　※「位置（戻り値）」を1に設定
第3四分位数	=QUARTILE.INC(B2:B7,3)　※「位置（戻り値）」を3に設定
下側パーセント点	=PERCENTILE.INC(B2:B7,0.2)　※「率」に0～1の値を設定
分散	=VAR.P(B2:B7)
（不偏／標本）分散	=VAR.S(B2:B7)
標準偏差	=STDEV.P(B2:B7)
（標本）標準偏差	=STDEV.S(B2:B7)
四分位範囲	=QUARTILE.INC(B2:B7,3)- QUARTILE.INC(B2:B7,1)
範囲	=MAX(B2:B7)- MIN(B2:B7)

手順1　表示したいセルを選択して「*fx*」をクリックし、求めたい統計量にあった関数を選択

❶平均値の計算結果を納めたいセルを選択し、画面上部の❷「*fx*」をクリックします。「関数の挿入」ダイアログの関数の中から適切な関数を選択し、「OK」をクリックします。(p.108参照)

例題の解き方　例題4❸では、Aの地域の「転入者数（人）」の「範囲」を求めるため、まずは［MAX］を選択します。

手順2　計算したいデータを選択する

表示されるダイアログのフィールドにある❹「↑」をクリックし、❺計算したいデータの部分を選択します。❻戻り値などの指定がある場合には、それを指定して❼「OK」をクリックします。

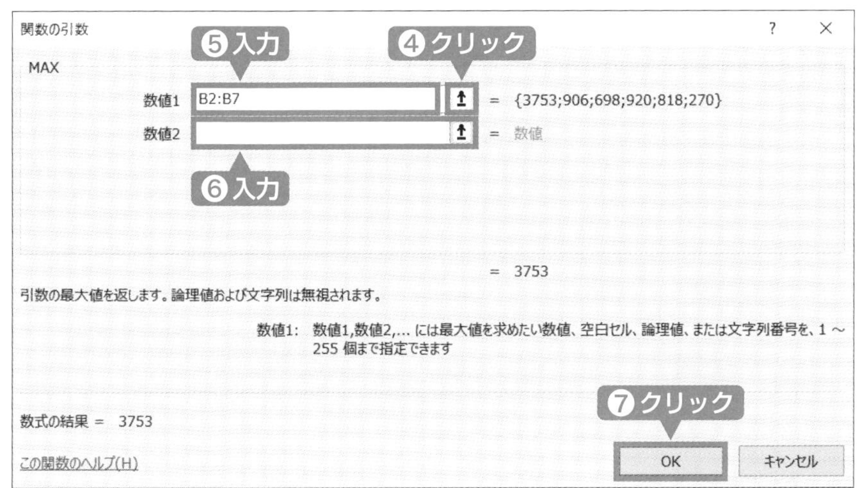

例題の解き方　例題4❸では、Aの地域の「転入者数（人)」の「範囲」を求めるため、［B2:B7］を選択します。また、「範囲」は「最大値」から「最小値」を引いて求めるため、MAXのあとに「-MIN（B2:B7)」をいれて求めます。計算の結果から、Aの地域の転入者数（人）の範囲は「3483」だとわかります。

また、地域Aの「転入者数（人)」の標準偏差、四分位範囲、範囲を求める場合には次のように入力することで、図表4-7の右側の値を得ることができます。標準偏差の計算にSTDEV.Sではなく、STDEV.Pを用いているのは、今回の分析対象が「地域A」に属するすべての都市のデータであるためです。

図表4-7　地域Aの「転入者数（人)」のばらつき

統計量	入力	値
標準偏差	=STDEV.P(B2:B7)	1150.43
四分位範囲	=QUARTILE.INC(B2:B7,3)-QUARTILE.INC(B2:B7,1)	188.5
範囲	=MAX(B2:B7)-MIN(B2:B7)	3483

3 グラフと統計量

❶ 箱ひげ図

量的データの分布を四分位数を用いて図にする方法として、**箱ひげ図**があります。この図は層別されたカテゴリーごとの分布の違いや外れ値の様子を観察することに向いています。

図表4-8　箱ひげ図の見方

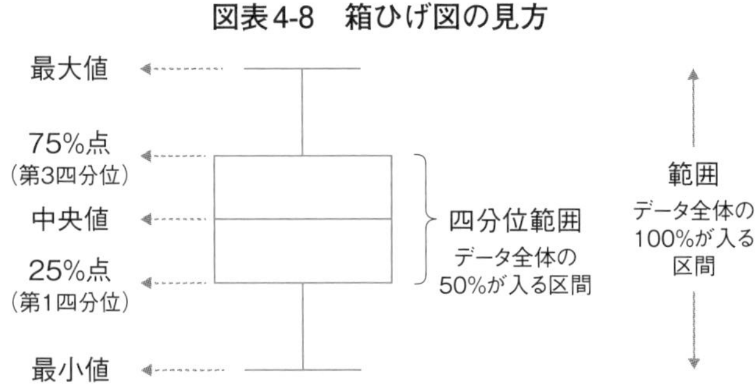

図表4-8は箱ひげ図の見方を示したものです。この図は名前の通り、箱の部分（中央の“⊟”の字の部分）と、その上下のひげの部分（⊤、⊥字の部分）の組合せでできています。横線が下からそれぞれ最小値、25%点（第1四分位数）、中央値、75%点（第3四分位数）、最大値のラインを示しており、箱の部分は中央値を中心に、中央値±25%（合計でデータ全体の50%）が入る中心的な区間を表しています[4]。また、分布から甚だしく離れた値は**外れ値**として示すこともあり、図表4-9の場合、これを○印で示しています[5]。

4　中央値と25%点、75%点を用いる箱ひげ図の描き方以外にも、平均値と標準偏差を用いて描く方法もありますが、よく利用される描き方は中央値を用いた方法です。

5　Excelではデフォルトの設定として第1四分位または第3四部位から四分位範囲の1.5倍を超えて離れた値が外れ値として○印で表されます。

図表4-9　箱ひげ図

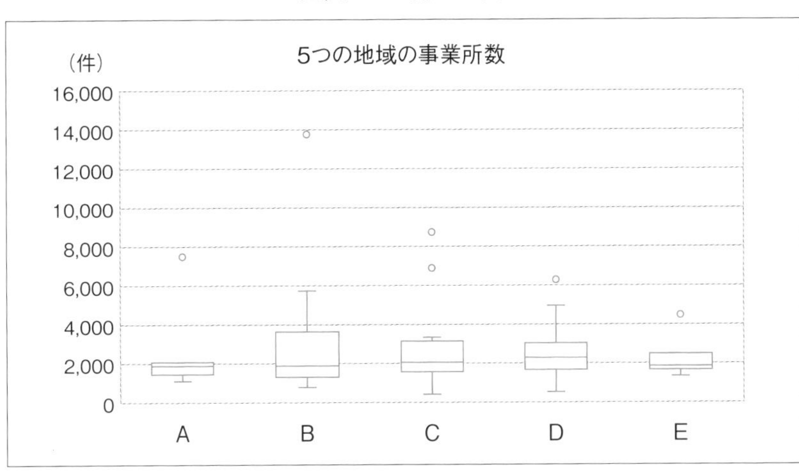

図表4-9は5つの地域A～Eにある複数の都市の「事業所数」を箱ひげ図にしたものです。このように、層別に箱ひげ図を描いたものを並行（並列）箱ひげ図といいます。この図を用いることで、各地域の事業所数分布を簡単に読みとることができます。

この章の例題4 4 の問題を考えてみましょう。まず、最小値が最も低いのは地域Cです。最も事業所数の少ない都市がこの地域にあることがわかります。続いて第1四分位数は地域Eが最も高い位置にある他は、ほとんど同様な高さにあることが読みとれます。よって例題4 4 イのように、地域Aの第1四分位数が最も大きいということはないでしょう。

中央値に関しては、地域Dが最も高い位置にあり、地域Cがそれに続いています。よって例題4 4 ロも誤りであることがわかります。第1四分位数から第3四分位数までの距離が四分位範囲です。ちょうど箱ひげ図の箱の部分の縦の長さが四分位範囲にあたり、この情報からは、地域Bが最も四分位範囲が大きく、中心のばらつきが大きいことがわかります。反対に地域Aは四分位範囲が小さく、箱がつぶれてしまっているようにみえます。地域Aは1つの外れ値を除き、データの値のばらつきが小さいと判断できるでしょう。

最大値から最小値までの区間幅を範囲と言いました。範囲を考えると地域Bと地域Dでは、地域Bの方がばらつきの程度が大きいことがわかります。また四分位範囲の大きさについても地域Bの方が大きいため、地域Bの方が、より個々のデータがばらついている可能性が高いことがわかります。

最後に、図表4-9では箱の上端の上に○が1個または2個描かれています。これが外れ値です。図を確認すると、地域Cに外れ値が2つあり、最も多くの外れ値があったことが伺えます。❹のハは正しいといえるでしょう。

このように、箱ひげ図を用いることで、中央値や範囲といった代表値、散らばりの指標だけでなく、分布の広がり方や外れ値の存在なども併せて考察することができます。

❷ シグマの法則

標準偏差を用いて分布の中心からの距離とその中に含まれるデータの割合を大まかに把握する方法に、**シグマの法則**があります。

シグマの法則

平均値±1シグマの区間に、データの過半数(68.3%(約2/3)程)が含まれる

平均値±2シグマの区間に、データのほとんど（95.4%程）が含まれる

平均値±3シグマの区間に、データのほぼすべて（99.7%程）が含まれる

この法則はデータの分布が正規分布に近い形状の時に、正規分布の理論に沿って作られたものです。

正規分布とは、データ分析においてよく耳にする代表的な理論分布です。単峰形で左右対称の形状をしており、横軸にデータの値、縦軸がデータの起こりやすさである確率密度を示しています。このような理論的な分布を**確率分布モデル**といいます。

正規分布は平均μ（ミュー）と標準偏差σ（シグマ）の値によって形状が決まります。μとσは母集団上の未知の値（母数、パラメータ）で、これをデータから推定するために、標本平均値$\bar{x}$、標本標準偏差sが使われます。母数（パラメータ）はギリシャ文字で表わされることが多いです。

データが正規分布と似た単峰形、左右対称な分布形状をしている際には、データの得られた背景に正規分布を考え、図表4-10の右側のような区間に対して、その区間上でデータがおこる可能性が把握できるのです。

図表4-10　正規分布（左）とシグマの法則の区間（右）

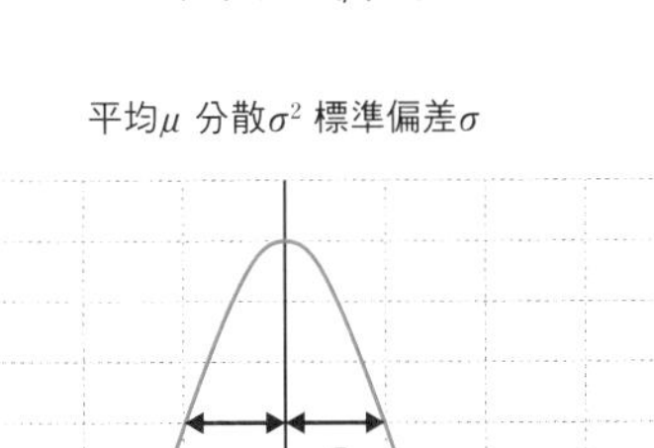

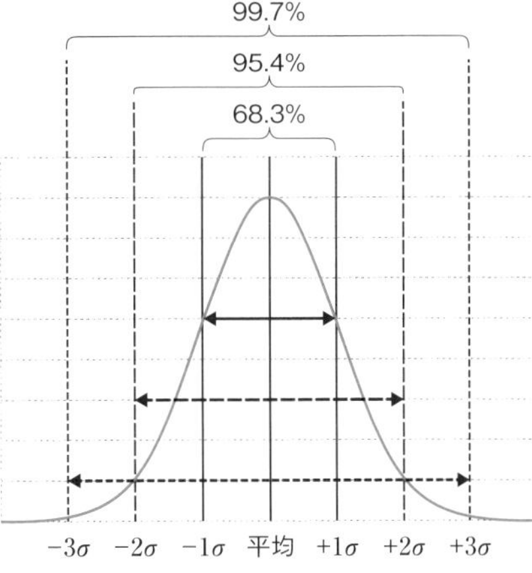

❸ 管理図

管理図も基本統計量を用いて描かれる図の1つで、その考え方の中にシグマの法則が用いられています。この図は、製品の生産工程の安定化を目指すために用いられているもので、シューハート（W.A. Shewhart）によって考案されました。例えば、平均±1σ区間であれば工程は標準状態にあり、平均±2σ区間を越えると要注意状態、平均±3σ区間を越えると要検査状態とするなど取り決めておくことで、今後生じるであろうデータの管理に役立てることができます。管理図には、管理する対象の特性によって中心傾向とばらつきの指標にそれぞれ平均値と範囲を用いる$\bar{x}-R$管理図、平均値と標準偏差を用いる$\bar{x}-s$管理図などの種類が存在します。

図表4-11は、個人の19日間の体重の変化について管理図を描いた例です。まず、折れ線は、19日間の実際の体重（kg）の値を示し、日々体重が上下していることがわかります。図中の中央の実線は中心線CL（central line）、上の破線は上方管理限界UCL（upper control limit）、下の破線は下方管理限界LCL（lower control limit）と呼ばれることがあります。例えば±3σ区間を越えると要検査と決めておいた場合には、破線を越えた値が測定されると、偶然の変動には依らない何らかの異常が起きていると判断します。

モトローラ社が1980年代に収めた成功から、世界の多くの企業が採用するに至っている経営管理方式に**シックスシグマ**活動があります。これは、製品の生産や商品の配送時間といったプロセスに焦点を当て、これを計量的に評価する場合、±6σ以内の区間内を管理限界内と定め、ばらつきをその内側に抑えようとする高レベルな品質管理の取り組みを指しています。正規分布において平均±6σを逸脱する事象は、100万回に約3～4回程度という小さなものとなります。

図表4-11　体重の管理図の例

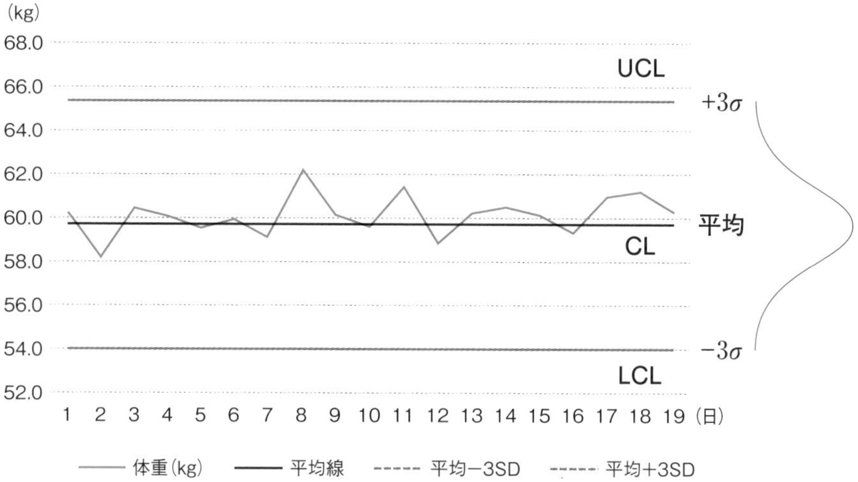

4 変動係数と偏差値

❶ 変動係数

ここでは、標準偏差を利用した指標である変動係数を説明します。図表4-12は、ある小学生5人の100m走の記録（秒）、お小遣いの額（円）、算数と国語の得点（点）を記録したデータです。図表には、それぞれの変数の平均値と標準偏差を示しています。

図表4-12　小学生のデータ

ID	100m走の記録(秒)	お小遣い（円）	算数の得点（点）	国語の得点（点）
1	18.6	1000	100	80
2	15.1	1200	70	100
3	14.8	1000	80	60
4	22.1	1000	80	100
5	15.4	800	100	50
平均	17.2	1000	86	78
標準偏差	2.81	126.49	12.00	20.40

この図表を見ると、100m走の記録よりもお小遣いの額の方が標準偏差の値が大きい値となっています。しかし、1秒のタイムを縮めることが難しい100m走の世界における2.81秒の標準偏差と、平均1000円のお小遣いをもらっている中での120円程の標準偏差を、そのままの数値で比較することはできません。

変動係数CV（Coefficient of Variation、相対標準偏差ともいう）は、データの単位に依存せず、標準偏差を平均値と比較することで、その値の大きさを相対的に評価することができる指標です。この指標は次のように計算します。

$$\text{変動係数(CV)} = \frac{\text{標準偏差}}{\text{平均値}} \times 100(\%)$$

PART 3 量的データのアナリティクス

図表4-13　100m走とお小遣いの変動係数

ID	100m走の記録(秒)	お小遣い(円)
平均	17.2	1000
標準偏差	2.81	126.49
変動係数	16.34%	12.65%

変動係数を利用すると、100m走の記録の相対標準偏差は2.81/17.2≒0.1634（16.34%）となり、お小遣いの額は126.49/1000≒0.1265（12.65%）となります。平均値に比較して100m走の変動幅は16.34%あるのに対し、お小遣いの額の変動の幅は12.65%と、相対的にみて前者の変動幅の方が大きいことがわかります。個人差が大きいのは、100m走の方であることが明らかとなりました。

算数は平均86点、標準偏差が12点と、平均的に一人当たり86点を中心に12点前後の幅で得点がばらついていることがわかります。一方、国語は平均78点、標準偏差が20.40点と、一見して算数に比較して平均点が低く、ばらつきも大きいように見られます。しかしこちらも平均点の低いテストは1点を取る難しさが異なると考えると、そのまま比較することはできません。単位が同じ「点」だとしても、算数の「点」と国語の「点」は分布が異なる別物なのです。この場合、算数の変動係数は12/86≒0.1395（13.95%）、国語の変動係数は20.4/78≒0.2615（26.15%）となります。変動係数は単位が同じでも使用します。

❷ 標準得点と偏差値

データの個々の値の相対的な位置を変数の間で比較する際によく用いられる指標が標準得点（zスコア）や偏差値です。図表4-12の算数と国語の点数について考えます。

標準得点（zスコア）は、個々のデータの値の平均値からの距離を、標準偏差を1単位として測った指標です。この指標も変動係数と同様に、データの単位の影響を受けないため、変数間での比較に用いることが可能です。

$$\text{標準得点}(z) = \frac{\text{データの値} - \text{平均値}}{\text{標準偏差}}$$

標準得点の平均値は0となります。また、単位の影響を取り除くために標準偏差で割っていることから、**標準得点の標準偏差は1**となります。

標準得点は変数を平均0、標準偏差1に基準化した指標であるため、マイナスの値や小数点以下の数値が出ることも少なくありません。

よく成績評価で用いられる**偏差値**は標準得点を応用したもので、次のように標準得点の値に10をかけ、50を足した指標です。これによって、偏差値の平均は50点、標準偏差は10点になります。

偏差値＝標準得点×10＋50

図表4-12の算数の得点を用いて、標準得点と偏差値を計算した表が図表4-14です。まずは個々の値について、①データと平均値との差を取ります。IDが1の児童の結果が14点になっているのは、データの値100点から平均86点を引いたためです。

図表4-14　算数の得点の標準得点と偏差値の計算

ID	算数の得点(点)	①平均からの偏差 =データ−平均	②標準得点 =①/標準偏差	③偏差値 =②×10+50
1	100	14	1.17	61.67
2	70	-16	-1.33	36.67
3	80	-6	-0.50	45.00
4	80	-6	-0.50	45.00
5	100	14	1.17	61.67
平均	86	0	0	50
標準偏差	12.00	12.00	1.00	10.00

※ 計算は実計算で小数第3位以下を四捨五入した数値を表記

続いて②の手順では、①で計算した値を標準偏差（12.00）で割っています。これが標準得点です。更に③では、②で求めた値に10をかけ、50を足すことで偏差値を作成しています。図表4-14の平均と標準偏差の欄をみるとわかるように、①の操作では平均を0とし、②の操作では標準偏差を1とし、③の操作では平均を50、標準偏差を10となるように変換しています。

図表4-15は算数と国語の得点の素点（そのままの値）と、偏差値に換算した

値を併記したものです。例えばIDが1の児童は平均点86点、標準偏差12点の算数のテストにおいて、およそ平均点+1SD分ほどに当たる100点を取っています。このことから、平均50、標準偏差10の偏差値に換算すると、(100−86)÷12×10+50≒61.67とわかります。一方、国語は平均点78点に対して80点であったことから、ほぼ平均通りの偏差値50.98となりました。

図表4-15　算数と国語の得点の素点と偏差値

ID	素点		偏差値	
	算数	国語	算数	国語
1	100	80	61.67	50.98
2	70	100	36.67	60.79
3	80	60	45.00	41.17
4	80	100	45.00	60.79
5	100	50	61.67	36.27
平均	86	78	50	50
標準偏差	12	20.40	10	10

※ 計算は実計算で小数第3位以下を四捨五入した数値を表記

EXCEL WORK

変動係数の計算

動画はコチラから▶

手順 1　平均値と標準偏差を計算する

❶「AVERAGE」を使って平均値（p.108参照）を、❷「STDEV.P」を使って標準偏差を出します。

例題の解き方　例題4❺では、AVERAGE関数（平均）とSTDEV.P関数（標準偏差）をそれぞれの地域に合わせて［数値］を入力して計算します。例えばAでは「＝AVERAGE（C2:C7）」「＝STDEV.P（C2:C7）」となり、Bでは「＝AVERAGE（C8:C16）」「＝STDEV.P(C8:C16)」となります。

手順 2　計算式を使って変動係数を計算する

❸表示したいセルを選択して、その数式バーに「＝(標準偏差のセル/平均値のセル)*100」を入力して数値を出します。

例題の解き方　例題4❺は、例えばAでは先ほどの平均値と標準偏差を使って「＝(J2:I2)*100」などと計算式を入力します。変動係数がAから順に「84.30」「113.18」「86.04」「62.35」「47.65」となり、最も大きいのは「B」だということがわかります。

5 例題の解答と演習問題

例題4

1 事業所数の分布を把握するため、すべての地域を併せた事業所数の度数分布表を作成した。次の度数分布表の①～⑤のうち、最も人数の多いものは [4] である。番号を空欄に入力せよ。[番号は、半角数字で入力せよ。]

2 地域Cの「転入者数（人)」の平均は [2812.8] である。[数値は、四捨五入して小数第1位までを半角数字で入力せよ。]

3 地域Aの「転入者数（人)」の範囲は [3483] である。[数値は半角、整数で入力せよ。]

4 次の図は、A～Eの事業所数を箱ひげ図にしたものである。
イ～ハの各記述の正誤に関して、下の①～⑤のうちから、最も適切なものを一つ選び、番号を空欄に入力せよ。[番号は、半角数字で入力せよ。]

イ 第1四分位が最も大きい地域はAである。
ロ 中央値が最も大きな値である地域はBである。
ハ 外れ値が最も多い地域はCである。

① イのみ正しい。　② ロのみ正しい。　③ ハのみ正しい。
④ イとロのみ正しい。　⑤ イとハのみ正しい。

[3]

5 事業所数について変動係数を求めた。最も変動係数が最も大きくなったのは [B] である。[地域は、半角大文字で入力せよ。]

演習問題

エクセルデータシート『児童のネット利用時間』は、ある小学校の1年生の男女200名のインターネットの利用時間について尋ねた架空のデータである。データを分析して、下の問いの空欄に適切な文字や数値を入力せよ。

ID	性別	ネット利用時間（時間）
1	男	0.9
2	男	0.5
3	男	0
4	男	0.2
5	男	0.9
6	男	1
7	男	2.8
8	男	1.8
9	男	4.4
10	男	0.5

1 男子児童のうち、「ネット利用時間（時間）」が1時間以上2時間未満の人数は、［　　　］人である。［数値は半角、整数で入力せよ。］

2 男子と女子の児童の「ネット利用時間（時間）」について、階級を「0時間以上1時間未満」「1時間以上2時間未満」「2時間以上3時間未満」「4時間以上5時間未満」としたヒストグラムを作成することを考える。この分布の形状の説明について最も適切なものは次の①～⑤から一つ選び、空欄に番号を入力せよ。［番号は、半角数字で入力すること。］

① 分布は男女ともに左右対称である　② 男子の分布のみ左に歪んでいる
③ 女子の分布のみ右に歪んでいる　④ 男女ともに左に歪んでいる
⑤ 男女ともに右に歪んでいる

［　　　］

3 女子児童の「ネット利用時間」の中央値は [　　　] である。[数値は四捨五入して小数第1位までを半角で入力せよ。]

4 女子児童の「ネット利用時間」の四分位範囲は [　　　] である。ただしエクセルを利用した計算にはQUARTILE.INCを用いること。[数値は四捨五入して小数第2位までを半角で入力せよ。]

5 最も「ネット利用時間」の値の大きかった男子児童の、男子児童における「ネット利用時間」の偏差値は [　　　] である。[数値は四捨五入して小数第1位までを半角で入力せよ。]

Keywords

□ 度数分布表　□ ヒストグラム　□ 平均値　□ 中央値
□ 頑健　□ 分散　□ 標準偏差　□ 四分位範囲　□ 範囲
□ 外れ値　□ シグマの法則　□ 箱ひげ図　□ 管理図
□ 変動係数　□ 標準得点　□ 偏差値

演習問題の解答

1 26　**2** 5　**3** 0.9　**4** 1.75　**5** 89.6

PART

3

量的データのアナリティクス

第 5 章 相関・予測と回帰分析

「身長」と「体重」の2つの量的変数が関連しているならば、「身長」が高い人ほど「体重」も重くなるといった傾向が読み取れるかもしれません。しかし、関連していないならば、「身長」の高低によって「体重」の軽重はわからない、ということになります。このように、複数の量的変数を分析する際には、変数間の関連性を吟味することが予測や制御にもつながり、有効であることが少なくありません。

本章はこのような分析をするための方法として、散布図と相関分析・回帰分析について学習します。

第5章 相関・予測と回帰分析

例題5

エクセルデータシート『関東地方の人口データ』は、関東地方の市区町村について、人口や面積を納めたデータである。1行目は変数名、（ ）内は変数の単位を表し、2行目以降がデータの値である。データを分析して、下の問いの空欄に適切な文字や数値を入力せよ。

都道府県	市区町村名	区分	総人口（人）	面積（km2）	平均年齢（歳）	核家族世帯（万世帯）	第3次産業就労者の割合（%）
東京都	あきる野市	市	80954	73.47	46.59	2.05	73.32
千葉県	いすみ市	市	38594	157.46	53.00	0.82	66.63
茨城県	かすみがうら市	市	42147	156.62	47.21	0.86	57.54
埼玉県	さいたま市 浦和区	区	154416	11.51	43.58	4.02	82.99
埼玉県	さいたま市 岩槻区	区	109801	49.17	47.37	2.72	70.86
埼玉県	さいたま市 見沼区	区	161960	30.69	45.71	4.18	78.14

出典：平成27年　国勢調査

1 「核家族世帯（万世帯）」と「第3次産業就労者の割合（%）」の相関係数は、［　　　］である。[数値は四捨五入して小数第2位までを半角で入力せよ。]

2 「総人口（人）」を「面積（㎢）」で割ることで、新たに「人口密度（人/㎢）」という変数を新たに作成した。この変数と最も相関の高い変数は［　　　］である。次の①～④のうちから最も適切なものを一つ選び、番号を空欄に入力せよ。[番号の数値を半角、整数で入力せよ。]

① 平均年齢（歳）　② 核家族世帯（万世帯）
③ 第3次就労者の割合（%）

3 「区分」が「市」である市区町村のみを対象に「第3次産業就労者の割合（%）」を目的変数、「平均年齢（歳）」を説明変数とする回帰分析を行った。この結果から「平均年齢（歳）」が5（歳）大きくなると、「第3次産業就労者の割合（%）」が［　　　］%少なくなる傾向があることがわかる。[数値は四捨五入して小数第2位までを半角で入力せよ。]

4　**3**の回帰分析において「平均年齢」が50歳である場合、「第3次産業就労者の割合（%）」の予測値は［　　　］である。［数値は四捨五入して小数第2位までを半角で入力せよ。］

5　**3**の回帰直線から最も離れた値を示す「市区町村名」は、［　　　］である。［漢字で入力せよ。］

1　相関分析

❶ 散布図

散布図は、一組の量的変数のばらつきを同時に可視化するグラフであり、一方の変数の値をx軸に、もう一方の変数の値をy軸に配することで、個々のデータの値を座標平面上に付置し、描画することができます。そして、この図を観察することで2つの変数間に何らかのパターンがみられるかどうかを把握することができます。

図表5-1にはA～Fの6つの散布図を示しました。

AやBのように、図に右上がりのパターンがみられる場合を、一方の値が増加すると他方の値も増加する、**正の相関関係**があると解釈します。また、CやDのように散布図に右下がりのパターンがみられる場合を、一方の値が増加すると、他方の値は減少する、**負の相関関係**があると解釈します。EやFのように、全体に値が散らばっているような場合には、強い相関関係はみられません。図の右下の「$r=$」の数値は後の説明に出てくる相関係数です。

相関係数rは、1または−1に近いほど相関関係が強いと解釈します。散布図BよりもAの方が値が1に近く、DよりもCの方が値が−1に近いことから、相関関係の強さはA>C>B>D>E>Fの順と考えます。つまり相関関係がより強いほど、各点が直線的に並んでいる傾向があると読み取ることができます。まとめると、相関係数は2つの量的な変数間の直線的な関連の強さと向きを示したものと言えます。

図表5-1　散布図の例

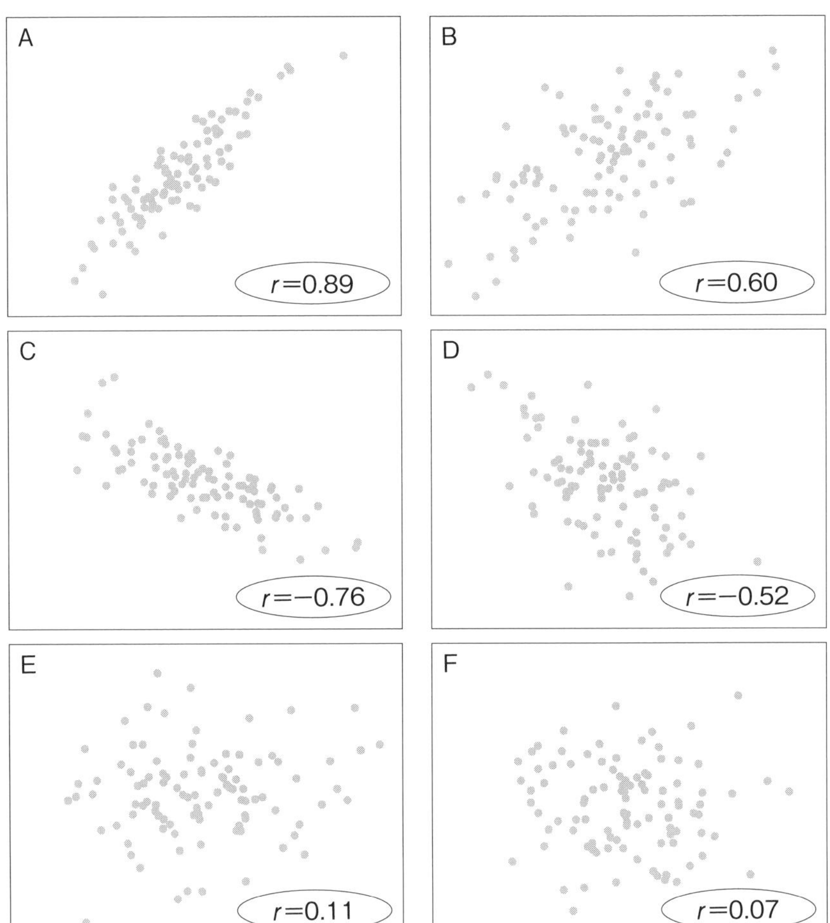

EXCEL WORK

散布図の作成

動画はコチラから▶

手順 1　データを選択して散布図をクリック

散布図に用いたい❶2つの変数のデータの部分を選択します。［挿入］タブにある❷「散布図」のアイコンをクリックします。

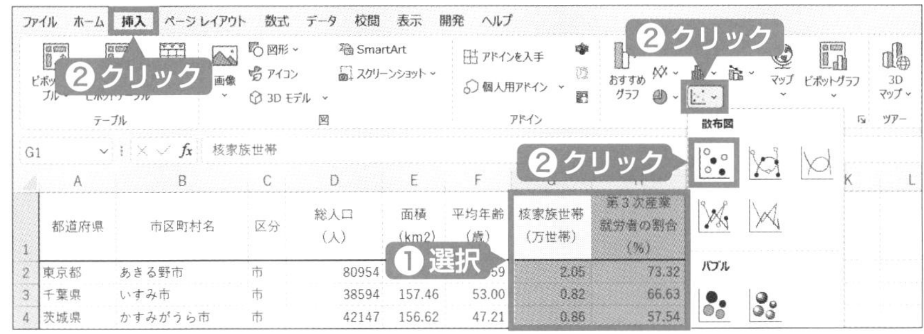

使用したいデータを選択（離れた2列を選択する場合にはCtrlキーを押しながらそれぞれを選択する）

図表5-2　「核家族世帯」と「第3次産業就労者の割合」の散布図

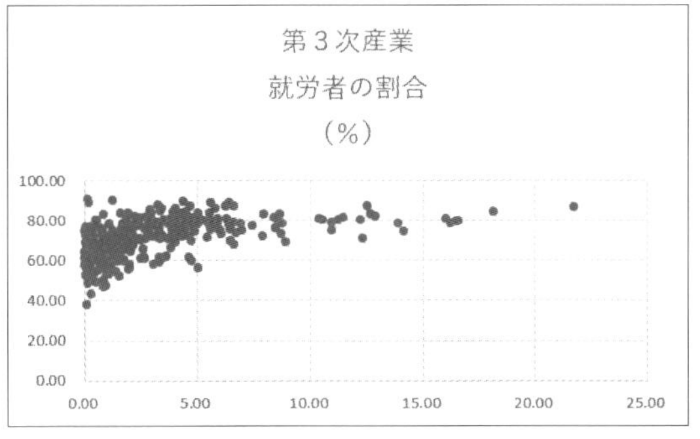

例題の作成例　例題では散布図を使用しませんが、例えば「核家族世帯」と「第3次産業就労者の割合」の散布図を作成したい場合、それぞれの変数の入った列（G、H列）を選択します。離れた列を選択する場合には、Ctrlキーを押しながらそれぞれを選択します。アイコンをクリックすれば図表5-2が表示されます。

❷ 相関係数

相関関係をグラフではなく、計量化した指標として示すことができる代表的なものに、**共分散**と**相関係数**があります。変数XとYについて、実際にn個のデータ$x_1, x_2, \cdots\cdots, x_n$と$y_1, y_2, \cdots\cdots, y_n$の対が得られた際に、共分散$v_{xy}$は以下の式で表されます。

$$v_{xy}=\frac{1}{n}\sum_{i=1}^{n}(x_i-\overline{x})(y_i-\overline{y})$$

すなわち共分散とは、「xとyの平均からの偏差の積」の平均ということになります。共分散は正の相関がある場合に値がプラスの値となり、負の相関がある場合に値がマイナスの値となることから、相関関係を表す指標の1つとされています。しかしながら、その値の大きさは、それぞれの変数の単位に依存して一定に基準をもたないため、結果の解釈には向きません。このため、共分散を各変数の標準偏差で除した相関係数が解釈に用いられます。相関係数r_{xy}は以下の式で表されます。

$$r_{xy}=\frac{v_{xy}}{s_x s_y}=\frac{\frac{1}{n}\Sigma_{i=1}^{n}(x_i-\overline{x})(y_i-\overline{y})}{\sqrt{\frac{1}{n}\Sigma_{i=1}^{n}(x_i-\overline{x})^2}\sqrt{\frac{1}{n}\Sigma_{i=1}^{n}(y_i-\overline{y})^2}}$$

図表5-3は、この相関係数の計算をエクセルで手順を追って計算した例です。この例では、ID1～10までの学生の「x：理科」と「y：数学」の点数の値の相関係数を計算しています。まずは①②の手順で、それぞれの変数の平均値と標準偏差を計算します。平均値はAVERAGE関数、標準偏差はSTDEV.P関数を用いています。

続いて③④の手順において、それぞれの変数の値と平均値との差を計算し、⑤の手順で③④で計算した偏差の積を計算します。⑤の合計をSUM関数で計算し、データの大きさnで割ったものが⑥で、これが共分散の値となります。最後に②で計算したそれぞれの変数の標準偏差の積で⑥を割ることで、⑦の相関係数が算出されます。もちろんこれは数式の理解を促すための例であり、実際に相関係数を計算する場合には、後に紹介するCORREL関数やデータ分析機能の「相関」を用いることで簡単に算出することが可能です。

図表5-4は『関東地方の人口データ』の3つの変数間の相関係数を示しています。表中の－0.45は、「核家族世帯」と「平均年齢」との間の相関係数の値を、0.52は「第3次産業就労者の割合」と「核家族世帯」との間の相関係数の値を示しています。この図表のように、2つの変数ごとの相関係数の値を、行列形式で並べたものを**相関行列**といいます。空欄の箇所は組合せの反対部分(「平均年齢」と「核家族世帯」に対して、「核家族世帯」と「平均年齢」)で同じ値になるため、省略されています。

図表5-3　エクセルでの相関係数の計算例

ID	理科	数学	③ 理科－平均（理科）	④ 数学－平均（数学）	⑤ ③×④
1	80	96	13.7	28.1	384.97
2	55	65	−11.3	−2.9	32.77
3	64	72	−2.3	4.1	−9.43
4	55	49	−11.3	−18.9	213.57
5	92	68	25.7	0.1	2.57
6	46	56	−20.3	−11.9	241.57
7	79	68	12.7	0.1	1.27
8	76	69	9.7	1.1	10.67
9	32	58	−34.3	−9.9	339.57
10	84	78	17.7	10.1	178.77
① 平均	66.3	67.9	0	0	
② 標準偏差	18.07235	12.30813			
				⑥ ⑤の合計/n	139.63
				⑦ ⑥/②の積	0.627729

図表5-4　関東地方の人口データの相関行列（n＝175）

	平均年齢	核家族世帯	第3次産業就労者の割合
平均年齢	1.00		
核家族世帯	−0.45	1.00	
第3次産業就労者の割合	−0.43	0.52	1.00

※値は小数第3位を四捨五入したもの

❸ 相関係数の解釈

相関係数は−1〜+1までの値を取り、−1に近いほど負の相関関係が強く、+1に近いほど正の相関関係が強いと判断します。また、絶対値の大きい相関係数の組み合わせの方が、より関係が強いと判断します。

図表5-5　相関関係の判断の概念図

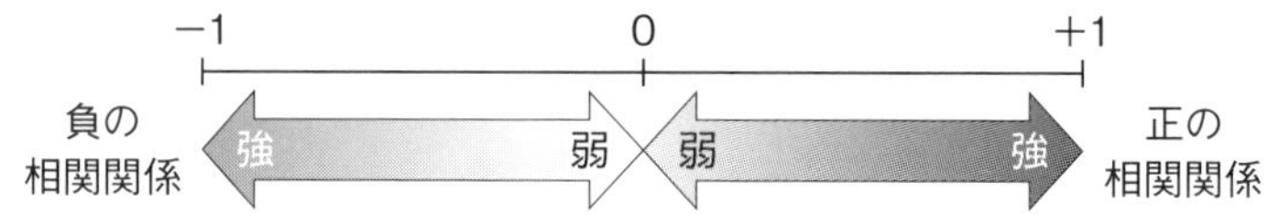

これらを元に判断を行うと、以下のようなことがわかります。

「第3次産業就労者の割合」と「平均年齢」の相関関係（−0.43）の方が、「第3次産業就労者の割合」と「核家族世帯」の相関関係（0.52）よりも弱い。また、「第3次産業就労者の割合」と「核家族世帯」の相関関係（0.52）の方が、「核家族世帯」と「平均年齢」の相関関係（−0.45）よりも強い

プラスやマイナスの符号に関係なく、絶対値の大きい方がより相関関係が強いと判断します。

図表5-6　相関関係の値の判断の目安

−1　　　　0　　　　+1

−1.0≦r<−0.7	−0.7≦r<−0.4	−0.4≦r<−0.2	−0.2≦r≦0.2	0.2<r≦0.4	0.4<r≦0.7	0.7<r≦1.0
強い 負の相関	やや強い 負の相関	弱い 負の相関	ほとんど相関は みられなかった	弱い 正の相関	やや強い 正の相関	強い 正の相関

分野によっても基準が異なる場合もありますが、社会科学分野において実際の相関係数の値をどのように判断すれば良いかを示す一例を図表5-6に示しました。これを参考に解釈を行うと、「第3次産業就労者の割合」は、「核家族世帯」とやや強い正の相関（r=0.52）がみられ、「平均年齢」とはやや強い負の

相関（r＝−0.43）があることがわかります。すなわち、「第3次産業就労者の割合」が高い地域であるほど、「核家族世帯」も多く、「平均年齢」の低い地域であることがわかりました。このように、相関係数の値からデータを判断することを**相関分析**といいます。

相関分析の例をもう一つみてみましょう。図表5-7は、『関東地方の人口データ』の「総人口（人）」と「面積（㎢）」を元に「人口密度（人/㎢）」という新しい変数を作成し、相関行列を求めたものです。この結果からは、人口密度と第3次産業就労者の割合の相関係数の値が0.69と正の相関を示しています。人口密集地域ほどサービス業である第3次産業に従事する者の割合が多いということがわかりました。

図表5-7　「人口密度（人/㎢）」の作成と相関係数

A	B	C	D	E	F	G	H	I
都道府県	市区町村名	区分	総人口（人）	面積（km2）	平均年齢（歳）	核家族世帯（万世帯）	第3次産業就労者の割合（%）	人口密度（人/㎢）
東京都	あきる野市	市	80954	73.47	46.59	2.05	73.32	=D2/E2
千葉県	いすみ市	市	38594	157.46	53.00	0.82	66.63	245.1
茨城県	かすみがうら市	市	42147	156.62	47.21	0.86	57.54	269.1
埼玉県	さいたま市 浦和区	区	154416	11.51	43.58	4.02	82.99	13415.8
埼玉県	さいたま市 岩槻区	区	109801	49.17	47.37	2.72	70.86	2233.1

	平均年齢	核家族世帯	第3次産業就労者の割合	人口密度
平均年齢	1.00			
核家族世帯	−0.45	1.00		
第3次産業就労者の割合	−0.43	0.52	1.00	
人口密度	−0.51	0.62	0.69	1.00

相関分析をExcelで行う場合には、主にCORREL関数を使う方法と、「データ分析」機能の「相関」を用いる方法があります。一組の相関係数を求めたいだけの場合には前者が、それ以上の変数間の相関行列を求めたい場合には後者が向いています。

EXCEL WORK

相関係数の求め方（CORREL 関数）

動画はコチラから▶

手順 1　［関数の挿入（fx）］からCORREL関数を選択

❶結果を表示したいセルを選択し、数式バーの横にある❷［fx］と書かれた［関数の挿入］ボタンをクリックします。❸関数の分類を「統計」にして、「CORREL」を選択します。

手順 2　配列を入力して［OK］をクリック

❹［配列1］と［配列2］に該当箇所を入力して［OK］をクリックします。

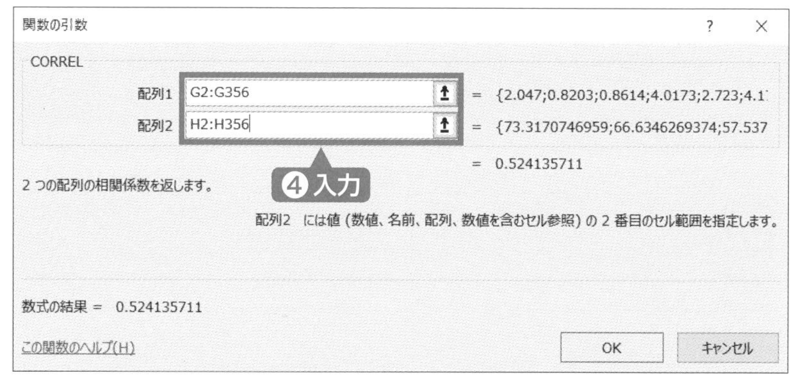

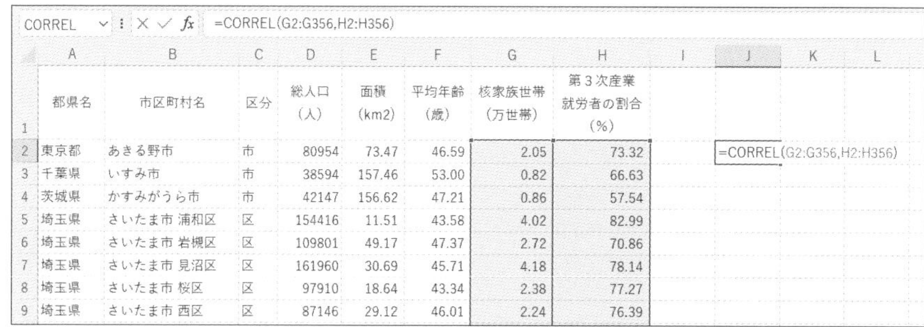

CORREL　=CORREL(G2:G356,H2:H356)

	A	B	C	D	E	F	G	H	I	J	K	L
1	都県名	市区町村名	区分	総人口（人）	面積（km2）	平均年齢（歳）	核家族世帯（万世帯）	第３次産業就労者の割合（%）				
2	東京都	あきる野市	市	80954	73.47	46.59	2.05	73.32		=CORREL(G2:G356,H2:H356)		
3	千葉県	いすみ市	市	38594	157.46	53.00	0.82	66.63				
4	茨城県	かすみがうら市	市	42147	156.62	47.21	0.86	57.54				
5	埼玉県	さいたま市 浦和区	区	154416	11.51	43.58	4.02	82.99				
6	埼玉県	さいたま市 岩槻区	区	109801	49.17	47.37	2.72	70.86				
7	埼玉県	さいたま市 見沼区	区	161960	30.69	45.71	4.18	78.14				
8	埼玉県	さいたま市 桜区	区	97910	18.64	43.34	2.38	77.27				
9	埼玉県	さいたま市 西区	区	87146	29.12	46.01	2.24	76.39				

例題の解き方　例題5❶は、［配列1］に「核家族世帯（万世帯）」の変数を、［配列2］に「第3次産業就労者の割合（%）」の変数を入れて、［OK］をクリックします。その結果、相関係数が「0.5241」となり、問題から小数第2位までを求めるため、解答は「0.52」だということがわかります。

EXCEL WORK

データ分析機能を使った相関係数の求め方

動画はコチラから▶

手順 1　［データ分析］から［相関］を選択

❶［データ］タブにある［データ分析］※をクリックし、❷ダイアログから「相関」を選択して［OK］をクリックします。

手順 2　［入力範囲］を入力する

❸表示される「相関」ダイアログの［入力範囲］に変数名ごとデータを選択して、❹［先頭行をラベルとして使用］にチェックを入れて、❺［OK］をクリックします。

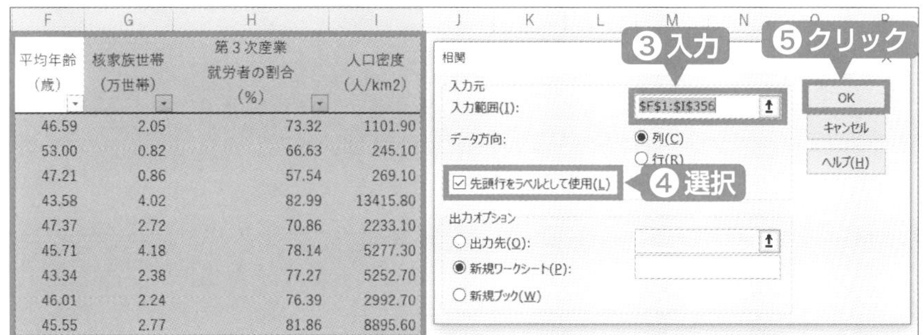

平均年齢（歳）	核家族世帯（万世帯）	第３次産業就労者の割合（%）	人口密度（人/km2）
46.59	2.05	73.32	1101.90
53.00	0.82	66.63	245.10
47.21	0.86	57.54	269.10
43.58	4.02	82.99	13415.80
47.37	2.72	70.86	2233.10
45.71	4.18	78.14	5277.30
43.34	2.38	77.27	5252.70
46.01	2.24	76.39	2992.70
45.55	2.77	81.86	8895.60

例題の解き方　例題5❷は、［入力範囲］に「平均年齢」「核家族世帯（万世帯）」「第3次産業就労者の割合（%）」と作成した「人口密度」を変数名から選択します。

PART 3　量的データのアナリティクス

手順3　出力された相関行列を読み解く

❻相関行列が反映されたシートができるので、参照します。

	A	B	C	D	E
1		平均年齢（歳）	核家族世帯（万世帯）	第３次産業就労者の割合（%）	人口密度（人/km2）
2	平均年齢（歳）	1			
3	核家族世帯（万世帯）	-0.45061975	1		
4	第３次産業就労者の割合（%）	-0.43411341	0.524135711	1	
5	人口密度（人/km2）	-0.51302898	0.619233895	0.687707333	1

❻人口密度と最も高い相関係数の変数は「第３次産業就労者の割合（%）」とわかります

例題の解き方　例題5❷は、相関行列のシートから「人口密度（人/km^2)」と相関係数が最も高いのは「0.6877…」の「第3次産業就労者の割合（%）」だとわかり、解答は「③」だということがわかります。

※[データ分析] が表示されない場合については、以下の内容で表示されることがあります。[ファイル] タブをクリックし、左側に表示されるファイルメニューの [オプション] をクリックします。メニューの中から [アドイン] を選択し、一覧の中から [分析ツール」を選択した状態で [設定] をクリックし、[分析ツール] にチェックを入れた状態で [OK] をクリックします。

2 回帰分析

散布図や相関係数を用いることで、2つの量的変数の間の直線的な関係性を分析することができました。相関分析の次の目標として、今度は片方の変数の値の変化に伴って、もう一方の変数はどの程度変化するのか、その量を具体的に評価し、予測することを目指します。そのための代表的な方法の1つが回帰分析です。

❶ 回帰直線

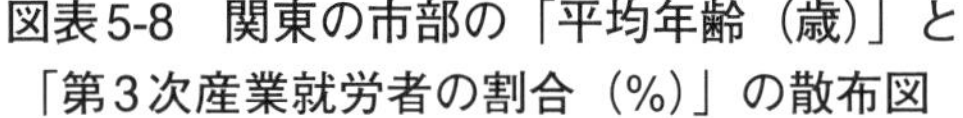
図表5-8　関東の市部の「平均年齢（歳）」と「第3次産業就労者の割合（%）」の散布図

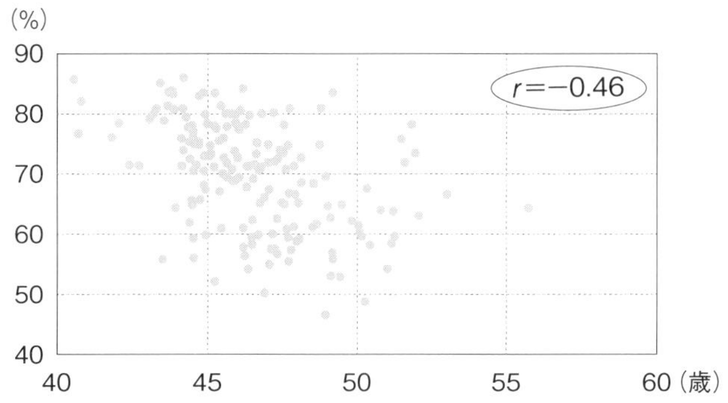

図表5-8は、『関東地方の人口データ』の市部のみの「平均年齢」を横軸（x軸）に、「第3次産業就労者の割合」を縦軸（y軸）とした散布図です。散布図は右下がりですから、これらの変数の間には負の相関があることがわかります。また、相関係数を計算すると−0.46と中程度の負の相関となります。つまり「平均年齢」が高い都市ほど「第3次産業就労者の割合」が低い傾向があると解釈できます。

図表5-9　回帰直線の例

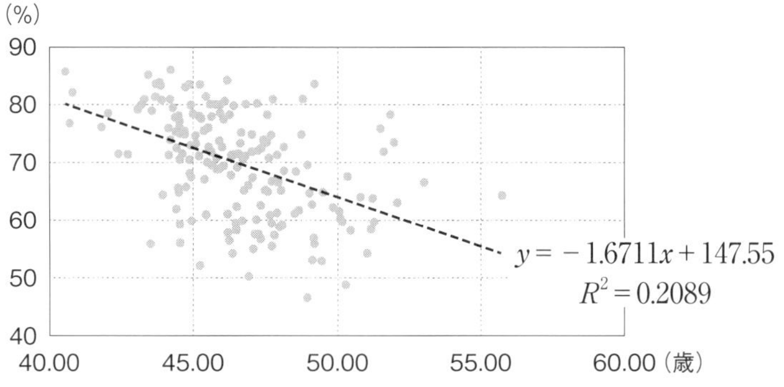

ここで、都市の平均年齢（x）が1歳上がると、第3次産業就労者の割合（y）が平均的に何％減少するのかを予測するために、散布図上でばらつく点の中で、最も当てはまりの良い傾向線を求め、「平均年齢」が「第3次就労者の割合」に与える効果の大きさを全体的に把握することを考えます。図表5-9の破線のように、変数xの値から変数yの値を推定するために用いる1次式の直線のことを**回帰直線**といい、この直線を以下の回帰式で表します。

$$y = ax + b \cdots (1)$$

❷ 回帰直線の解釈

回帰式を用いた分析を**回帰分析**といいます。このとき、縦軸にあてる変数yを**目的変数（従属変数）**、横軸にあてる変数xを**説明変数（独立変数）**といいます。分野によって、目的変数を応答変数、被説明変数といったりします。また特に、(1)式のように、1つの目的変数について、1つの説明変数を用いて予測を行う方法を**単回帰分析**といい、2つ以上の説明変数を用いる重回帰分析と区別しています。

図表5-9の右下には、次のような一次式が記載されています。

$$y = -1.6711 \times x + 147.55 \cdots (2)$$

これは、次のように解釈します。

（第3次産業就労者の割合yの予測値(%)）＝－1.6711×（平均年齢x(歳)）＋147.55

すなわち、平均年齢の値に－1.6711をかけ、147.55を足した数値が、平均年齢の値に応じた第3次産業就労者の割合の予測値（推定値）となります。例えば、「平均年齢（歳）」が5歳増えるとなると、－1.6711×（平均年齢$x=5$）＝－8.355%となり、第3次産業就労者の割合の予測値が8.36%程度低下します。また同様に、例えば「平均年齢（歳）」が50歳である地域の「第3次産業就労者の割合」は、－1.6711×（平均年齢$x=50$）＋147.55＝64%程度と予測することができます。(1)式の**aを回帰係数**、**bを切片**と呼びます。(2)式では、回帰係数が－1.6711、切片が147.55です。回帰直線と相関関係、そして回帰係数aの値には図表5-10のような関係があります。

図表5-10　回帰係数の読み取り方

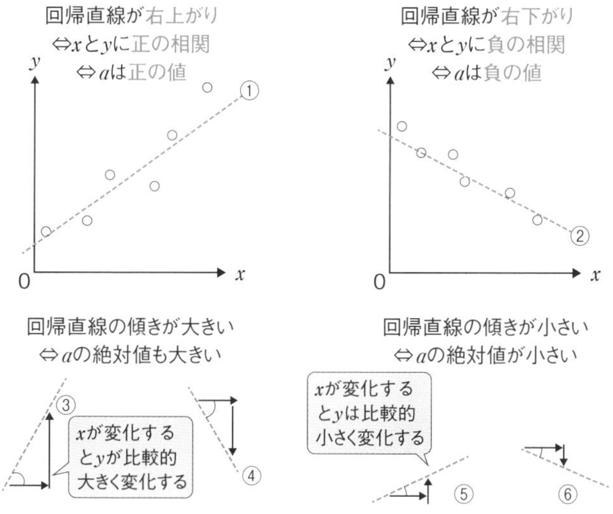

図表5-10の左上の直線①のように、回帰直線が右肩上がりとなった場合には、xとyには正の相関があり、このとき、aの値は正（プラス）になります。また、右図の直線②のように回帰直線が右下がりとなった場合には、xとyには負の相関があり、このとき、aの値は負（マイナス）になります。

次に、直線③や④のように、他の関係に比較して直線の傾きが大きい場合には、xの値が変化すると、yの値は大きく変化するため、xはyに対して大きな効果を持っていると判断します。このとき、aの絶対値は大きくなります。

反対に、右下の直線⑤や⑥のように、他の関係に比較して直線の傾きが小さい場合には、xの値が変化しても、yの値は大きく変化しないため、xはyに対して小さな効果を持っていると判断します。このとき、aの絶対値は小さくなります。

切片bはxの値が0の時のyの値と考えられます。ただし、「平均年齢」が0歳（$x=0$）の市部の「第3次産業就労者の割合」（yの値）を考えるというのはおかしな話です。今回は、回帰直線自体が「平均年齢」が40～55歳辺りのデータに傾向線を当てはめており、0歳付近のデータは分析に使用されていません。結果を解釈する際には、**データが集中している近辺の直線的な傾向を見ているに過ぎない**ことに注意しましょう。もちろん、$x=0$の場合のyのデータが多く分析に用いられている場合には、bの値を解釈することが可能となります。

以上より、『関東地方の人口データ』の市部のみの回帰分析の結果については、$a=-1.671$であることから、「平均年齢」が40～55歳辺りの市部については、市の「平均年齢」が1歳上がるごとに、「第3次産業就労者の割合」が1.671％下がる、と解釈します。

❸ 回帰直線の信頼の程度

図表5-9を見ると、実際のデータの値（図中の個々の点）は、必ずしも回帰直線の上に重なっていません。すなわち、予測値と実データの間にはずれがあり、これを**残差**といいます。

図表5-11に残差の概念図を示しました。すべてのデータの値をぴったりと予測する回帰直線を引くことは一般には難しいので、**最小二乗法**という方法で、すべての残差の二乗を計算し、その値の合計が最も小さくなる直線を回帰直線の式としています。

回帰直線を求めたとしても、残差が大きい場合には、データと予測値との間には実際には大きな隔たりがあることとなるため、予測の精度に信頼がおけないことになります。反対に、回帰直線の付近にデータが集中していれば、説明変数xを用いた予測は信頼ができます。これらの状況を示す、回帰直線まわり

図表5-11　残差の概念図

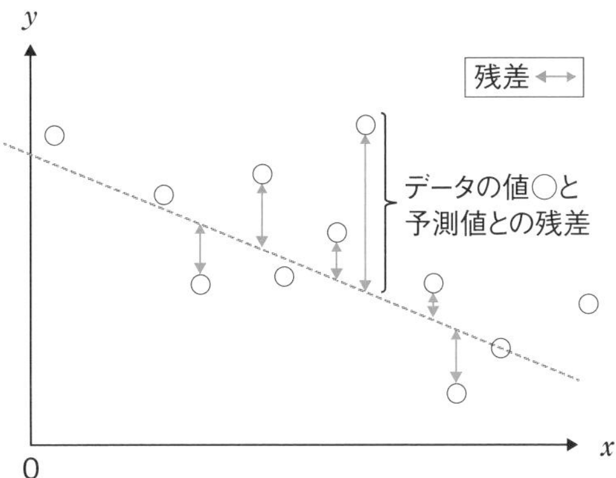

のデータの集中度を表した指標が決定係数（R^2値、寄与率）です。

決定係数は、0～1までの値を取る指標ですので、数値をそのまま0%～100%と捉えることが可能です。決定係数は、データにおいてさまざまな値をとって変動する目的変数yの全変動を100%とした場合に、その変動の何%を説明変数xで説明できているかを示しています。図表5-9の右下には、R^2=0.2089とありますので、市部の「平均年齢」は、「第3次産業就労者の割合」の値の変動の内、約20%を説明していると解釈します。単回帰分析の場合、決定係数R^2は相関係数rの2乗になります。

④ 重回帰分析

1つの目的変数に対して、複数の説明変数$x_1, x_2, \cdots, x_n$を用いて予測を行う回帰分析の手法を重回帰分析といいます。

次の(3)式は、目的変数yについて、2つの説明変数x_1, x_2を用いて予測を行った場合の回帰式を示しています。xやaの右下の番号は、複数ある説明変数を区別するための添え字です。x_1であれば1番目の説明変数を、x_2であれば2番目の説明変数を表します。各説明変数に対応した係数aにもa_1, a_2と変数の番号に応じた添え字が振られています。このa_1, a_2のような、重回帰分析における複数ある回帰係数を（偏）回帰係数と言います。

$$（目的変数y）= a_1 \times（説明変数x_1）+ a_2 \times（説明変数x_2）+ 切片 \quad \cdots (3)$$

前節の単回帰分析の結果、市の「平均年齢」によって、その地域の「第3次産業就労者の割合」の20%が説明できることを踏まえ、これに加えて「核家族世帯」の数が多い市ほど「第3次産業就労者の割合」が高くなるのではないか、と考えたとしましょう。重回帰分析を行えば、次の(4)式のように、「核家族世帯」も説明変数に加えた分析結果が求められます。

$$（第3次産業就労者の割合y）= -1.244 \times（平均年齢x_1）+ 0.977 \times（核家族世帯x_2）+ 124.468 \quad \cdots (4)$$

ここで、偏回帰係数の値の解釈の仕方は、単回帰分析における係数の読み取り方と同様に、値の正負の符号と、その値の大きさで判断します。しかし、単純に「平均年齢」が1歳高い市は、「第3次産業就労者の割合」が1.244%低くなると解釈するのではなく、**「核家族世帯」の数がある一定の値としたならば、**「平均年齢」が1歳高い市は、「第3次産業就労者」の割合は平均的に1.244%低くなる、と解釈します。

図表5-12　偏回帰係数の読み取り方

× 「平均年齢」が1歳高いと、「第3次産業就労者の割合」が1.244%低くなる

○ 「核家族世帯」の条件を固定した下で、「平均年齢」が1歳高いと、「第3次産業就労者」の割合は1.244%低くなる

重回帰分析の場合の予測の信頼の度合いについては、**自由度調整済み決定係数（R^2値、寄与率）**を用います。自由度を調整する理由は、複数の説明変数を用いれば予測の精度は上がるものの、あまりにも多くの変数で予測を行うと、使用したデータにオーバーフィッティングを起こし、かえって未知のデー

タに対して予測精度を失ってしまうためです。自由度調整済み決定係数の解釈の仕方は決定係数と変わりません。例えば、「核家族世帯」を加えた重回帰分析において$R^2=0.29$となった場合には、市の「平均年齢」と「核家族世帯」の情報によって「第3次産業就労者の割合」の変動の29%が自由度を調整した下で説明できたと解釈します。

図表5-13　回帰分析の用語のまとめ

変数の呼び方

記号	名前	概要
y	目的変数	予測される側の変数。他にも複数の名称がある。
x	説明変数	予測する側の変数。他にも複数の名称がある。

回帰式の各部分の名称

記号	名前	概要
a	回帰係数	xの数値の変動がyの変動に影響を与える程度を示す係数。正の値であればxとyに正の、負の値であれば負の関係があると判断する。
b	切片	$x=0$のときの、yの値であるが実際に$x=0$付近のデータが多く観測された場合に意味を持つ。

予測の評価に用いる指標

記号	名前	概要
R^2	決定係数	目的変数の変動のうち、何%を説明変数の変動で説明できたかを示す指標。0～1までの値を取り、値が大きいほど目的変数の変動の説明ができていると判断する。

重回帰式に関連する名称

記号	名前	概要
$a_1, a_2, \cdots$	偏回帰係数	xの数値の変化がyに影響を与える程度を示す係数。個々の偏回帰係数の大きさをみる際には、「他の説明変数の値を固定したならば」と条件付けて解釈する。
R^2	自由度調整済決定係数	説明変数が複数ある場合に用いる決定係数。解釈の方法は決定係数と同じ。

散布図に回帰直線を加える

散布図に回帰直線を加える場合には、図の右上に表示されている「＋」マークをクリックすることで、グラフ要素の吹き出しを表示させ、その中にある「近似曲線」にチェックを入れます。

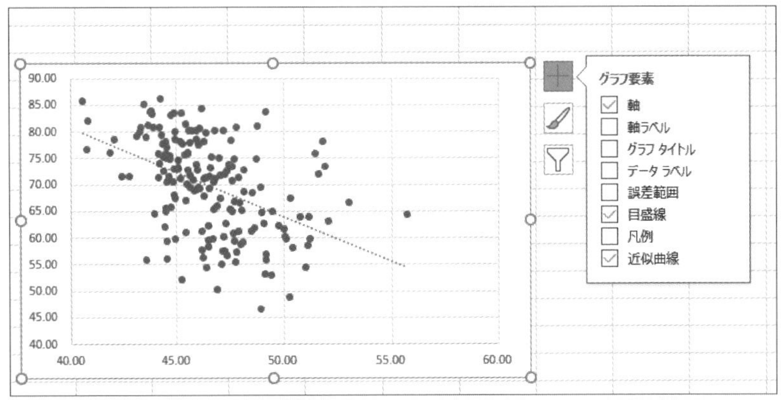

また、回帰式や決定係数を表示させる場合には、回帰直線をクリックし、続いて右クリックをして「近似曲線の書式設定」を開き、「□グラフに数式を表示する」「□グラフにR-2乗値を表示する」にチェックを入れます。

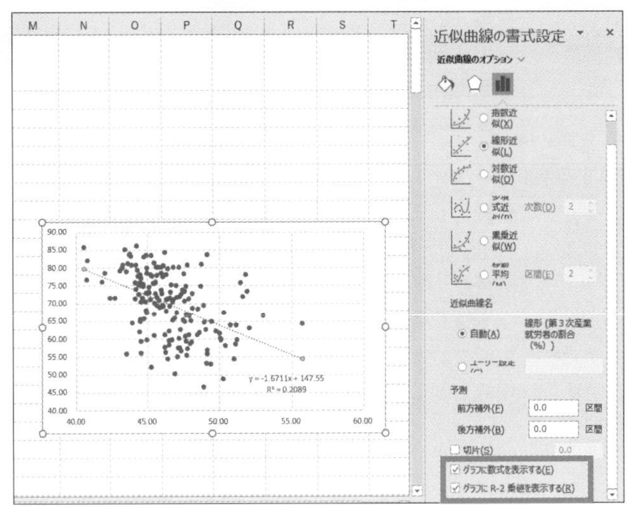

EXCEL WORK

回帰係数と予測値、残差の調べ方（回帰分析）

動画はコチラから▶

事前準備　説明変数と目的変数を入力しやすい形にしておく

前提条件があるような場合、ラベルを含めて入力範囲に入れるためには、フィルター機能などを使って変数のデータを使いやすくしておきます。❶変数となるセルを選択して［データ］タブの［フィルター］をクリックします。❷前提条件に合わせてソートします。ラベルと変数が連続していない場合には、❸全体を選択してコピーし、［⊕］をクリックして新しいシートに張り付けます。

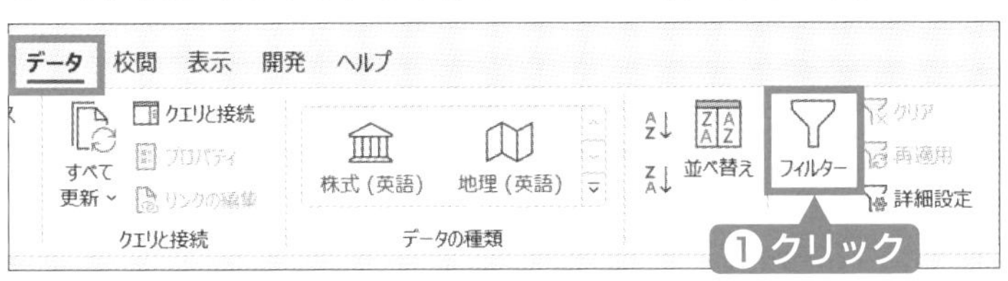

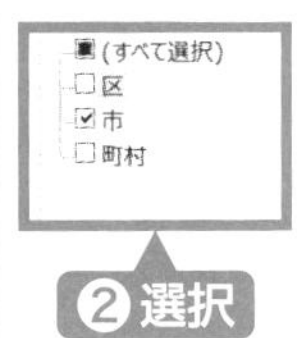

	A	B	C	D	E	F	G	H	I
1	都道府県	市区町村名	区分	総人口（人）	面積（km2）	平均年齢（歳）	核家族世帯（万世帯）	第３次産業就労者の割合（%）	人口密度（人/km2）
2	東京都	あきる野市	市	80954	73.47	46.59	2.05	73.32	1101.90
3	千葉県	いすみ市	市	38594	157.46	53.00	0.82	66.63	245.10
4	茨城県	かすみがうら市	市	42147	156.62	47.21	0.86	57.54	269.10
5	栃木県	さくら市	市	44901	125.63	44.93	0.89	59.88	357.40
6	茨城県			136	79.16	44.49	1.11	64.88	620.70
7	茨城県			963	283.70	41.82	4.53	76.06	800.00
8	茨城県			689	99.93	44.75	3.88	65.80	1558.00
9	埼玉県			970	14.64	44.70	2.90	74.96	7579.90
10	群馬県			906	208.46	46.47	1.17	59.57	244.20
11	千葉県	旭市	市	66586	130.46	47.77	1.16	57.40	510.40

データ　Sheet1　⊕

❸「⊕」から新しいシートをつくり、フィルターをかけた内容を貼り付ける

例題の解き方　例題5❸は、問題文から「市」のみを対象とするので、「市」のみにチェックをいれてフィルターをかけます。フィルターをかけたら全体をコピーして、新しいシートに貼り付けます。

手順 1　[データ分析] から [回帰分析] を選択

❶ [データ] タブにある [データ分析][※]をクリックし、❷ダイアログから「回帰分析」を選択して [OK] をクリックします。

※表示されない場合はp.142の注を参照。

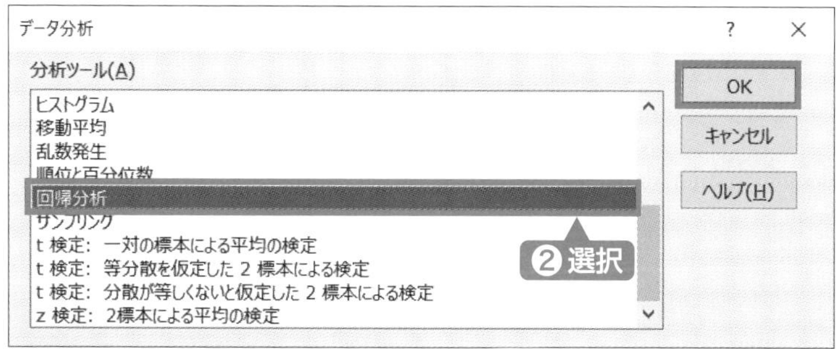

手順 2　[入力範囲] を入力する

❸表示される「回帰分析」ダイアログの [入力Y範囲] に目的変数を、[入力X範囲] に説明変数を変数名ごとに選択し、❹ [ラベル] にチェックを入れて、必要ならば❺ [残差] にもチェックを入れて❻ [OK] クリックします。

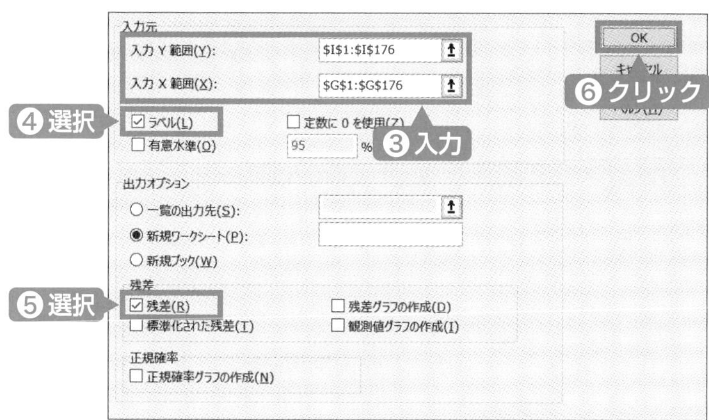

例題の解き方　例題5❸は、[入力Y範囲] に目的変数である「第3次産業就労者の割合 (%)」を、[入力X範囲] に説明変数である「平均年齢 (歳)」を変数名から選択します。

手順3　出力された回帰係数を読み取る

❼新しいシートに出力される回帰分析の結果を読み取ります。

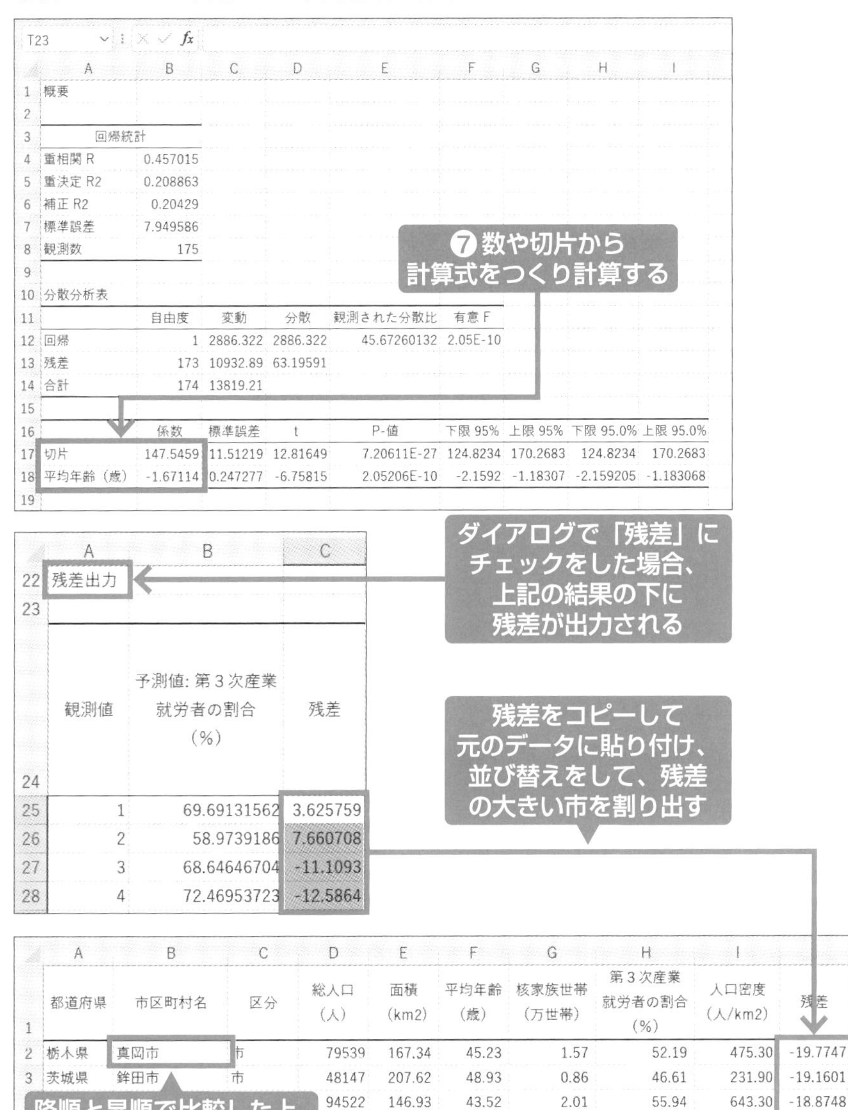

	A	B	C	D	E	F	G	H	I
1	概要								
2									
3	回帰統計								
4	重相関 R	0.457015							
5	重決定 R2	0.208863							
6	補正 R2	0.20429							
7	標準誤差	7.949586							
8	観測数	175							
9									
10	分散分析表								
11		自由度	変動	分散	観測された分散比	有意 F			
12	回帰	1	2886.322	2886.322	45.67260132	2.05E-10			
13	残差	173	10932.89	63.19591					
14	合計	174	13819.21						
15									
16		係数	標準誤差	t	P-値	下限 95%	上限 95%	下限 95.0%	上限 95.0%
17	切片	147.5459	11.51219	12.81649	7.20611E-27	124.8234	170.2683	124.8234	170.2683
18	平均年齢（歳）	-1.67114	0.247277	-6.75815	2.05206E-10	-2.1592	-1.18307	-2.159205	-1.183068
19									

	A	B	C
22	残差出力		
23			
24	観測値	予測値: 第3次産業就労者の割合（%）	残差
25	1	69.69131562	3.625759
26	2	58.9739186	7.660708
27	3	68.64646704	-11.1093
28	4	72.46953723	-12.5864

	A	B	C	D	E	F	G	H	I	
1	都道府県	市区町村名	区分	総人口（人）	面積（km2）	平均年齢（歳）	核家族世帯（万世帯）	第3次産業就労者の割合（%）	人口密度（人/km2）	残差
2	栃木県	真岡市	市	79539	167.34	45.23	1.57	52.19	475.30	-19.7747
3	茨城県	鉾田市	市	48147	207.62	48.93	0.86	46.61	231.90	-19.1601
				94522	146.93	43.52	2.01	55.94	643.30	-18.8748
				54087	123.04	46.88	0.89	50.37	439.60	-18.8401
				219807	175.54	44.50	5.10	56.15	1252.20	-17.029

例題の解き方 例題5❸は、回帰分析の結果から「平均年齢」の係数が「－1.6711…」とわかります。本文にあるように、－1.6711×5歳＝－8.355％となり、「8.36％」少なくなる傾向となります。

例題5❹は回帰分析の結果から切片が「147.5459…」とわかり、回帰式は「y＝－1.6711×x＋147.546」となります。xに50歳を代入すると、問題文から小数第2位までを求めるので、本文と同程度の「63.99％」となります。

また、例題5❺は残差の最も大きい市を割り出す問題です。回帰分析のダイアログで［残差］にチェックをしておくと、数値が出力されます。それをコピーして元のデータに加え、残差を基準に並べ替えを行います。昇順で一番上の真岡市が－19.7747、降順で一番上の逗子市が18.30468となり、残差の絶対値が最も大きくなるのは「真岡市」となります。

回帰分析の各項目については以下を参照してください。

重相関R：重相関係数:回帰分析による予測値と目的変数との相関係数の値
重決定R2：決定係数
補正R2：自由度調整済み決定係数
標準誤差：残差の標準偏差
観測数：データの数
分散分析表：目的変数に対し説明変数を要因として分散分析を行った結果
「切片」の係数：回帰直線の切片
「平均年齢（歳）」の係数：説明変数の回帰係数

3 例題の解答と演習問題

例題5

1 「核家族世帯（万世帯)」と「第3次産業就労者の割合（%)」の相関係数は、[0.52]である。[数値は四捨五入して小数第2位までを半角で入力せよ。]

2 「総人口（人)」を「面積（㎢)」で割ることで、新たに「人口密度（人/㎢)」という変数を新たに作成した。この変数と最も相関の高い変数は[4]である。次の①～④のうちから最も適切なものを一つ選び、番号を空欄に入力せよ。[番号の数値を半角、整数で入力せよ。]

① 人口密度（人/㎢)　② 平均年齢（歳)
③ 核家族世帯（万世帯)　④ 第3次就労者の割合（%)

3 「区分」が「市」である市区町村のみを対象に「第3次産業就労者の割合（%)」を目的変数、「平均年齢（歳)」を説明変数とする回帰分析を行った。この結果から「平均年齢（歳)」が5（歳）大きくなると、「第3次産業就労者の割合（%)」が[8.36]%少なくなる傾向があることがわかる。[数値は四捨五入して小数第2位までを半角で入力せよ。]

4 **3**の回帰分析において「平均年齢」が50歳である場合、「第3次産業就労者の割合（%)」の予測値は[63.99]である。[数値は四捨五入して小数第2位までを半角で入力せよ。]

5 **3**の回帰直線から最も離れた値を示す「市区町村名」は、[真岡市]である。[漢字で入力せよ。]

PART 3 量的データのアナリティクス

演習問題

エクセルデータシート『生鮮野菜の購入額』は、ある地域の2人以上の家族がいる世帯について、2018～2020年における5種類の生鮮野菜（キャベツ、ほうれんそう、はくさい、ねぎ、レタス）の年間購入額の平均値をとったデータである。データを分析して下の問いの空欄に適切な文字や数値を入力せよ。

地域ID	面積(km²)	人口(人)	キャベツ(円)	ほうれんそう(円)	はくさい(円)	ねぎ(円)	レタス(円)
1	886.47	275,192	3,348	3,222	1,244	2,925	2,128
2	437.71	3,777,491	3,370	2,585	1,360	3,891	3,082
3	1241.74	262,328	3,247	2,813	1,499	3,018	2,456
4	627.63	9,733,276	3,124	2,479	1,346	4,072	3,256
5	271.78	332,149	2,978	2,752	1,332	3,786	2,991
6	726.27	349,385	3,127	2,407	1,269	2,966	2,679

出典：家庭調査

1 「面積（㎢）」と「人口（人）」の相関係数は、［　　　　］人である。
［数値は四捨五入して小数第2位までを符号を含めて半角で入力せよ。］

2 次の①～④の散布図はキャベツ、ほうれんそう、はくさい、ねぎ、レタスの購入量（円）のうち、2種類を使って作成した散布図である。「レタス」と「キャベツ」の散布図として最も適切なものを一つ選び、番号を空欄に入力せよ。［番号は、半角数字で入力すること。］

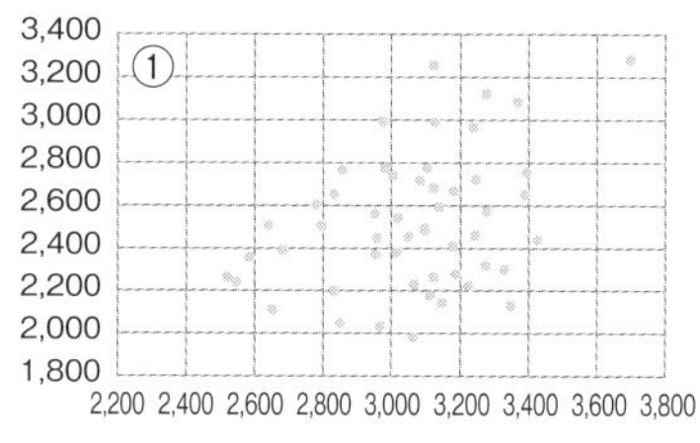

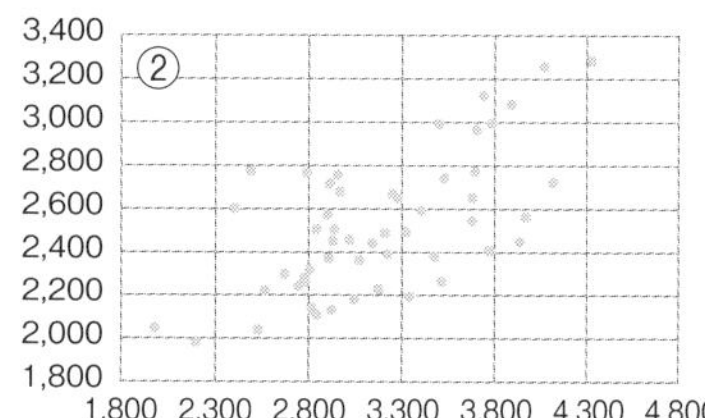

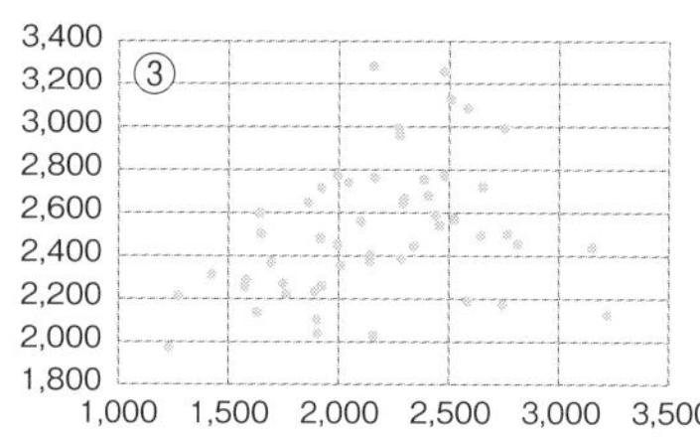

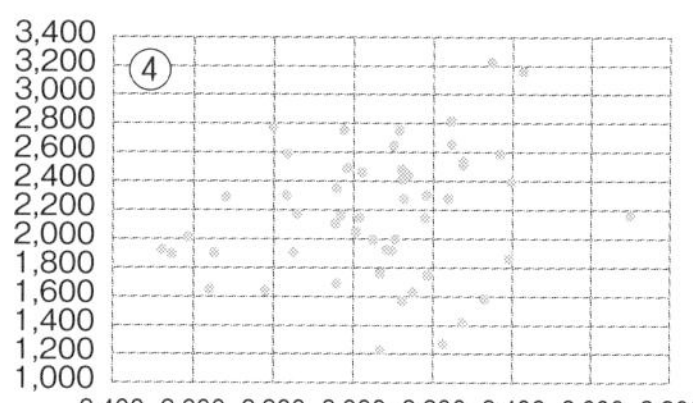

［　　　　］

3 「人口密度」を従属変数として、「レタスの購入金額」を独立変数とする回帰分析を行った。このとき、レタスの購入金額が1円増えると、人口密度の予測値は［　　　　］上昇する。［数値は四捨五入して小数第2位までを半角で入力せよ。］

4 **3**の回帰式を用いる場合、「レタス」の購入金額が3000円のとき、「人口密度」の予測値は［　　　　］となる。［数値は四捨五入して小数第2位までを半角で入力せよ。］

5 **3**の回帰式を用いる場合、最も残差が大きい地域IDは［　　　　］である。［数値は整数を半角で入力せよ。］

Keywords

- □ 散布図　□ 相関関係　□ 相関係数　□ 共分散　□ 相関分析
- □ 回帰直線　□ 説明変数（独立変数）　□ 目的変数（従属変数）
- □ 単回帰分析　□ 回帰係数　□ 切片　□ 残差　□ 決定係数
- □ 重回帰分析　□ 偏回帰係数　□ 自由度調整済み決定係数

演習問題の解答

1 0.03　**2** 1　**3** 4.92　**4** 4552.34　**5** 4

PART

4

確率・確率分布・推測のアナリティクス

第 6 章

確率に基づく判断

私たちは理想的な確率モデルや確率を用いて、その事象の起こりやすさを確率により評価し、判断することができます。例えば、あるパンの重さのデータが近似的に正規分布に従うことがわかれば、正規分布を確率モデルとして採用することで、その重さの程度を評価し、標準的な重さか、極端な重さかに気付くことができます。

ここでは、事象をモデル化する際に代表的な確率分布である二項分布や正規分布、条件付き確率を用いる分析手法について学習していきます。

第6章 確率に基づく判断

例題6

品種が異なる2種類の玉ねぎがある。その重さの分布は

品種A　平均300g 標準偏差 15g
品種B　平均280g 標準偏差 15g

であることがわかっている。また、分布形はどちらもほぼ正規分布していると考えられる。このとき、下の問いの空欄に適切な文字や数値を入力せよ。

1 「品種Aの玉ねぎで、310gを超える割合は ＿＿＿ %である。[数値は四捨五入して小数第2位までを半角で入力せよ。]

2 品種Aの玉ねぎを1/4個と品種Bの玉ねぎを3/4個スライスして、1袋分のスライス玉ねぎを作る。このスライス玉ねぎの重さの平均値は ＿＿＿ gである。[数値は四捨五入して小数第1位までを半角で入力せよ。]

3 品種Aの玉ねぎを1/4個と品種Bの玉ねぎを3/4個スライスして、1袋分のスライス玉ねぎを作る。このスライス玉ねぎの重さの分布に関して、下記の①～③の中から、最も適切な記述を選択せよ。
① 品種A、品種Bと同じ標準偏差、15gになる。
② 標準偏差は15gより小さくなる。
③ 標準偏差は15gより大きくなる。
[番号の数値を半角、整数で入力せよ。]
＿＿＿

4 品種Aの玉ねぎを1/4個と品種Bの玉ねぎを3/4個スライスして、1袋分のスライス玉ねぎを作る。このとき、310gを超えるスライス玉ねぎの割合は ＿＿＿ %となる。[数値は四捨五入して小数第2位までを半角で入力せよ。]

5 品種Aの玉ねぎが20%、品種Bの玉ねぎが80%混じっている玉ねぎの箱がある。その箱から1個取り出したとき、その重さは310gより重かった。この玉ねぎの品種に関して、下記の①～④のうちから、最も適切なものを一つ選び、番号を空欄に入力せよ。

① 品種Aである可能性の方が高い。
② 品種Bである可能性の方が高い。
③ 品種Aである可能性と品種Bである可能性は等しい。
④ どちらの品種であるかに関する可能性をこの情報だけで比較することはできない。

[番号の数値を半角、整数で入力せよ。]

1 二項分布を用いた分析

コインを投げて表か裏か、さいころを投げて1の目が出るか出ないかなど、2種類の結果（事象Aと事象$\overline{A}$）が起こる確率をpと$1-p$とします。

これらの試行を独立に繰り返してもA、$\overline{A}$のいずれかが起こり、それぞれの事象の起こる確率は変わりません。

いま、この試行を独立にn回繰り返すとき、事象Aが起こる回数は$0, 1, \cdots, n$の値を取り、各値（変数）に応じて確率が定まります。このような**確率変数**を**離散型確率変数**といいます。また、確率変数と確率との対応を表した分布を**確率分布**といい、この確率変数Xが従う確率分布を**二項分布（Binomial distribution）**といいます。二項分布は$B(n, p)$で表します。

二項分布では、1回の試行において事象Aが起こる確率（生起確率）をpとおくと、n回の試行の内、事象Aがx回起こる確率$P(X=x)$は、次のように求めることができます。

$$P(X=x) = {}_nC_x p^x (1-p)^{n-x} \quad \cdots(1)$$

例えば、1つのさいころを3回投げて、1の目が出る回数をXとします。このとき、$n=3$、$p=1/6$より、確率変数Xは二項分布$B(3, 1/6)$に従い、各確率は次のようになります。

$$P(X=0) = {}_3C_0\left(\frac{1}{6}\right)^0\left(\frac{5}{6}\right)^3 = 1\times\left(\frac{1}{6}\right)^0\left(\frac{5}{6}\right)^3 \fallingdotseq 0.579$$

$$P(X=1) = {}_3C_1\left(\frac{1}{6}\right)^1\left(\frac{5}{6}\right)^2 = 3\times\left(\frac{1}{6}\right)^1\left(\frac{5}{6}\right)^2 \fallingdotseq 0.347$$

$$P(X=2) = {}_3C_2\left(\frac{1}{6}\right)^2\left(\frac{5}{6}\right)^1 = 3\times\left(\frac{1}{6}\right)^2\left(\frac{5}{6}\right)^1 \fallingdotseq 0.069$$

$$P(X=3) = {}_3C_3\left(\frac{1}{6}\right)^3\left(\frac{5}{6}\right)^0 = 1\times\left(\frac{1}{6}\right)^3\left(\frac{5}{6}\right)^0 \fallingdotseq 0.005$$

また、このときの確率分布（二項分布）は次のようになります。

〈二項分布表〉

X	0	1	2	3	計
$P(X=x)$	0.579	0.347	0.069	0.005	1

このように、二項分布では、1回の試行での、生起確率pと試行回数nがわかれば、(1) の式から、具体的に事象Aが起こる回数ごとの確率を求めることができます。

また、二項分布に従う確率変数Xの平均と分散については、次の式で求められることが知られています。

> **二項分布の平均と分散**
> 二項分布$B(n、p)$について
> 平均：$E(X)=np$、分散：$V(X)=np(1-p)$

それでは、次の例題を二項分布に当てはめて考えてみましょう。

A市では全企業の内、43%の企業がテレワークを実施しています。いま18社の企業を無作為に選んだとき、その中でテレワークを実施している企業の数の平均（期待値）と分散はいくつになるでしょうか。また、その企業の数が5社以下である確率は何%（四捨五入、小数第2位まで）でしょうか。

テレワークを実施している企業の数をXとおくと、Xは$n=18$、$p=0.43$の二項分布に従います。したがって、Xの平均（期待値）は$E(X)=18\times0.43=7.74$、分散は$V(X)=18\times0.43\times(1-0.43)\fallingdotseq4.41$とわかります。また、5社以下である確率については、(1) の式にあてはめると、

$$P(X=0)+P(X=1)+P(X=2)+P(X=3)+P(X=4)+P(X=5)\fallingdotseq0.14266$$

となります。これにより、テレワークを実施している企業の数が5社以下となる確率は14.27%とわかります。

なお、二項分布でnが十分に大きい場合、その分布は平均np、分散$np(1-p)$の正規分布（p.166参照）で近似できることが知られています。

EXCEL WORK

二項分布表の作成と確率の計算（BINOM.DIST 関数）

動画はコチラから▶

手順 1　表を作成してBINOM.DIST関数を選択

❶セル上に「確率変数X」と「確率$P(X=x)$」の項目の二項分布表を作ります。❷「0」の下のセルを選択し、数式バーの横にある［fx］ボタンをクリックします。❸関数の分類を「統計」にして、二項分布の確率計算で用いる関数「BINOM.DIST」を選択します。

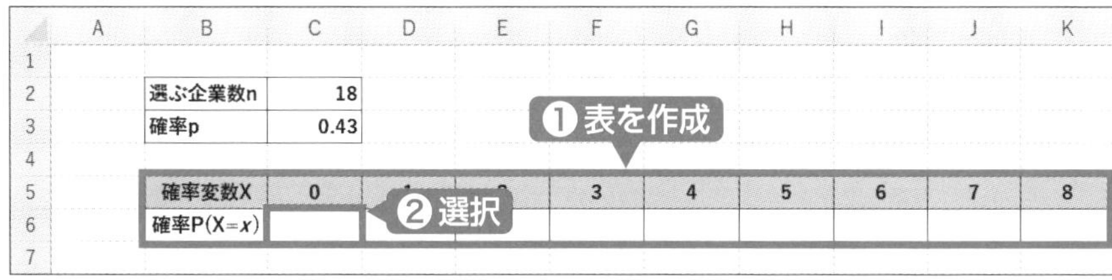

例題の解き方　先ほどのテレワークの例題では、無作為に18社を選ぶため、確率変数Xを18まで設定した表を作ります。

手順 2　関数の引数を入力し、ほかのセルに反映させる

❹［成功数］［試行回数］［成功率］［関数形式］を入力し［OK］をクリックします。❺入力できたセルをドラッグします。

関数の引数　?　×

BINOM.DIST

❹入力

成功数	C5	= 0
試行回数	18	= 18
成功率	0.43	= 0.43
関数形式	false	= FALSE

= 4.03411E-05

二項分布の確率を返します。

関数形式　には関数を示す論理値を指定します。TRUE を指定した場合は累積分布関数が返され、FALSE を指定した場合は確率密度関数が返されます。

数式の結果 =　4.03411E-05

❹クリック

この関数のヘルプ(H)　OK　キャンセル

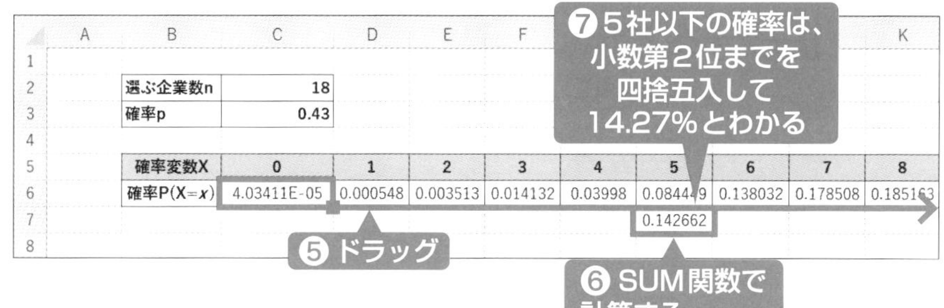

	A	B	C	D	E	F	G	H	I	J	K
1											
2		選ぶ企業数n	18								
3		確率p	0.43								
4											
5		確率変数X	0	1	2	3	4	5	6	7	8
6		確率P(X=x)	4.03411E-05	0.000548	0.003513	0.014132	0.03998	0.084449	0.138032	0.178508	0.185163
7								0.142662			
8											

例題の解き方　先ほどのテレワークの例題では、［成功数］は18社のうちテレワークをしている企業である「確率変数X」の数値を参照します。また［試行回数］は無作為に選ぶ企業数の「18」、［成功率］はテレワークをしている企業である確率なので「0.43」となります。［関数形式］は計算に使用する論理値で、「TRUE」と指定した場合は累積分布関数（確率変数0からαまでの累積確率）が算出されます。「FALSE」と指定した場合は、確率質量関数（$X=\alpha$のときの確率）が算出されます。まずは二項分布表を作るため「FALSE」を入力します《＝BINOM.DIST（C5, 18, 0.43, false)》。「0」の計算式を❺「18」までドラッグすることで二項分布表を完成させます。例題では「5社以下の確率」を知りたいので、確率変数が5まで累積確率を求めるために❻SUM関数《＝SUM（C6:H6)》を、二項分布表の確率変数5の数値の下に入力します。❼計算の結果を小数第2位まで四捨五入すると、「14.27%」とわかります。なお、《＝BINOM.DIST（5, 18, 0.43, TRUE)》と入力すれば、二項分布表を作成せずに「5社以下の確率」を求めることができます。

2 正規分布を用いた分析

身長のデータは釣鐘型状の正規分布に近くなることが知られており、例えば図表6-1のような（相対度数）分布になると考えることができます。

図表6-1 ある地区における高校3年生男子の身長（cm）

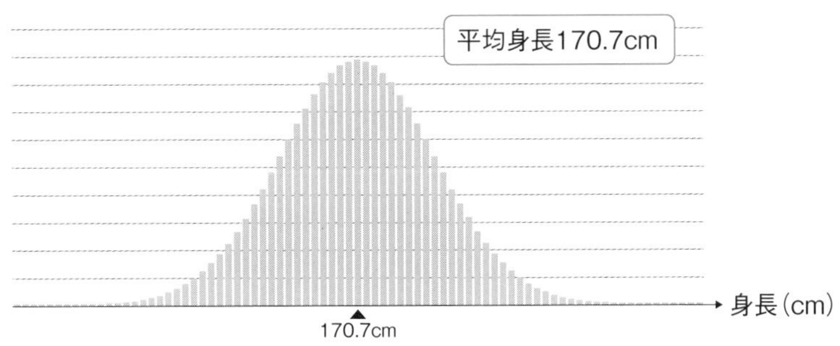

正規分布は確率分布の1つで、曲線とx軸で囲まれた面積は1です。また、横軸は身長などの連続量のデータであるため連続型の確率変数を取ります。このような確率変数を**連続型確率変数**、曲線を表す関数$f(x)$を確率変数Xの**確率密度関数**といいます。連続型確率変数では、$a \leqq X \leqq b$となる確率を区間［a、b］における確率密度関数とx軸で囲まれた面積として、下のように定義します。[6]

$$P(a \leqq X \leqq b) = \int_a^b f(x)\,dx \quad \cdots(2)$$

また、Xが平均μ、標準偏差σ（μ, σは定数）の正規分布に従うとき、この正規分布を$N(\mu,\ \sigma^2)$で表し、確率密度関数は次の式で与えられます。

$$f(x) = \frac{1}{\sqrt{2\pi}\sigma} e^{-\frac{(x-\mu)^2}{2\sigma^2}}$$

6 確率密度関数$f(x)$について、$\int_{-\infty}^{\infty} f(x)\,dx = 1$が成り立ちます。

πは円周率（3.141…）、eは自然対数の底（2.718…）で、xは確率変数です。平均μと標準偏差σの値が決まれば、4章でも出てきたように、正規分布の形状が決まります。

図表6-2　正規分布$N(\mu, \sigma^2)$の形状

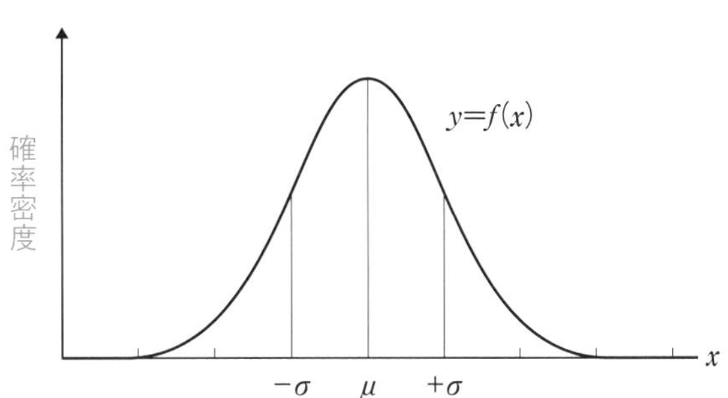

正規分布の平均と分散

正規分布$N(\mu, \sigma^2)$について、平均はμ、分散はσ^2(標準偏差はσ)

正規分布は釣鐘型の形状ですが、平均や標準偏差σの値により、中心の位置や分布の広がり方は変わります。とくに、平均0、標準偏差1の正規分布のことを**標準正規分布**といいます。

図表6-3　いろいろな正規分布と標準正規分布

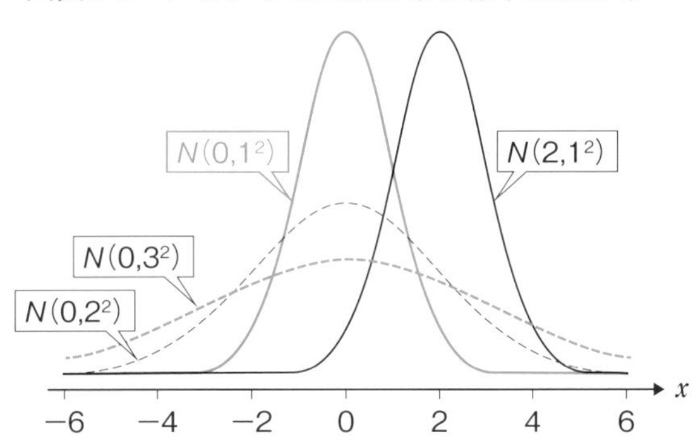

いま、確率変数Xが平均μと標準偏差σの正規分布に従うとき、Xを次のように変換すると、Zは平均0と標準偏差1の標準正規分布に従います。

$$X \sim N(\mu, \sigma^2) \ \text{→標準化→} \ Z = \frac{X-\mu}{\sigma} \sim N(0, 1^2)$$

このような変換をXの**標準化**といい、標準化された確率変数Zは**標準正規分布（Standard Normal distribution）**に従います。

また、正規分布に従う2つの確率変数XとYが独立であるとき、次の性質が知られており、この性質を**正規分布の再生性**といいます。

> **正規分布の再生性**
> 確率変数XとYが互いに独立で、それぞれ正規分布$N(\mu_1, \sigma_1^2)$、$N(\mu_2, \sigma_2^2)$に従うとき、$aX+bY$もまた正規分布$N(a\mu_1+b\mu_2, a^2\sigma_1^2+b^2\sigma_2^2)$に従う。

例題6の❹では品種Aの玉ねぎを1/4個と品種Bの玉ねぎを3/4個スライスして、1袋分のスライス玉ねぎを作った時に310gを超える割合を求めるものでした。品種Aの玉ねぎの重さを確率変数X、品種Bの玉ねぎの重さを確率変数Y、この1袋分のスライス玉ねぎの重さの確率変数をTとおくと、$T=0.25X+0.75Y$となります。

正規分布の再生性より、Tも正規分布に従い、その平均は$0.25\times300+0.75\times280=285$（例題6❷）、分散は$0.25^2\times15^2+0.75^2\times15^2=140.625$（標準偏差は$\sqrt{140.625}\fallingdotseq11.86$（例題6❸）となります。

これをもとに、310gを超える割合は$P(T>310)=1-P(T\leqq310)$で計算できます。

$$P(T\leqq310)=P\left(\frac{T-285}{11.86}\leqq2.1079\cdots\right)=P(Z\leqq2.1079\cdots)\fallingdotseq0.9825$$

したがって1袋分のスライス玉ねぎの重さが310gを超える割合は$P(T>310)=1-P(T\leqq310)$を計算し、約1.75%となります。

EXCEL WORK

動画はコチラから▶

正規分布における確率の計算（NORM.DIST 関数）

手順 1　NORM.DIST関数を選択

❶結果を表示したいセルを選択し、数式バーの横にある❷［*fx*］ボタンをクリックします。❸関数の分類を「統計」にして、正規分布の確率計算で用いる関数「NORM.DIST」を選択します。

手順 2　関数の引数を入力し、求めたい確率を計算する

❹［X］［平均］［標準偏差］［関数形式］を入力し［OK］をクリックします。❺求めたい確率に合わせて計算を行います。

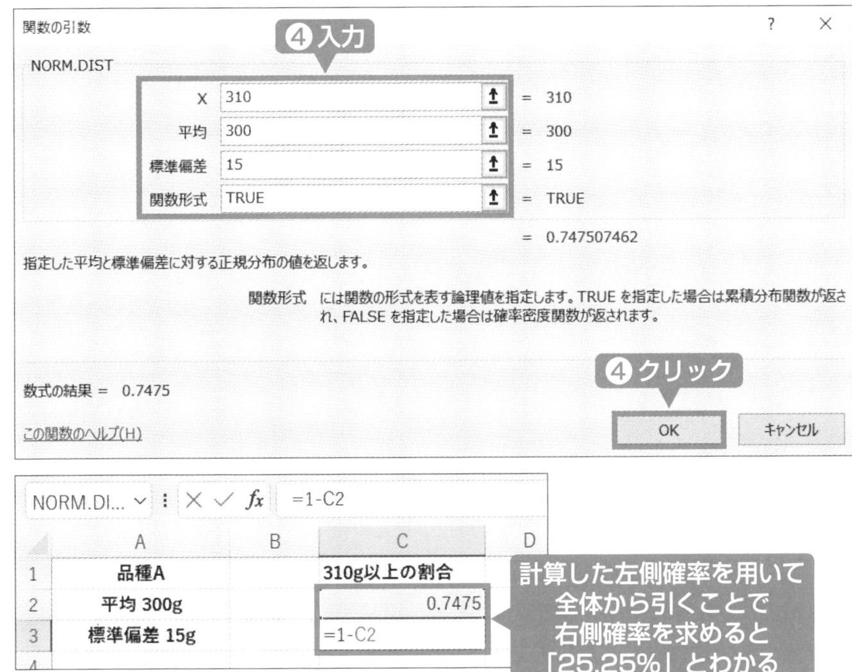

例題の解き方　例題6❶は、310gを超える場合の確率を求める問題ですが、310g以下の確率を求めた上で、全体（100%）からの差を求めることで計算します。

まず310g以下の確率を求めるため［X］は「310」と入力します。また［平均］は

平均値として出ている「300」、[標準偏差] は「15」となります。[関数形式] は計算に使用する論理値で、「TRUE」と指定した場合は$-\infty$から310までの累積確率（下側確率）が算出されます。「FALSE」と指定した場合は、確率密度関数の値（$f(x)$に$x=310$を代入した値）が算出されます。今回は上記の通り、310gまでの累計確率を求めるため、「TRUE」と入力します《＝NORM.DIST（310, 300, 15, TRUE)》。

310g以下である確率が計算から「0.7475」とわかり、310gを超える割合を求めるため、全体から引いて310gを超える場合の確率を求めます。

$$P(X \leqq 310)=0.74750\cdots \fallingdotseq 0.7475$$
$$P(X>310)=1-P(X \leqq 310) \fallingdotseq 0.2525$$

問題から四捨五入して小数第2位までを求めるため、解答は「25.25%」とわかります。

Tips

NORM.S.DIST関数

上記では、正規分布を利用して、$P(X \leqq 310) \fallingdotseq 0.7475$を計算しました。$X$が平均300、標準偏差15の正規分布に従うので、下記の式が成り立ち、標準正規分布を利用して、$P(X \leqq 310)$を計算することもできます。

$$P(X \leqq 310)=P\left(\frac{X-300}{15} \leqq 0.66666...\right) \fallingdotseq P(Z \leqq 0.6667)$$

標準正規分布における累積確率(下側確率)を求める関数として、**NORM.S.DIST関数（z, 関数形式）**があり、例えば、前述の計算では、$z=0.6667$です。**関数形式**は、計算に使用する論理値で、「TRUE」と指定した場合は$-\infty$からzまでの累積確率が算出されます。「FALSE」と指定した場合は確率密度関数の値（$f(z)$に代入した値）が算出されます。この例では、「＝NORM.S.DIST(0.6667, TRUE)」と入力すると、$P(Z \leqq 0.6667) \fallingdotseq 0.7475$となり、確かにNORM.DIST関数(正規分布)を利用した場合と同様の計算結果を得ることができます。

動画はコチラから▶

EXCEL WORK

正規分布の再生性を利用した確率の計算（NORM.DIST 関数）

手順 1　NORM.DIST関数を選択

❶結果を表示したいセルを選択し、数式バーの横にある❷［fx］ボタンをクリックします。❸関数の分類を「統計」にして、正規分布の確率計算で用いる関数「NORM.DIST」を選択します。

手順 2　関数の引数を入力し、求めたい確率を計算する

❹［X］［平均］［標準偏差］［関数形式］を入力し［OK］をクリックします。❺求めたい確率に合わせて計算を行います。

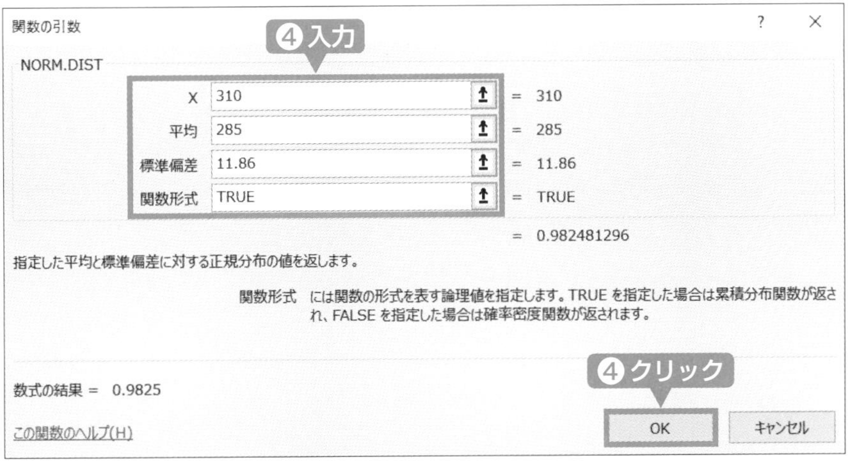

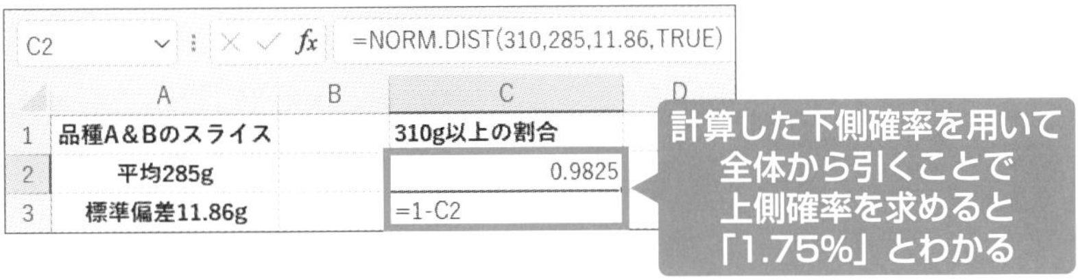

	A	B	C
1	品種A&Bのスライス		310g以上の割合
2	平均285g		0.9825
3	標準偏差11.86g		=1-C2

例題の解き方　例題6❹は、❶と同様に310gを超える場合の確率を求める問題であり、後ほど全体（100%）からの差を求めることから、まず310g以下の確率を求めるため［X］は「310」となります。また［平均］は2つの品種を合わせた先ほど

の計算（168ページ参照）による「285」、［標準偏差］は同じく「11.86」となります。［関数形式］は310gまでの累計確率を求めるため、「TRUE」と入力します。《=NORM.DIST（310, 285, 11.86, TRUE）》。
310g以下である確率が計算から「0.9825」とわかり、310gを超える割合を求めるため、全体から引いて310gを超える場合の確率を求めます。

$$P(X \leqq 310) \fallingdotseq 0.9825$$
$$P(X > 310) = 1 - P(X \leqq 310) \fallingdotseq 0.0175$$

問題から四捨五入して小数第2位までを求めるため、解答は「1.75%」とわかります。

Tips

NORM.INV関数

上記の計算とは逆に、指定した平均と標準偏差の正規分布において、指定した累積確率（下側確率）に対応する元の値xを求める関数として**NORM.INV関数（確率, 平均, 標準偏差）**があります。

例えば、例題6 1 の問題では、NORM.DIST関数を用いて、$P(X \leqq 310) \fallingdotseq 0.7475$であるとわかりました。そこで、確率が0.7475になるときのxの値を逆に求めたいとき、「=NORM.INV(0.7475, 300, 15)」と入力すると、$P(X \leqq x) = 0.7475$について、$x \fallingdotseq 310$とわかります。

3　いろいろな確率分布を用いた分析

二項分布や正規分布の他にも代表的な確率分布として、χ^2分布やt分布が知られています。χ^2分布は母集団における質的変数間の関連性を調べる検定として、3章（p.81）でも取り上げました。一方、t分布は薬の効果の検証やマーケティングの場面など、母集団の平均値に関する検定でよく用いられる確率分布です。これらの分布は二項分布や正規分布とともに、7章「統計的な推測」の学習の基盤となる内容であり、Excelの関数を用いて具体的な確率を計算することができます。

❶ χ^2（カイ二乗）分布

確率変数$X_1, X_2, \cdots, X_n$が互いに独立で、いずれも標準正規分布$N(0,1)$に従うとき、$X = X_1^2 + X_2^2 + \cdots + X_n^2$は、自由度$n$の$\chi^2$分布（Chisquared distribution）に従います。自由度が1から4について、χ^2分布の確率密度関数$f(x)$のグラフを書くと次のようになります。

図表6-4　自由度1から4の場合のχ^2分布

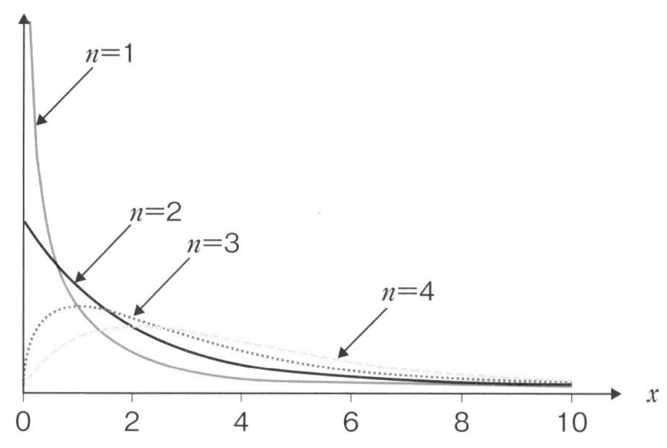

自由度が1の場合は$x=0$で発散する（値が定まらない）ので注意が必要ですが、χ^2分布は、自由度nが小さい場合は、右に歪んだような分布になります。一方、自由度nが大きい場合には、左右対称な正規分布の形状に近づいていき

ます。

χ^2分布でも正規分布と同様に、CHISQ.DIST関数を用いると確率を計算できます。確率αについて、$P(X \geqq x) = \alpha$となるとき、自由度nのχ^2分布におけるxの値を$\chi_n^2(\alpha)$と書き、**χ^2分布の上側α点**といいます。

図表6-5　自由度nのχ^2分布における確率のイメージ図

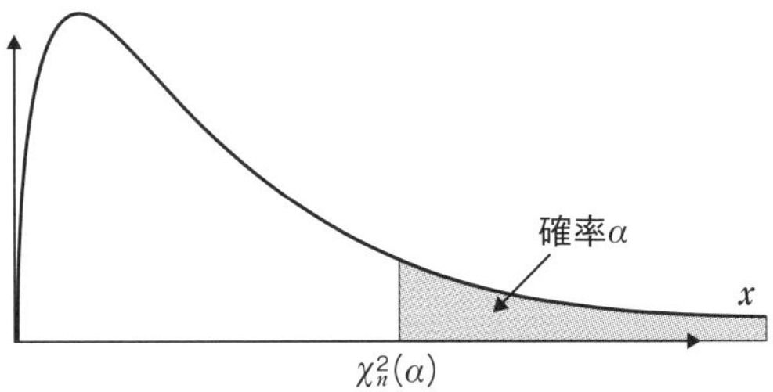

Tips

CHISQ.DIST関数

χ^2分布の確率計算で用いる関数として、**CHISQ.DIST関数（x,自由度、関数形式）**があります。例えば、自由度3のχ^2分布について、xが6以下の確率を考えると、**x**は6、**自由度**は3となります。**関数形式**は、計算に使用する論理値で、「TRUE」と指定した場合は$-\infty$からxまでの累積確率（下側確率）が算出されます。「FALSE」と指定した場合は、確率密度関数の値（$f(x)$に代入した値）が算出されます。この例では、CHISQ.DIST(6, 3,TRUE）と入力し、$P(X \leqq 6) \fallingdotseq 0.89$となるため、$P(X \geqq 6) = 1 - P(X \leqq 6) \fallingdotseq 0.11$とわかります。

上記の計算とは逆に指定した自由度のχ^2分布において、指定した累積確率（下側確率）に対応する元の値xを求める関数として**CHISQ.INV関数**があります。例えば、自由度3であるとき、CHISQ.INV(0.89, 3）と入力すると、$P(X \leqq x) = 0.89$について、$x \fallingdotseq 6$とわかります。

❷ t分布

確率変数Zは標準正規分布$N(0,1^2)$、確率変数Xは自由度nのχ^2分布に従い、これらが互いに独立であるとします。このとき、

$$T=\frac{Z}{\sqrt{X/n}}$$

は、自由度nのt分布（t-distribution）に従います。

自由度nが1から3の場合について、t分布の確率密度関数$f(t)$のグラフを書くと次のようになります。

図表6-6　自由度1から3の場合のt分布と標準正規分布

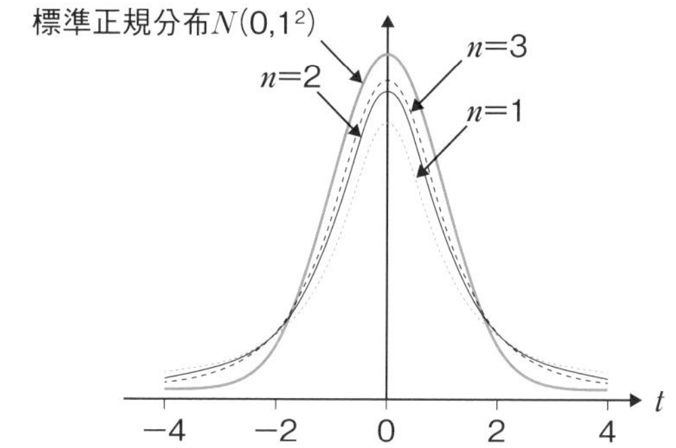

t分布は$t=0$の軸に関して対称な曲線になるとともに、自由度nが大きくなると標準正規分布に近づくことが知られています。

t分布でも正規分布と同様に、T.DIST関数を用いると確率を計算できます。確率αについて、$P(X \geqq t)=\alpha$となるとき、自由度nのt分布におけるt値を$t_n(\alpha)$と書き、t分布の上側α点といいます。

図表6-7　自由度nのt分布における確率のイメージ図

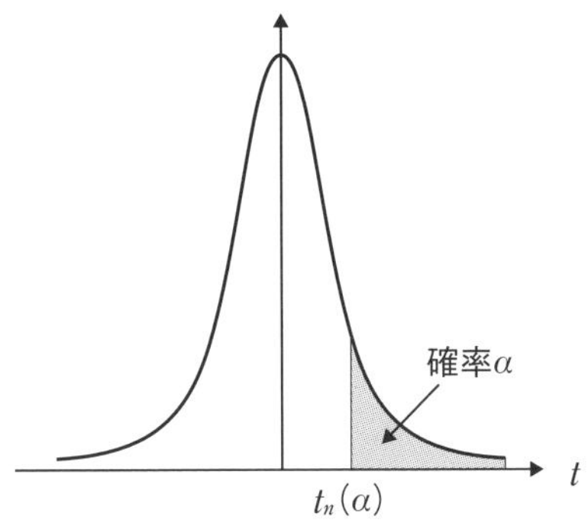

Tips

T.DIST関数[7]

t分布の確率計算で用いる関数として**T.DIST関数（x,自由度,関数形式）**があります。例えば、自由度3のt分布について、tが2以下の確率$P(T \leqq 2)$を考えると、**x**は2、**自由度**は3となる。**関数形式**は、計算に使用する論理値で、「TRUE」と指定した場合は$-\infty$からtまでの累積確率が算出されます。「FALSE」と指定した場合は、確率密度関数の値（$f(t)$に代入した値）が算出されます。この例では、T.DIST(2,3,TRUE)と入力し、$P(T \leqq 2)=0.9303\cdots$となるため、$P(T \geqq 2)=1-P(T \leqq 2) \fallingdotseq 0.07$とわかります。

上記の計算とは逆に指定した自由度のt分布において、指定した累積確率（下側確率）に対応する元の値tを求める関数として、**T.INV関数**があります。例えば、自由度3であるとき、T.INV(0.93,3）と入力すると、$P(T \leqq t)=0.93$について、$t \fallingdotseq 2$とわかります。

7　T.DIST関数の他にt分布の上側確率や両側確率を求める関数として、TDIST関数があります。

4 クロス集計表と条件付き確率／ベイズの定理を用いた分析

❶ クロス集計表と条件付き確率

ここでは、臨床検査を例として、クロス集計表の縦方向の割合（列比率）と横方向の割合（行比率）について考えます。

臨床検査では、病気に罹患していれば、必ず検査で陽性となる（真陽性）とは限らず、病気に罹患していて、検査で陰性となることがあります。これを偽陰性といいます。一方、病気に罹患していなくとも、検査で陽性となることもあり、これを偽陽性、病気に罹患しておらず、検査で陰性となることを真陰性といいます。

図表6-8　臨床検査結果と罹患の有無

	A	B	C	
1	ID	検査結果	罹患の有無	
2	1	陰性	罹患無	真陰性
3	2	陰性	罹患有	偽陰性
4	3	陰性	罹患無	
5	4	陰性	罹患無	
6	5	陽性	罹患無	偽陽性
7	6	陽性	罹患有	真陽性

いま、臨床検査のデータについて、「ピボットテーブル」の機能を用いて、クロス集計表に整理したとして、次のような結果が得られたとします。

図表6-9　クロス集計表における列方向

個数 / 検査結果	列ラベル		
行ラベル	罹患有	罹患無	総計
陽性	36	4	40
陰性	12	48	60
総計	48	52	100

図表6-9のように列方向の割合を考えると、罹患有の人の中で正しく陽性と判定される人の割合がわかります。この割合を**感度**といいます。一方、罹患無の人の中で正しく陰性と判定される人の割合を**特異度**といいます。列方向の割合を調べると、罹患の有無に応じた陽性者と陰性者の割合がわかるため、これらは検査の正確さを表す指標です。

$$\text{感度}:\ \frac{\text{真陽性者}}{\text{真陽性者}+\text{偽陰性者}}=\frac{36}{36+12}=0.75(75\%)$$

$$\text{特異度}:\ \frac{\text{真陰性者}}{\text{偽陽性者}+\text{真陰性者}}=\frac{48}{4+48}\fallingdotseq 0.923(92.3\%)$$

図表6-10　クロス集計表における行方向

個数 / 検査結果	列ラベル		
行ラベル	罹患有	罹患無	総計
陽性	36	4	40
陰性	12	48	60
総計	48	52	100

また、図表6-10のように行方向の割合を考えると、検査での陽性者の中で実際に病気に罹患している人の割合がわかります。この割合を**陽性的中率**といいます。一方、検査での陰性者の中で実際に罹患していない人の割合を**陰性的中率**といいます。行方向の割合を調べると、検査結果に応じた実際の罹患者の割合がわかるため、これらは検査結果の的中度を表す指標です。

いま、罹患有となる事象をA、罹患無となる事象を$\overline{A}$、陽性となる事象をB、陰性となる事象を$\overline{B}$とおき、各セルを全体の人数100人で割った割合（相対度数、セル比率）について考えます。相対度数を確率とみなすと、次のように整理できます。

図表6-11　臨床検査の集計結果の表

	罹患有 A	罹患無 $\overline{A}$	合計
陽性 B	真陽性の確率 $P(A\cap B)=36/100$	偽陽性の確率 $P(\overline{A}\cap B)=4/100$	陽性の確率 $P(B)=0.4$
陰性 $\overline{B}$	偽陰性の確率 $P(A\cap \overline{B})=12/100$	真陰性の確率 $P(\overline{A}\cap \overline{B})=48/100$	陰性の確率 $P(\overline{B})=0.6$
合計	罹患有の確率 $P(A)=0.48$	罹患無の確率 $P(\overline{A})=0.52$	全確率 $100/100=1$

感度に着目すると、罹患しているときに、実際に陽性となる確率（感度）は、次のように求めることができます。

$$\text{感度}:\frac{P(A\cap B)}{P(A)}=\frac{36/100}{36/100+12/100}=\frac{36}{36+12}=0.75(75\%)$$

一般に、この確率を、**事象Aが起こったという条件の下で事象Bの起こる条件付き確率**といい、**$P(B|A)$**で表します。

$$P(B|A)=\frac{P(A\cap B)}{P(A)}$$

条件付き確率を用いると、感度、特異度、陽性的中率、陰性的中率は、次のような確率のわり算の形で定義できます。

$$\text{感度}:P(B|A)=\frac{P(A\cap B)}{P(A)} \leftrightarrow P(\text{陽性}\mid\text{罹患有})=\frac{\text{真陽性の確率}}{\text{罹患有の確率}} \cdots ①$$

$$\text{特異度}:P(\overline{B}|\overline{A})=\frac{P(\overline{A}\cap\overline{B})}{P(\overline{A})} \leftrightarrow P(\text{陰性}\mid\text{罹患無})=\frac{\text{真陰性の確率}}{\text{罹患無の確率}} \cdots ②$$

$$\text{陽性的中率}:P(A|B)=\frac{P(A\cap B)}{P(B)} \leftrightarrow P(\text{罹患有}\mid\text{陽性})=\frac{\text{真陽性の確率}}{\text{陽性の確率}} \cdots ③$$

$$\text{陰性的中率}:P(\overline{A}|\overline{B})=\frac{P(\overline{A}\cap\overline{B})}{P(\overline{B})} \leftrightarrow P(\text{罹患無}\mid\text{陰性})=\frac{\text{真陰性の確率}}{\text{陰性の確率}} \cdots ④$$

❷ ベイズの定理

先程の①、③の式に着目すると、共通して$P(A \cap B)$を持つので、次のように式変形できます。

$$P(A \cap B) = P(B|A) \times P(A) = P(A|B) \times P(B)$$

右の等号について両辺を$P(A)$で割ると、次の式が成り立ち、このような関係を表す式を**ベイズの定理**といいます。

$$P(B|A) = \frac{P(A|B) \times P(B)}{P(A)}$$

左辺は「原因A」が起こったときに「結果B」が起こる条件付き確率$P(B|A)$を表しています。一方、右辺には、「結果B」が起こったときに「原因A」が起こる条件付き確率$P(A|B)$があります。

したがって、AとBを入れ替えて上の式を用いることもでき、この入れ替えはクロス集計表における列方向と行方向の割合の見方に対応しています。例えば、罹患有という事象をA、陽性となる事象をBとすると、「罹患している（原因）」ときに、「検査で陽性（結果）」となる条件付き確率$P(B|A)$は、図表6-9のように列方向の割合を見て、①の形の式で求めることができます。

一方、「検査で陽性（結果）」となったときに、「罹患有（原因）」となる条件付き確率$P(A|B)$は図表6-10のように行方向の割合を見て、③の形の式で求めることができます。

このようにクロス集計表における見方に対応させて「原因から結果」だけでなく、「結果から原因」の条件付き確率を考察できるため、ベイズの定理は逆の確率を求めることでも知られています。

EXCEL WORK

クロス集計表を使った条件付き確率の計算

動画はコチラから▶

手順 1　クロス集計表を作成する

クロス集計表を作るため、まずは❶変数を設定します。❷また条件にあった数値を設定します。❸仮の数値と確率から期待値を割り出し、❹期待値から残りの箇所を計算します。

❸例題6 1 で計算した品種Aの310gを超える確率「25.25%」を使って計算

❸品種Bの310gを超える確率「2.28%」を使って計算

❶変数を設定

	A	B	C	D
1		品種A	品種B	合計
2	310gを超える玉ねぎ	2000×0.2525=505	8000×0.0228=182.4	687.4
3	310g以下の玉ねぎ	2000-505=1495	8000-182.4=7817.6	9312.6
4	合計	2000	8000	1万

❷条件の割合から仮の数値を設定

❹期待値から計算

例題の解き方　例題6 5 は、「品種」と「310g」を変数にして表を作ります。このとき、箱の中に1万個の玉ねぎがあったとして、品種Aの玉ねぎは2000個、品種Bの玉ねぎは8000個と考えます。

まずは310gを超える玉ねぎの期待値を割り出します。品種Aについては、すでに判明している確率を用いて個数を計算します。また品種BについてはNORM.DIST関数《＝NORM.DIST（310, 280, 15, TRUE）》から算出される「0.97725」を全体から引いた上側確率の「0.0228」を用いて計算をします。

これらの期待値から、310g以下の玉ねぎの期待値と各変数の合計も割り出します。

手順2　クロス集計表から条件付き確率を計算する

❺整理した表をもとに確率を計算します。

❺品種Aである条件付き確率を計算

C6　=505/(505+182.4)

	A	B	C	D
1		品種A	品種B	合計
2	310gを超える玉ねぎ	2000×0.2525=505	8000×0.0228=182.4	687.4
3	310g以下の玉ねぎ	2000-505=1495	8000-182.4=7817.6	9312.6
4	合計	2000	8000	1万
5				
6		求める条件付き確率	0.7347	

取り出した玉ねぎが310gを越えるとき、その玉ねぎが品種Aである条件付き確率はおよそ73.5%とわかる

例題の解き方　例題6❺は、取り出した玉ねぎが310gより重かったとき、その玉ねぎが品種Aである条件付き確率は、上のクロス集計表より「(310gを超える) 品種A÷(310gを超える) 全体」となる505÷(505+182.4)≒0.735と計算でき、約73.5%とわかります。

一方、取り出した玉ねぎが310gより重かったとき、その玉ねぎが品種Bである条件付き確率は、同様に182.4÷(505+182.4)≒0.265と計算できるので、約26.5%とわかります。したがって、「①品種Aである可能性が高い」と判断できます。

EXCEL WORK

動画はコチラから▶

ベイズの定理を使った条件付き確率の計算

手順 1　ベイズの定理に代入できるように条件を整理する

❶ベイズの定理に条件を当てはめられるように整理します。

$$P(A|B)=\frac{P(B|A)\times P(A)}{P(B)}=\frac{P(B|A)\times P(A)}{P(B|A)\times P(A)+P(B|\overline{A})\times P(\overline{A})}$$

例題の解き方　例題6❺は、品種Aの玉ねぎである事象をA（品種Bの玉ねぎである事象を$\overline{A}$）、310gを超える玉ねぎである事象をB（310g以下の玉ねぎである事象を$\overline{B}$）とおきます。
条件より、品種Aである確率「$P(A)=0.2$」、品種Bである確率「$P(\overline{A})=0.8$」、また計算により、品種Aであるときに310gを超える条件付き確率「$P(B|A)=0.2525$」、品種Bであるときに310gを超える条件付き確率「$P(B|\overline{A})=0.0228$」となります。

手順 2　式を入力して計算する

❷条件をベイズの定理に代入した式をExcelに入力します。

❷入力

	A	B
1	**P(A|B)**	=(0.2525*0.2)/(0.2525*0.2+0.0228*0.8)

$$P(A|B)=\frac{0.2525\times 0.2}{0.2525\times 0.2+0.0228\times 0.8}\fallingdotseq 0.735(73.5\%)$$

例題の解き方　例題6❺は、代入したベイズの定理を計算すると品種Aの玉ねぎである確率は「約73.5%」とわかります。ここからクロス集計表と同様に、「①品種Aである可能性が高い」と判断することができます。

5 例題の解答と演習問題

例題6

1 「品種Aの玉ねぎで、310gを超える割合は [25.25] %である。[数値は四捨五入して小数第2位までを半角で入力せよ。]

2 品種Aの玉ねぎを1/4個と品種Bの玉ねぎを3/4個スライスして、1袋分のスライス玉ねぎを作る。このスライス玉ねぎの重さの平均値は [285] gである。[数値は四捨五入して小数第1位までを半角で入力せよ。]

3 品種Aの玉ねぎを1/4個と品種Bの玉ねぎを3/4個スライスして、1袋分のスライス玉ねぎを作る。このスライス玉ねぎの重さの分布に関して、下記の①～③の中から、最も適切な記述を選択せよ。

① 品種A、品種Bと同じ標準偏差、15gになる。

② 標準偏差は15gより小さくなる。

③ 標準偏差は15gより大きくなる。

[番号の数値を半角、整数で入力せよ。]

[2]

4 品種Aの玉ねぎを1/4個と品種Bの玉ねぎを3/4個スライスして、1袋分のスライス玉ねぎを作る。このとき、310gを超えるスライス玉ねぎの割合は [1.75] %となる。[数値は四捨五入して小数第2位までを半角で入力せよ。]

5 品種Aの玉ねぎが20%、品種Bの玉ねぎが80%混じっている玉ねぎの箱がある。その箱から1個取り出したとき、その重さは310gより重かった。この玉ねぎの品種に関して、下記の①～④のうちから、最も適切なものを一つ選び、番号を空欄に入力せよ。

① 品種Aである可能性の方が高い。

② 品種Bである可能性の方が高い。

③ 品種Aである可能性と品種Bである可能性は等しい。

④ どちらの品種であるかに関する可能性をこの情報だけで比較することはできない。

[番号の数値を半角、整数で入力せよ。]

1

演習問題

ある調査によると、A市では全世帯の内、67%が車を所有している。このとき、下の問いの空欄に適切な文字や数値を入力せよ。

1 14世帯を無作為に選んだとき、その中で車を所有している世帯数Xの平均（期待値）は [　　] 、Xの分散は [　　] である。［数値は四捨五入して小数第2位までを半角で入力せよ。］

2 14世帯を無作為に選んだとき、その中で車を所有している世帯数Xが5世帯以下の確率は [　　] である。［数値は四捨五入して小数第3位までを半角で入力せよ。］

3 100世帯を無作為に選んだとき、その中で車を所有している世帯数Xが60世帯以上70世帯以下の確率は [　　] である。［数値は四捨五入して小数第2位までを半角で入力せよ。］

4 100世帯を無作為に選んだとき、その中で車を所有している世帯数Xが「65世帯以下の確率」と「70世帯以上の確率」に関して、下記の①～③のうちから、最も適切なものを一つ選び、番号を空欄に入力せよ。［番号の数値を半角、整数で入力せよ。］

①「65世帯以下の確率」の方が高い

②「70世帯以上の確率」の方が高い

③「65世帯以下の確率」と「70世帯以上の確率」は等しい

Keywords

- □ 二項分布　□ 正規分布　□ 標準正規分布
- □ 正規分布の再生性　□ χ^2 分布　□ t 分布
- □ クロス集計表と条件付き確率　□ ベイズの定理

演習問題の解答

1 9.38、3.10　2 0.016　3 0.71　4 1

PART

4

確率・確率分布・推測のアナリティクス

第 7 章

統計的な推測

現実には、調べたい対象（母集団）のすべてのデータを収集することは困難です。そのため、私たちは一部のデータ（標本）を収集し、そこから母集団の特徴を推測します。統計的な推測には、大きく「推定」と「仮説検定」の2つがあり、支持率などを推定する場面ではその推定に伴う誤差、医薬品開発などでの仮説検定の場面では一定の過誤確率を考慮する必要があります。

本章では、統計的な推測に代表される「推定の考え方」と「仮説検定の考え方」について学習します。

第7章 統計的な推測

例題7

エクセルデータシート『異なる授業形態による成績データ』は、オンライン授業と対面授業で学生の理解度に差があるのかどうかを調べるために、無作為に選ばれた学生80名に、同じ授業をオンラインか対面のどちらか一方を受講してもらい、その成績を記録したデータである。データを分析して、下の問いの空欄に適切な文字や数値を入力せよ。

	A	B
1	授業形態	成績（点）
2	オンライン	61
3	オンライン	58
4	オンライン	64
5	オンライン	62
6	対面	48
7	オンライン	62
8	対面	55
9	オンライン	53

1 オンライン授業の受講者の成績に関して、母平均の推定値は ［　　　］ 点である。［数値は四捨五入して小数第1位までを半角で入力せよ。］

2 オンライン授業の受講者の成績に関して、母標準偏差の推定値を不偏分散に基づいて求めると、［　　　］ 点である。［数値は、四捨五入して小数第2位までを半角数字で入力すること。］

3 オンライン授業の受講者の成績に関して、標本平均の標準誤差は、［　　　］ 点である。［数値は四捨五入して小数第1位までを半角で入力せよ。］

4 オンライン授業の受講者の成績に関して、母平均のt分布に基づく信頼度95％の信頼区間の上限は、［　　　］ 点である。［数値は四捨五入して小数第1位までを半角で入力せよ。］

5 オンライン授業と対面授業の受講者の成績に関して、それぞれの母平均のt分布に基づく信頼度95%の信頼区間を求めて比較した。その結果から、対面授業とオンライン授業の成績の比較について、どのような判断が適切であるか、下記の①～④のうちから最も適切なものを一つ選び、番号を空欄に入力せよ。[番号の数値を半角、整数で入力せよ。]

① 対面授業の方が成績がよい

② オンライン授業の方が成績がよい

③ 対面授業とオンライン授業の成績は等しい

④ 対面授業とオンライン授業の成績に差があるとはいえない

[　　　　]

1 推定に伴う誤差

❶ 母集団と標本

クラスの30人の身長を調べる際、30人ほどであれば、容易に全員のデータを収集し、調査することができます。このような調査を**全数調査**といいます。一方、工場で生産されている製品は、製品をすべて調べたら出荷に間に合いません。また、世論調査で国民全員を調査することは、現実的に不可能です。そのため、調査対象全体から一部を取り出し、全体の傾向を推測することになります。このとき、調査対象全体を**母集団**、母集団から取り出した一部（対象の集合）を**標本**といい、母集団から標本を取り出すことを**標本抽出**、母集団から標本抽出して行う調査を**標本調査**といいます。

図表7-1　母集団と標本

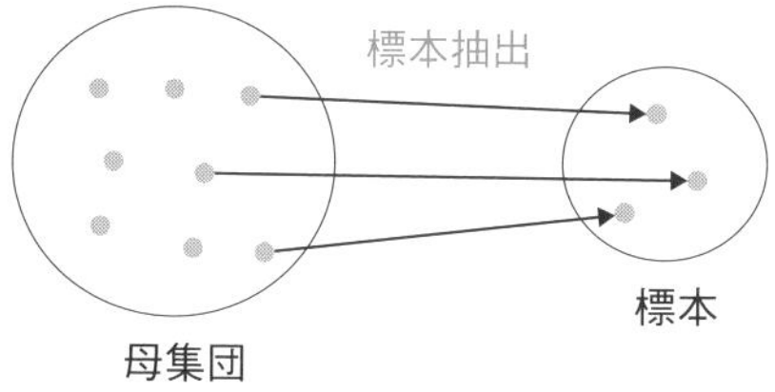

標本調査では、母集団の傾向を偏りなく推測するために、母集団の各対象が等確率で抽出されるように無作為に抽出します。このような抽出方法を**無作為抽出**といいます。また、母集団を形成する対象の数を**母集団の大きさ（母集団サイズ）**、標本を形成する対象の数を**標本の大きさ（標本サイズ）**といいます。標本の大きさが小さいと母集団の傾向の推測には大きな誤差が伴いますが、標本の大きさが大きくなると適切な標本抽出を行えばより精度よく母集団の傾向を推測することができます。なお、母集団の平均のことを**母平均**、母集団の分散（標準偏差）のことを**母分散（母標準偏差）**といいます。一方、標本の平均のことを**標本平均**、標本の分散・標準偏差のことを**標本分散・標本標準偏差**といいます。これらは、統計的な推測の場面で用いる用語です。

❷ 点推定と区間推定、標準誤差

母平均や**母比率**といった母集団の特徴を表す特性値（**母数**）を標本から推測することを**推定**といいます。一般に推定として、2つの方法が知られており、標本平均や標本比率といった1つの値で母数を推定する方法を**点推定**、あらかじめ決めた**信頼度**に基づき母数が入る区間を推定する方法を**区間推定**といいます。また、この区間を**信頼区間**といい、信頼区間の上限を**信頼上限**、信頼区間の下限を**信頼下限**、信頼区間の半分にあたる誤差の幅（信頼上限と信頼下限の差の半分）を**誤差幅（誤差のマージン：margin of error）**といいます。

例えば、例題7で、オンライン授業の受講者40名の成績の母平均を点推定する場合、標本平均$\overline{X}$は（$61+\cdots+63$）$\div 40=58.925$より、母平均はおよそ58.9点と点推定できます。一方、区間推定について、母分散σ^2が未知の場合は、母分散σ^2代わりに不偏分散S^2（標本標準偏差S）を用いて区間推定することが知られています。例題7では、オンライン授業の受講者の成績の母分散σ^2は未知のため、標本平均$\overline{X}$の実現値を$\bar{x}$、標本標準偏差Sの実現値をs、標本の大きさをnとして、下記の式を用いて、信頼度95%の母平均μの信頼区間を計算できます（p.200参照）。なお、$t_{n-1}(0.025)$は自由度$n-1$のt分布の上側2.5%点です。

信頼下限 $\boxed{\bar{x}-t_{n-1}(0.025)\times\dfrac{s}{\sqrt{n}}} \leqq \mu \leqq \boxed{\bar{x}+t_{n-1}(0.025)\times\dfrac{s}{\sqrt{n}}}$ **信頼上限**

事前に計算した$\bar{x}=58.925$、$s \fallingdotseq 3.157$、$n=40$、$t_{39}(0.025) \fallingdotseq 2.02$を代入すると、オンライン授業の受講者の成績の信頼下限はおよそ57.9点、信頼上限はおよそ59.9点で、母平均μは57.9点以上59.9点以下と区間推定できます。

点推定については、簡単に計算できる利点がありますが、40名の調査から成績の平均を58.9点と点推定できたとしても、本当の平均（母平均）が58.9点とは限りません。再度、無作為に40名の学生を選び直したら、2回目以降の結果が58.4点や59.7点と違う値になることがあります。このような推定値の変動を**標本変動**といいます。そのため、点推定では、推定に伴う標本誤差を考慮して、推定値を評価することが大切です。

図表7-2　点推定の考え方

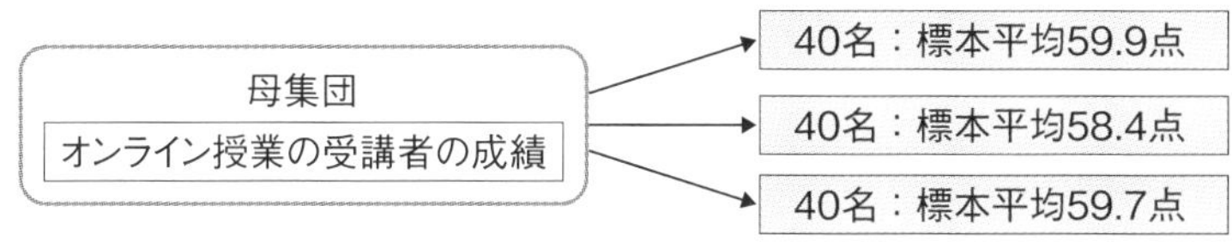

標本誤差の評価で用いる指標を**標準誤差**といいます。標準誤差は、**推定値の標本分布の標準偏差**のことで、この値の大きさで、推定値と母数の真値がどの程度離れているか（推定値の確からしさ）を評価できます。具体的には、標準誤差が大きければ、推定値が母数の真値と離れている可能性が高く、小さければ近いと判断する目安となります。また、**推定値の標本分布に関する変動係数**を**標準誤差率**といい、標準誤差の大きさを相対的に評価する際に用います。

例えば、母分散σ^2が既知で、母平均を点推定する場合、標本平均$\overline{X}=(X_1+X_2+\cdots+X_n)/n$の分布は標本の大きさ$n$が十分大きいとき、平均$\mu$、標準偏差$\sigma/\sqrt{n}$の正規分布で近似できます。そのため、$\overline{X}$の分布の標準偏差$\sigma/\sqrt{n}$が、母平均を点推定する際の標準誤差です。また、標本平均$\overline{X}$を用いて、変動係数は$\sigma/\sqrt{n} \div \overline{X}$と計算すればよく、この値が標準誤差率です。もし$\sigma^2$が未知の場合は、先程と同様に不偏分散$S^2$を代用し、$S/\sqrt{n}$が標準誤差となります。

例題7❸では、オンライン授業の受講者の成績の標本標準偏差Sは3.157、標本の大きさnは40より、標本平均の標準誤差は$3.157/\sqrt{40} \fallingdotseq 0.5$となります。ゆえに、推定した標本平均と母平均は0.5程度離れているという指標を得ることができます。

STDEV.P関数とSTDEV.S関数

母分散を推定する場合は，不偏分散S^2を用いることが知られています。

$$\sigma^2=\frac{(X_1-\overline{X})^2+\cdots+(X_n-\overline{X})^2}{n},\quad S^2=\frac{(X_1-\overline{X})^2+\cdots+(X_n-\overline{X})^2}{n-1}$$

標準偏差σについては、**STDEV.P関数**を用いて計算でき、STDEV.P（数値、…）として、かっこ内にデータを指定します。

不偏分散の平方根Sについては、**STDEV.S関数**を用いて計算でき、STDEV.S（数値、…）として、かっこ内にデータを指定します。

母標準偏差の推定値としてSを使用するため、標本に基づいて母集団の標準偏差を推定する場面では、STDEV.S関数を用います。なお、分散についても、分散σ^2はVAR.P関数、不偏分散S^2はVAR.S関数を用いて計算できます。

EXCEL WORK

標本平均による母平均の推定（AVERAGE 関数）

動画はコチラから▶ 

事前準備　並べ替えを行う

複数の質的変数が混在している場合は、事前に標本となる該当セルを選択しやすいように並べ替えをします。❶並べ替えしたい列を選択し❷［データ］タブの［並び替え］ボタンを押します。表示されるダイアログの❸［列］の［最優先されるキー］を選択して、❹［OK］をクリックします。

例題の解き方　例題7❶は、AとBの列を選択し、［最優先されるキー］で「授業形態」を選択します。

手順 1　AVERAGE関数で計算する

❺入力したいセルを選択して、数式バーの横にある［fx］と書かれた［関数の挿入］ボタンをクリックする。❻関数の分類を「統計」にして、「AVERAGE」を選択します。❼［数値1］の入力をします。(p.108参照)

例題の解き方　例題7❶は、［数値1］に「オンライン」の「成績（点）」のみを選択して［OK］をクリックします。結果、「オンライン」の標本平均は58.925とわかり、問題から四捨五入して小数第1位までを求めるため、解答となる母平均の推定値は「58.9点」と点推定できます。

動画はコチラから▶

EXCEL WORK

不偏分散による母標準偏差の推定（STDEV.S 関数）

手順 1　STDEV.S関数で計算する

❶入力したいセルを選択して、数式バーの横にある［*fx*］と書かれた［関数の挿入］ボタンをクリックします。❷関数の分類を「統計」にして、「STDEV.S」を選択します。❸［数値1］の入力します。

例題の解き方　例題7❷は、「オンライン」の「成績（点）」を［数値1］に選択して［OK］をクリックします。結果、「オンライン」標本標準偏差は3.1573…とわかり、問題から四捨五入して小数第2位までを求めるため、母標準偏差の推定値は「3.16点」と点推定できます。

動画はコチラから▶

EXCEL WORK

標準誤差の計算（SQRT 関数）

手順 1　標準誤差の計算式をつくる

❶入力したいセルを選択して、標準誤差$=S/\sqrt{n}$（＝標本標準偏差/SQRT（データ数））の計算式を入力します。

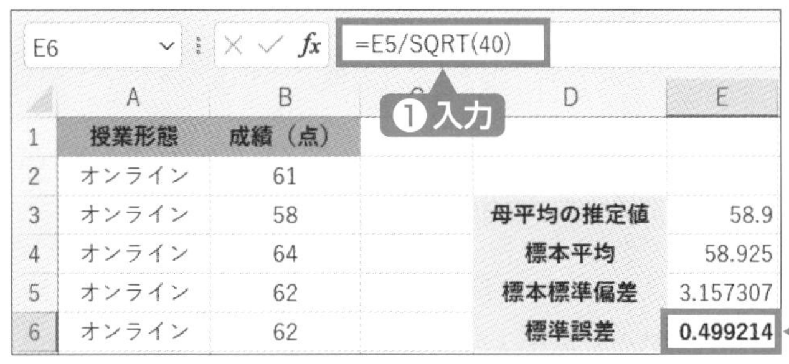

E6　=E5/SQRT(40)

	A	B	C	D	E
1	授業形態	成績（点）			
2	オンライン	61			
3	オンライン	58		母平均の推定値	58.9
4	オンライン	64		標本平均	58.925
5	オンライン	62		標本標準偏差	3.157307
6	オンライン	62		標準誤差	0.499214

例題の解き方　例題7❸は、すでに例題7❷で判明した標本標準偏差を用いて「＝標本標準偏差のセル/SQRT（40）」と入力し、計算の結果として$S/\sqrt{n}≒0.499$とわかります。問題から四捨五入して小数第1位までを求めるため、標本平均の標準誤差は「0.5点」と点推定できます。

2 区間推定

❶ 母平均の区間推定

ある和菓子店で袋詰めするお菓子の重さ(g)は、正規分布に従うことが知られています。いま、標本として16個のお菓子の重さを測り、袋詰めするお菓子の重さの母平均を推定することにしました。このとき、母平均が入る区間（信頼区間）を推定するは、どのようにすればよいでしょうか。

	A	B
1	No.	お菓子の重さ(g)
2	1	91
3	2	87
4	3	88
5	4	91
6	5	90
7	6	96
8	7	85
9	8	89
10	9	93
11	10	89
12	11	86
13	12	88
14	13	93
15	14	94
16	15	90
17	16	90
18	平均	90

6章で取り上げたように、データの背景にある条件により、確率変数が従う分布が異なるため、区間推定の方法も場面に応じて使い分ける必要があります。以降では、具体的な場面を明確にして、代表的な区間推定の方法を紹介します。

(a) 母分散σ^2が既知の場合

母分散σ^2が過去のデータなどから既にわかっている場合、正規母集団$N(\mu, \sigma^2)$から抽出した無作為標本$X_1, X_2, \cdots, X_n$の標本平均$\overline{X}$は、$\overline{X} \sim N(\mu, \sigma^2/n)$となるので、標準化した確率変数$Z$は、平均0、標準偏差1の標準正規分布に従います。

$$Z = \frac{\overline{X} - \mu}{\sigma/\sqrt{n}} \sim N(0, 1^2) \quad \cdots \quad (*)$$

正規分布の性質より、次の式が成り立ちます。

PART 4　確率・確率分布・推測のアナリティクス

$$P\left(-1.96 \leqq \frac{\overline{X}-\mu}{\sigma/\sqrt{n}} \leqq 1.96\right)=0.95 \cdots ①$$

図表7-3　正規分布の上側2.5%点と下側2.5%点

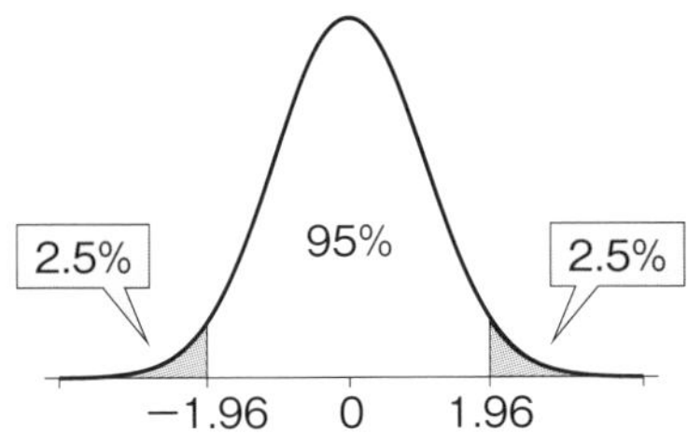

①のカッコ内の式を変形すると

$$\overline{X}-1.96\times\frac{\sigma}{\sqrt{n}} \leqq \mu \leqq \overline{X}+1.96\times\frac{\sigma}{\sqrt{n}} \cdots ②$$

です。したがって、実際に観測された値（実現値）の標本平均を$\bar{x}$とおくと、②について、次の式が成り立ちます。

母平均の区間推定（1）

正規母集団$N(\mu,\ \sigma^2)$から大きさnの無作為標本の標本平均の実現値を$\bar{x}$とおいたとき、母平均μの信頼度95%の信頼区間は

$$\bar{x}-1.96\times\frac{\sigma}{\sqrt{n}} \leqq \mu \leqq \bar{x}+1.96\times\frac{\sigma}{\sqrt{n}}$$

※信頼度99%の信頼区間の場合は1.96の代わりに2.58を用いる。

例えば、和菓子店Aで袋詰めするお菓子の重さ(g)は、母平均μ、母分散$\sigma^2=9$の正規分布に従う（母集団が既知である）とき、16個のお菓子の重さを測ると、標本平均の実現値$\bar{x}$は90でした。このとき、母平均μの信頼度95%の信頼区間は、次のように計算できます。

$$90 - 1.96 \times \frac{3}{\sqrt{16}} \leqq \mu \leqq 90 + 1.96 \times \frac{3}{\sqrt{16}}$$

計算の結果、$88.53 \leqq \mu \leqq 91.47$となり、母平均の95%信頼区間は、およそ88.5g以上91.5g以下であると推定できます。

上の例では、母分散が既にわかっている場合について、母平均の信頼区間を求めることができました。しかし多くの場合、母分散が未知の状況で、母平均の信頼区間を推定することになります。このときに用いるのが、t分布を用いる区間推定です。

(b) 母分散σ^2が未知の場合

母分散σ^2が未知の場合、σ^2を推定値である不偏分散S^2で置き換えると、p.197の（＊）の式は$T = (\overline{X} - \mu) / (S / \sqrt{n})$となり、これは自由度$n-1$の$t$分布に従うことが知られています。そのため、$t$分布の性質より、次の式が成り立ちます

$$P\left(-t_{n-1}(0.025) \leqq \frac{\overline{X} - \mu}{S/\sqrt{n}} \leqq t_{n-1}(0.025) \right) = 0.95 \quad \cdots ③$$

図表7-4　t分布の上側2.5%点と下側2.5%点

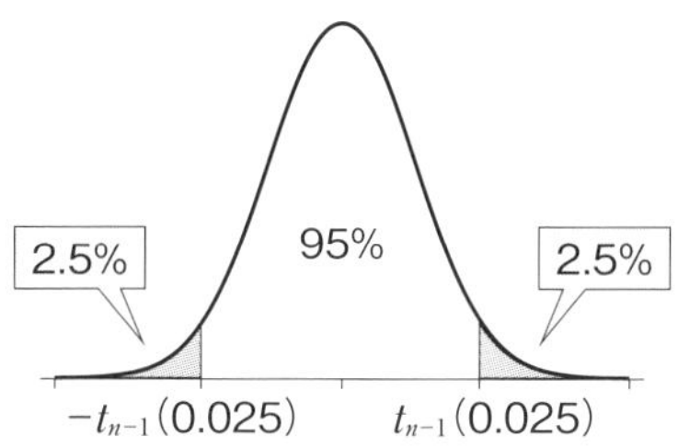

③のカッコ内の式を変形すると

$$\overline{X} - t_{n-1}(0.025) \times \frac{S}{\sqrt{n}} \leqq \mu \leqq \overline{X} + t_{n-1}(0.025) \times \frac{S}{\sqrt{n}} \quad \cdots ④$$

したがって、④で実現値の標本平均を$\bar{x}$、不偏分散をs^2とおくと、次の式が

成り立ちます。

母平均の区間推定（2）

正規母集団$N(\mu, \sigma^2)$から大きさnの無作為標本の標本平均の実現値を$\bar{x}$、不偏分散の実現値をs^2とおいたとき、母平均μの信頼度95%の信頼区間は

$$\bar{x} - t_{n-1}(0.025) \times \frac{s}{\sqrt{n}} \leqq \mu \leqq \bar{x} + t_{n-1}(0.025) \times \frac{s}{\sqrt{n}}$$

※$t_{n-1}(0.025)$の値はExcelのT.INV関数を用いて計算できる。

例えば、和菓子店Bで袋詰めするお菓子の重さ(g)は、正規分布に従うことが知られており、和菓子店Aとは異なり、母分散σ^2を未知とします。いま、16個のお菓子の重さを測ると、標本平均の実現値$\bar{x}$は90、不偏分散s^2は8.8でした。このとき、母分散σ^2の代わりにデータから得られる不偏分散s^2を用いると、母平均μの信頼度95%の信頼区間は、次のように計算できます。

$$90 - t_{15}(0.025) \times \frac{\sqrt{8.8}}{\sqrt{16}} \leqq \mu \leqq 90 + t_{15}(0.025) \times \frac{\sqrt{8.8}}{\sqrt{16}}$$

計算の結果、$88.42 \leqq \mu \leqq 91.58$となり、母平均の95%信頼区間は、およそ88.4g以上91.6g以下であると推定できます。

母平均の信頼区間は、これらの式にデータから得られた実現値を代入して求めることができますが、大変です。そこで、ExcelのCONFIDENCE関数（p.203参照）を用いれば、より簡単に信頼区間を求めることができます。

❷ 母比率の区間推定

母比率をp、標本の大きさをnとおくと、標本比率$\hat{P}$は、nが十分大きいとき、近似的に平均p、分散$p(1-p)/n$の正規分布に従うことが知られてます。そのため、p.197の（＊）について、次がいえます。

$$Z = \frac{\hat{P} - p}{\sqrt{p(1-p)/n}} \sim N(0, 1^2)$$

①の式と同様に、正規分布の性質より、次の式が成り立ちます。

$$P\left(-1.96 \leqq \frac{\hat{P}-p}{\sqrt{p(1-p)/n}} \leqq 1.96\right)=0.95 \cdots ⑤$$

⑤のカッコ内の式を変形すると、

$$\hat{P}-1.96\times\sqrt{\frac{p(1-p)}{n}} \leqq p \leqq \hat{P}+1.96\times\sqrt{\frac{p(1-p)}{n}} \cdots ⑥$$

しかし、⑥では母比率pを推定したいにも関わらず、両辺に推定したいpが含まれてしまい、母比率pを推定できません。そこで、pを標本比率$\hat{P}$で置き換える方法が知られており、$\hat{P}$の実現値を$\hat{p}$とおくと、次の式が成り立ちます。

母比率の区間推定

二項母集団から大きさnの無作為標本の標本比率の実現値を$\hat{p}$とおいたとき、母比率pの信頼度95%の信頼区間は

$$\hat{p}-1.96\times\sqrt{\frac{\hat{p}(1-\hat{p})}{n}} \leqq p \leqq \hat{p}+1.96\times\sqrt{\frac{\hat{p}(1-\hat{p})}{n}}$$

例えば、A市である政策への支持率を調べるために無作為に選んだ有権者400人を調査したところ、196人が「支持する」と回答しました。このとき、$\hat{p}=196/400=0.49$で、母比率pの信頼度95%の信頼区間は、次のように計算できます。

$$0.49-1.96\times\sqrt{\frac{0.49\times(1-0.49)}{400}} \leqq p \leqq 0.49+1.96\times\sqrt{\frac{0.49\times(1-0.49)}{400}}$$

$0.4410\cdots \leqq \mu \leqq 0.5389\cdots$となり、母平均の95%信頼区間は、およそ44.1%以上53.9%以下であると推定できます。

EXCEL WORK

母平均の信頼区間の推定（CONFIDENCE.T 関数）

動画はコチラから▶

手順 1 CONFIDENCE.T関数を選択

❶入力したいセルを選択して、数式バーの横にある［fx］と書かれた［関数の挿入］ボタンをクリックする。❷関数の分類を「統計」にして、「CONFIDENCE.T」を選択します。

手順 2 引数を入力して、信頼区間の上限を計算する

❸［α］［標準偏差］［標本数］を入力する。❹信頼区間は「平均±CONFIDENCE.T関数」で算出します。

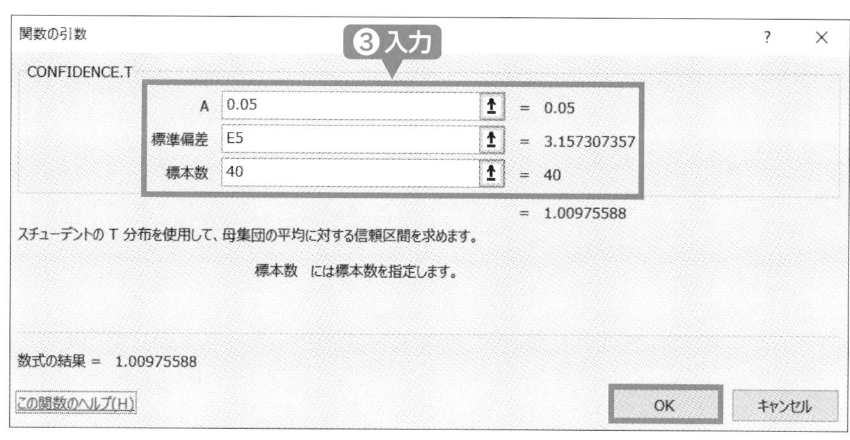

E8　=E4+E7

❹入力

	A	B	C	D	E
1	授業形態	成績（点）			
2	オンライン	61			
3	オンライン	58		母平均の推定値	58.9
4	オンライン	64		標本平均	58.925
5	オンライン	62		標本標準偏差	3.157307
6	オン			標準誤差	0.499214
7	オン			CONFIDENCE.T関数の値	1.009756
8	オン			信頼区間の上限	59.93476

計算した値と平均値を加算することで信頼区間の上限が「59.9%」とわかる

例題の解き方　例題7❹では、[α] は信頼区間を1−αとして求める値のため、95%信頼区間を求めることから「0.05」と指定します。[標準偏差] はすでに例題7❷で求めた標本標準偏差の値である「3.16」を指定します。[標本数] はオンライン授業の受講者が40人であるため「40」と指定します（=CONFIDENCE.T(0.05, 3.16, 40)）。その結果、値は1.010617…≒1.0となります。

母平均の95%信頼区間の上限を、すでに例題7❶で求めた平均値から計算すると、58.9+1.0≒59.9（点）となります。また同様に下限は58.9−1.0≒57.9（点）となり、57.9点以上59.9点以下と区間推定できます。

同様に、対面授業を計算した場合は53.4点以上55.6点以下と区間推定できます。したがって、例題7❺について「②オンライン授業の方が成績がよい」と判断ができます。

Tips

CONFIDENCE関数

母平均の信頼区間を求める関数であるCONFIDECE関数には、正規分布を用いる**CONFIDENCE.NORM関数**と、t分布を用いる**CONFIDENCE.T関数**があり、場面に応じて使い分ける必要があります。

CONFIDENCE.NORM（α,標準偏差,標本数）について、**標準偏差**は既知の母標準偏差の値、**標本数**は標本データの個数を指定します。一方、**CONFIDENCE.T（α,標準偏差,標本数）**については、母標準偏差が未知の場合にt分布を用いるため、**標準偏差**は標本標準偏差の値を指定します。例えば、95%信頼区間について、母平均の区間推定(a) では$1.96 \times \sigma/\sqrt{n}$、母平均の区間推定(b) では$t_{n-1}(0.025) \times s/\sqrt{n}$の値を返します。先ほどの和菓子店の例で見ると、和菓子店Aの場合、αは0.05、標準偏差は3、標本数は16より、$1.96 \times 3/\sqrt{16} \fallingdotseq 1.47$、和菓子店Bの場合、αは0.05、標準偏差は$\sqrt{8.8}$、標本数は16より、$t_{15}(0.025) \times \sqrt{8}/\sqrt{16} \fallingdotseq 1.58$とわかります。

CONFIDENCE.NORM関数	1.4699	=CONFIDENCE.NORM(0.05, 3, 16)
CONFIDENCE.T関数	1.5807	=CONFIDENCE.T(0.05,SQRT(8.8),16)

CONFIDENCE関数から算出した値を用いて、「平均±CONFIDENCE関数」の形で95%信頼区間を求めると、前述の公式に代入した場合と同じ結果を得ることができます。

Tips

分析ツール～基本統計量～

Excelの**分析ツール**の機能として、**「基本統計量」**という機能があります。Excelのメニューのタブから「データ」を選択し、「データ分析」→「基本統計量」とたどり使用できる機能であり、次のように基本統計量に関する情報を出力できます。

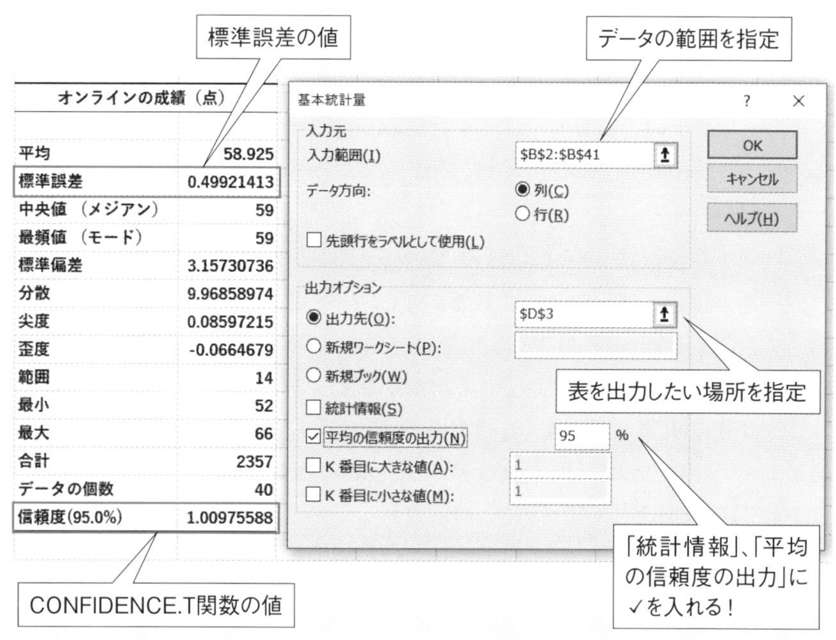

「標準偏差」は標本標準偏差の値（不偏分散の平方根の値）を返すとともに、標準誤差も瞬時に把握できます。「信頼度（95%）」は$\alpha=0.05$のときのCONFIDENCE.T関数の値を返すので、「基本統計量」の機能を用いれば、より簡単に95%信頼区間を求めることができます。

3　仮説検定の考え方

❶ 仮説検定とそのロジック

コインを10回投げて1回表（9回裏）が出たとします。この結果から、このコインは公正なコインと判断してよいでしょうか。このような場面で10回の実験結果を標本と考え、標本として得られたデータに基づいて、母集団に関する仮説の真偽を判断する方法を**仮説検定**といいます。仮説検定のロジックとして、否定されることが前提の仮説として**帰無仮説**、帰無仮説が棄却されたときに採択される仮説として**対立仮説**を設定します。そして、「帰無仮説が正しい」と仮定した下で、標本データと帰無仮説が確率的に矛盾するかどうか（滅多に起こらない偶然が起こったと判断できるか）を調べます。例えば、コイン投げの例では、帰無仮説H_0は「$P=0.5$（公正なコインである）」、対立仮説H_1は「$P\neq0.5$（公正なコインでない）」です。そして、帰無仮説が正しい（$P=0.5$）として、10回の実験結果から確率を求め、その確率を基準となる確率に照らして、帰無仮説と矛盾するといえる場合には対立仮説を採択、矛盾しない場合は帰無仮説を棄却しないと判断します。

❷ 両側検定と片側検定

上記の例では、帰無仮説H_0は$P=0.5$、対立仮説H_1は$P\neq0.5$と設定しました。しかし、コインの形状などから対立仮説H_1について「$P<0.5$」（表の出る確率が0.5より小さそう）、「$P>0.5$」（表の出る確率が0.5より大きそう）と考えた方が良い場合もあります。そこで、仮説検定の方向性に応じて対立仮説を設定でき、順に**左片側対立仮説**、**両側対立仮説**、**右片側対立仮説**といいます。

左片側対立仮説	両側対立仮説	右片側対立仮説
$H_0：P=0.5$	$H_0：P=0.5$	$H_0：P=0.5$
$H_1：P<0.5$	$H_1：P\neq0.5$	$H_1：P>0.5$

いま帰無仮説H_0での分布を考えると、$P=0.5$と仮定するので、10回の実験の中で表の出る回数が0回、1回、…、10回と、それぞれの回数に応じた確率

を求めることができます。例えば、10回中表が1回出る確率は${}_{10}C_1(1/2)^1(1/2)^9$ ≒0.98(%) となり、H_0の分布は次のようになります。

図表7-5　帰無仮説H_0での分布（二項分布）

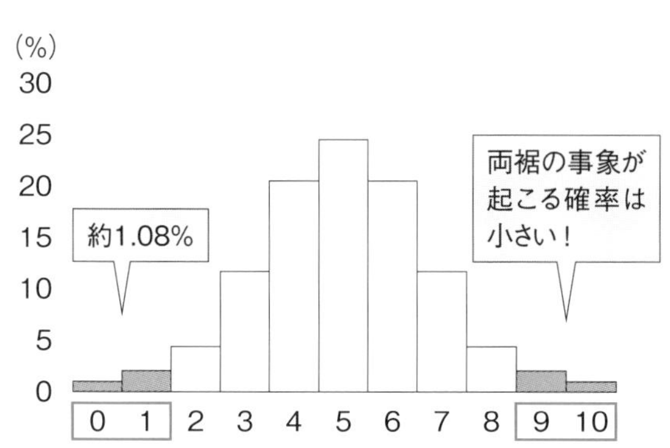

表の出る回数	表の出る確率(%) P=0.5
0	0.10
1	0.98
2	4.39
3	11.72
4	20.51
5	24.61
6	20.51
7	11.72
8	4.39
9	0.98
10	0.10

一方、対立仮説H_1の分布は、次のようになります。

図表7-6　対立仮説H_1での分布（二項分布）

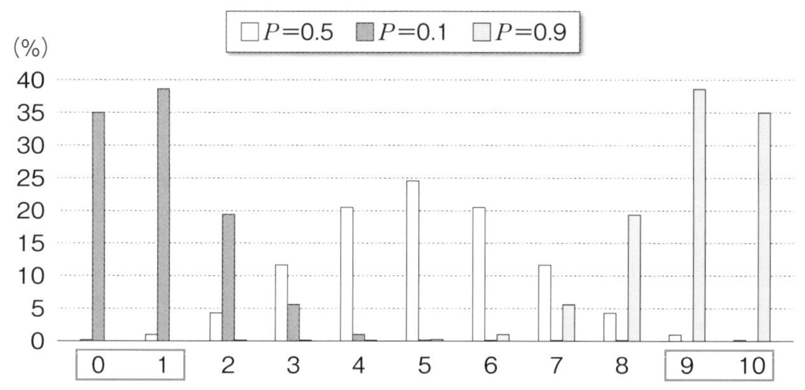

したがって、帰無仮説H_0を仮定した下で、その仮説に矛盾するような結果が起こったかどうかを判断するため、左片側対立仮説の場合（例えば、P=0.1）は右に歪んだ分布になり（分布の左側の事象が起こる確率が高い）、帰無仮説H_0の下で、H_0の分布の左側の確率を調べ、帰無仮説を棄却するかを判断

します。一方、右片側対立仮説の場合（例えば、$P=0.9$）は左に歪んだ分布になるため（分布の右側の事象が起こる確率が高い）H_0の分布の右側を調べ、帰無仮説を棄却するかを判断します。両側対立仮説の場合は両方の可能性を考慮し、H_0の分布の両側を調べ判断します。このことから、これらを左片側検定、両側検定、右片側検定といいます。

❸ 仮説検定の手順

仮説検定は、例えば、次の手順で進められます。

仮説検定の手順

① 帰無仮説H_0と対立仮説H_1を設定する（両側検定or片側検定を決める）
② 帰無仮説H_0の下で、検定統計量Tの確率分布を確認する
③ H_0を棄却する基準となる確率（有意水準α）を設定する
④ 標本データから検定統計量Tの具体的な実現値tを計算する
⑤ p値と有意水準αを比較する
⑥ 仮説を判断する

②の検定統計量とは、検定に用いる統計量であり、(1) のコイン投げの例では、表が出る回数が検定統計量Tで、Tの確率分布は二項分布になりました。また、表が出た回数は1回であるため、Tの実現値は$t=1$です。

⑤のp値（有意確率）とは、「帰無仮説H_0での分布（Tの確率分布）において、標本データから算出したtの値を起点として対立仮説の方向へ累積した確率」のことです。例えば、先ほどのコイン投げの例では、両側検定で、$t=1$であることから、図表7-5のように$t=1$を起点として、両側に累積した確率を求めます。この累積確率がp値で、p値は$P(T \leqq 1)+P(9 \leqq T)=1.08+1.08=2.06(\%)$です。一方、⑤の有意水準とは、帰無仮説$H_0$を棄却するか、判断基準とする確率であり、慣例で5%や1%を用います。この例では、有意水準αを5%と設定した場合、p値は2.06%で有意水準より小さくなるため、H_0の下で滅多に起こらないような偶然が起こったと判断し、帰無仮説を棄却し、対立仮説を採択します。つまり「公正なコインでない」と判断します。

EXCEL WORK

動画はコチラから▶ 

二項分布の仮説検定の計算方法（BINOM.DIST 関数）

ここでは例題として、「コインを10回投げて表が2回出たときに、このコインが公正なコインであると判断して良いか」について考えます。有意水準5%で仮説検定を行うと、帰無仮説H_0は$P=0.5$、対立仮説H_1は$P\neq0.5$となります。

コインの公正を判断するため両側検定となるので、両側に累積する確率を求める式を立てます。検定統計量Tの実現値$t=2$を起点として、p値$=P(T\leqq2)+P(8\leqq T)$となります。まずは、この左側$P(T\leqq2)$と右側$P(8\leqq T)$をBINOM.DIST関数で求めた上で全体のp値を計算します。

手順 1　［関数の挿入（fx）］からBINOM.DIST関数を選択

❶入力したいセルを選択して、数式バーの横にある［fx］と書かれた［関数の挿入］ボタンをクリックします。❷関数の分類を「統計」にして、「BINOM.DIST」を選択します。

関数の挿入　?　×

関数の検索(S):

何がしたいかを簡単に入力して、[検索開始] をクリックしてください。　検索開始(G)

関数の分類(C): 統計

❷選択

関数名(N):

BETA.DIST
BETA.INV
BINOM.DIST
BINOM.DIST.RANGE
BINOM.INV
CHISQ.DIST
CHISQ.DIST.RT

❷選択

BINOM.DIST(成功数,試行回数,成功率,関数形式)
二項分布の確率を返します。

この関数のヘルプ　OK　キャンセル

手順２　BINOM.DIST関数で計算する

❸［成功数］［試行回数］［成功率］［関数形式］を入力する。

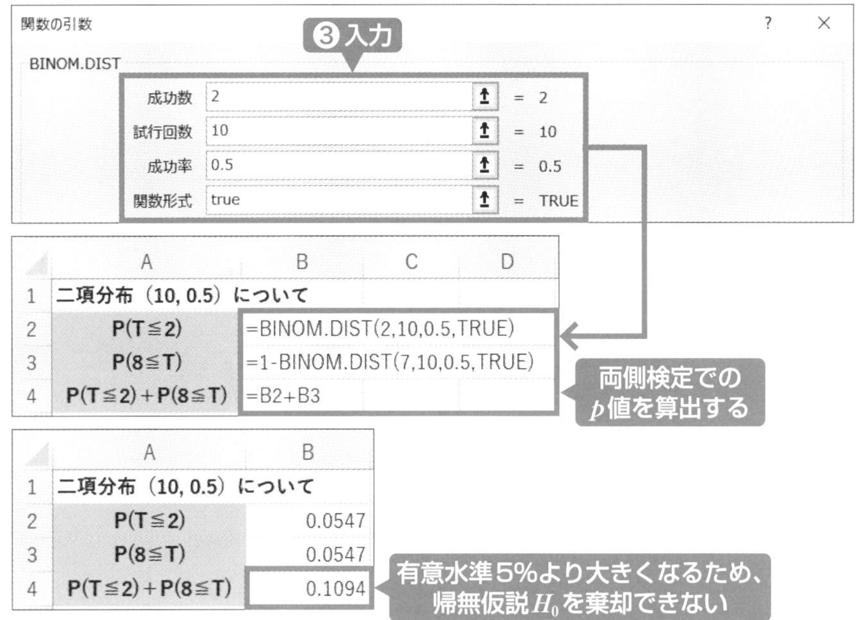

例題の解き方　上記の例では、まずは下側確率から計算していくと［成功数］を表が出た回数である「2」と指定します。［試行回数］は投げた回数である「10」を指定します。［成功率］はH_0の下で表が出る確率で「0.5」となります。［関数形式］は「TRUE」を入力します《＝BINOM.DIST(2, 10, 0.5, TRUE)》(p.165参照)。その結果、値は約0.0547となります。同じく$P(8\leqq T)$については、$P(8\leqq T)=1-P(T\leqq 7)$として計算します《＝1－BINOM.DIST(7, 10, 0.5, TRUE)》。こちらも値は約0.0547となり、p値は0.1094（10.94%）となります。

有意水準αを5%としているので、p値は有意水準より大きくなり、帰無仮説H_0を棄却できません。したがって「公正なコインでない」とは言えないと判断します。なお、このとき帰無仮説が正しいと判断しているわけではなく、あくまで「対立仮説が正しいとは言えない」と結論づけていることに注意しましょう。

Tips

「仮説検定における２つの誤り」と「有意水準の考え方」

仮説検定では、確率（p値や有意水準）に基づき、帰無仮説を棄却するかを判断します。そのため、帰無仮説が「真」であるにもかかわらず、帰無仮説を棄却し、対立仮説を採択することがあります。この誤りを**第一種の過誤**といい、**あわて者の誤り**と呼ぶことがあります。一方、帰無仮説が「偽」であるにもかかわらず、帰無仮説を棄却しないとすることがあります。この誤りを**第二種の過誤**といい、**ぼんやり者の誤り**と呼ぶことがあります。

図表7-7　仮説検定における２つの誤り

		仮説検定の結果	
		帰無仮説を棄却しない	帰無仮説を棄却 （対立仮説を採択）
帰無仮説	真	正しい判断	第一種の過誤 確率α（有意水準）
	偽	第二種の過誤 確率β	正しい判断

上の表では、確率α（有意水準）とβが登場しますが、αを0.5%や1%と低く設定すると、帰無仮説を中々棄却しないという立場をとることになります。そのため、第二種の過誤確率βは大きくなります。一方、αを10%や20%と高く設定すると、帰無仮説を積極的に棄却するという立場をとることになります。そのため、第二種の過誤確率βは小さくなります。

仮説検定では、有意水準αを予め5%や1%と設定しますが、αとβを同時に小さくすることはできません。そのため、第一種の過誤確率αを一定水準まで許容した上で、仮説を判断するという立場をとります。

4 仮説検定の方法

仮説検定については、色々な検定方法が知られており、第3章でも「母集団における関連性」を調べる検定として、χ^2検定を扱いました。仮説検定でも区間推定と同様に、調べたい仮説により検定統計量が異なり、用いる確率分布が異なるため、場面に応じて使い分ける必要があります。以下では、仮説検定でよく使われる平均値の検定を取り上げます。

平均値に関する検定

・1つの母集団の平均値に関する検定
　(a) 母分散が既知の場合（正規分布）
　(b) 母分散が未知の場合（t分布）
・2つの母集団の平均値の差に関する検定
　(a) 母分散が既知の場合（正規分布）
　(b) 母分散が未知の場合（t分布）
　(c) データに対応がある場合（t分布）

なお、必ずしも言い切れませんが、Excelを用いた仮説検定の方法には、大きく(1)○.DIST関数を用いる方法、(2)○.TEST関数を用いる方法、(3)分析ツールを用いる方法の3つがあります。(1)や(2)が汎用的に使える方法ですが、本稿では(1)を基本としながら、(2)や(3)の方法も順に取り上げます。

❶ 1つの母集団の平均値に関する検定

ある機械が袋詰めする商品の重さは母平均が100gで、正規分布に従うように調整されています。しかし最近、商品の重さにばらつきがあるという報告があり、この機械が正しく調整されているか調べるため、9個の商品の重さを測りました。すると、標本平均の実現値$\bar{x}$は103gでした。この結果から、母平均が100gと設定されていない、すなわち、この機械は正しく調

	A	B
1	No.	商品の重さ(g)
2	1	101
3	2	102
4	3	105
5	4	106
6	5	107
7	6	99
8	7	100
9	8	101
10	9	106
11	平均	103

整されていないと判断してよいかを考えてみましょう。

まずは、1つの母集団の平均値に関する検定を取り上げます。

(a) 母分散σ^2が既知の場合

正規母集団$N(\mu, \sigma^2)$から抽出した大きさnの無作為標本に基づいて、母平均μが特定の値μ_0と等しいかどうかを検定する場面（両側検定）を考えます。このとき、帰無仮説と対立仮説は次のように設定できます。

$$\text{帰無仮説}H_0：\mu=\mu_0\text{、対立仮説}H_1：\mu\neq\mu_0$$

いま、母集団の分散は過去のデータから$\sigma^2=\sigma_0^2$であることがわかっているとき、帰無仮説H_0の下で、検定統計量Zは標準分布に従うことが知られています。

$$Z=\frac{\overline{X}-\mu_0}{\sigma_0/\sqrt{n}}\sim N(0, 1^2)$$

例えば、先ほどの機械が袋詰めする商品の重さの例で、母分散が今までのデータから3.5^2になることがわかっているとします。このとき、有意水準を5%として、帰無仮説はH_0：$\mu=100$（正しく調整されている）、対立仮説はH_1：$\mu\neq100$（正しく調整されていない）となります。また、検定統計量Zの実現値は$z=(103-100)/(3.5/\sqrt{9})=2.5714\cdots\fallingdotseq2.571$となり、NORM.DIST関数を用いると、$p$値は$P(Z\leqq-2.571)+P(Z\geqq2.571)\fallingdotseq0.0051+0.0051=0.0102$（1.02%）となります。

図表7-7　帰無仮説H_0での分布（標準正規分布）

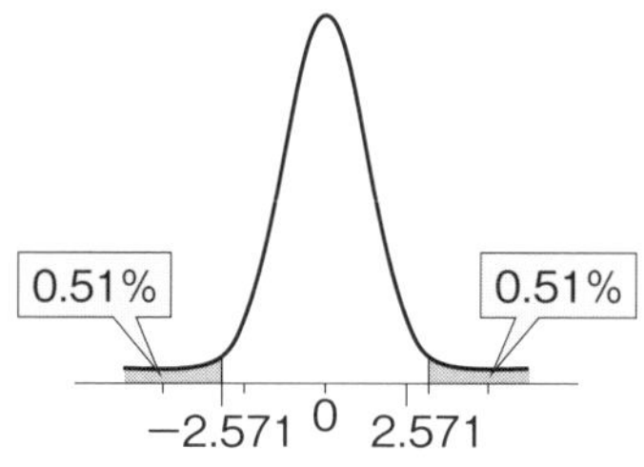

したがって、有意水準5%より小さくなるため、H_0を棄却し、H_1を採択しま

す。つまり、この機械は正しく調整されていないと判断します。

このような正規分布を用いる検定を**Z検定**といいます。Z検定では、NORM.DIST関数の代わりに、Z.TEST関数を用いて、さらに簡単に検定を行うこともできます。

Tips

Z.TEST関数

Z検定で用いる関数として、Z.TEST関数があります。**Z.TEST(配列, x, [σ])** を指定して、p値の算出に必要な右片側確率$P(Z \geqq z)$の値を返します。**配列**には標本データを指定し、**x**には検定の対象とする値、**[σ]**には母標準偏差の値を指定します。

例えば、袋詰めの商品の例では、配列に元の標本データ、xには100（母平均の値）、[σ]には既知の母標準偏差3.5を指定すると、右片側確率$P(Z \geqq 2.5714\cdots) \fallingdotseq 0.0051$となり、直接データから算出するので、より正確に右片側確率の値を求めることができます。

(b) 母分散σ^2が未知の場合

先ほどの検定統計量Zについて、母分散を不偏分散S^2で置き換えると、その検定統計量Tは帰無仮説H_0の下で自由度$n-1$のt分布に従うことが知られています。

$$T = \frac{\overline{X} - \mu_0}{S/\sqrt{n}} \sim t_{n-1}$$

例えば、ある機械が袋詰めする商品の重さ（g）は母平均が100gで、正規分布に従うように調整されており、今回は母分散が未知の場合を考えます。先ほどの9個の商品の重さから、標本平均$\bar{x}$は103g、不偏分散は3^2でした。このとき、有意水準を5%として、帰無仮説はH_0：$\mu = 100$、対立仮説はH_1：$\mu \neq 100$となります。一方、検定統計量Tの実現値は$t = (103-100)/(3/\sqrt{9}) = 3$となり、自由度を8として、T.DIST関数を用いると、p値は$P(T \leqq -3) + P(T \geqq 3) \fallingdotseq 0.0085 + 0.0085 = 0.017(1.7\%)$となります。

図表7-8　帰無仮説H_0での分布（自由度8のt分布）

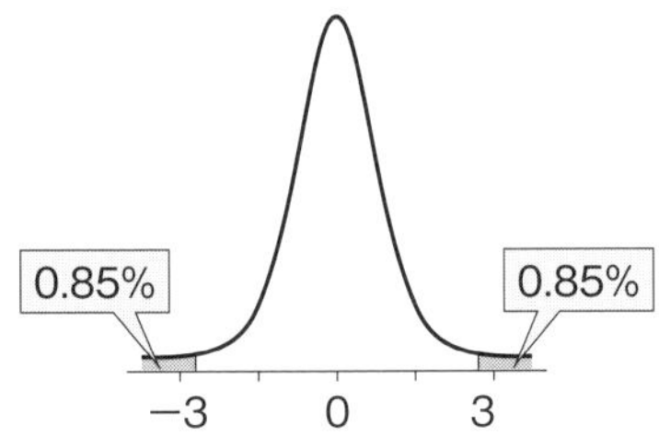

したがって、有意水準5%より小さくなるため、H_0を棄却し、H_1を採択します。つまり、この機械は正しく調整されていないと判断することになります。

このようなt分布を用いる検定を**t検定**といいます。

❷ 2つの母集団の平均値の差に関する検定

(a) 母分散σ_1^2とσ_2^2がいずれも既知の場合

2つの異なる正規母集団$N(\mu_1, \sigma_1^2)$、$N(\mu_2, \sigma_2^2)$から抽出した大きさn_1とn_2の無作為標本を独立に抽出したとき、2つの母平均μ_1とμ_2が等しいかどうかを検定する場面（両側検定）を考えます。このとき、帰無仮説と対立仮説は次のように設定できます。

$$帰無仮説H_0：\mu_1 = \mu_2、対立仮説H_1：\mu_1 \neq \mu_2$$

この場合、母分散σ_1^2と母分散σ_2^2に対応する標本平均を$\overline{X}, \overline{Y}$とすると、それぞれが正規分布に従うので、正規分布の再生性より$\overline{X} - \overline{Y}$も正規分布に従います。したがって、検定統計量$Z$について、次が成り立ちます。

$$Z = \frac{(\overline{X} - \overline{Y}) - (\mu_1 - \mu_2)}{\sqrt{\sigma_1^2/n_1 + \sigma_2^2/n_2}} \sim N(0, 1^2)$$

ゆえに、帰無仮説H_0：$\mu_1 = \mu_2$の下では、次が成り立ちます。

$$Z = \frac{\overline{X} - \overline{Y}}{\sqrt{\sigma_1^2/n_1 + \sigma_2^2/n_2}} \sim N(0, 1^2)$$

検定の手順については、p.212と同様です。検定統計量Zを計算し、そこからNORM.DIST関数を利用してp値を求め、仮説を判断できます。

例えば、ある会社で「ジョギングを習慣としない社員」(集団A)と「ジョギングを習慣とする社員」(集団B)について、BMIの平均値に差があるかどうか調べることにしました。これら2つの母集団の平均値に差がある、すなわち、ジョギングの習慣の有無によりBMIの平均値に差があるかどうかを調べるには、どのような仮説検定を行えばよいのでしょうか。なお、それぞれの母集団におけるBMIのデータは、正規分布に従うとします。

集団A		集団B	
NO.	BMI値	NO.	BMI値
1	22.7	1	20.9
2	23.8	2	22.8
3	22.6	3	21
4	24.9	4	22.8
5	21.5	5	22.5
6	27.5	6	23.4
7	23.2	7	24.2
8	25.5	8	23
9	22.8	9	24.5
10	24.8	10	24.2
11	21.7	11	19.8
12	24.9	12	19.7

例えば、「ジョギングを習慣としない社員」と「ジョギングを習慣とする社員」の母分散は、過去のデータからそれぞれ$\sigma_1^2=3$, $\sigma_2^2=2.6$とわかっているとします。このとき、各集団から12人ずつの社員を無作為に選んだところ、前掲のデータが得られました。ジョギングを習慣としない社員の標本平均$\bar{x}$は23.825、習慣とする社員の標本平均$\bar{y}$は22.4です。したがって、検定統計量Zの実現値は$z=(23.825-22.4)/\sqrt{3/12+2.6/12}=2.0859$……$\fallingdotseq 2.086$となり、NORM.DIST関数を用いると、$p$値は$P(Z \leqq -2.086)+P(Z \geqq 2.086) \fallingdotseq 0.0185+0.0185=0.037(3.7\%)$となります。したがって、$p$値は有意水準5%より小さくなるため、$H_0$を棄却し、$H_1$を採択します。つまり、「BMIの平均値に差がある」と判断します。

(b) 母分散σ_1^2とσ_2^2がいずれも未知の場合

(ア) 等分散と仮定する場合

母分散σ_1^2と母分散σ_2^2が未知で、等分散と仮定する場合、それぞれの不偏分散をS_1^2, S_2^2として、次の検定統計量Tは、帰無仮説H_0の下で、自由度n_1+n_2-2のt分布に従うことが知られています。

$$T=\frac{\overline{X}-\overline{Y}}{S\sqrt{1/n_1+1/n_2}} \sim \mathrm{t}_{n_1+n_2-2} \qquad \left(S=\sqrt{\frac{(n_1-1)S_1^2+(n_2-1)S_2^2}{n_1+n_2-2}}\right)$$

PART 4 確率・確率分布・推測のアナリティクス

Tips

2つの母集団の平均値の差に関するZ検定

Excelの**分析ツール**の機能として、「z検定：2標本による平均の検定」という機能があります。Excelのメニューのタブから「データ」を選択し、「データ分析」→「z検定：2標本による平均の検定」とたどり使用できる機能であり、次のように情報を出力できます。

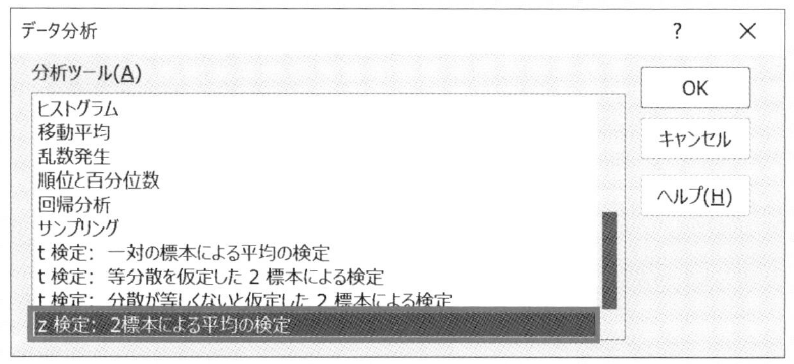

z-検定：2標本による平均の検定		
	変数1	変数2
平均	23.825	22.4
既知の分散	3	2.6
観測数	12	12
仮説平均との差異	0	
z	2.085986	
P(Z<=z) 片側	0.01849	
z 境界値 片側	1.644854	
P(Z<=z) 両側	0.03698	
z境界値 両側	1.959964	

両側検定の*P*値

上の表について、直接データから算出するのでより正確にp値を求めることができ、p値はおよそ3.7%です。分析ツールの「z検定：2標本による平均の検定」の機能を利用すると、簡単に母平均の差に関するz検定を行うことができます。

例えば、先ほどのBMIのデータについて、母分散σ_1^2と母分散σ_2^2が未知として等分散と仮定します。有意水準を5%として、帰無仮説はH_0：$\mu_1=\mu_2$（BMIの平均値に差がない）、対立仮説はH_1：$\mu_1 \neq \mu_2$（BMIの平均値に差がある）となります。このとき各集団から12人ずつの社員を無作為に選んだところ、ジョギングを習慣としない社員の標本平均の実現値$\bar{x}$は23.825、不偏分散s_1^2は3.06、習慣とする社員の標本平均の実現値$\bar{y}$は22.4、不偏分散s_2^2は2.8でした。これらを代入した検定統計量Tの実現値は$t \fallingdotseq 2.04$です。自由度を22として、T.DIST関数を用いてp値を求めると、p値はおよそ5.4%になりました。したがって、p値は有意水準5%より大きくなるため、H_0は棄却できません。つまり、「BMIの平均値に差がある」とはいえないと判断します。

なお、T.DIST関数の代わりに、T.TEST関数を用いると、さらに簡単に検定を行うこともできます。

Tips

T.TEST関数

母集団の平均値の差に関するt検定で用いる関数としてT.TEST関数があります。片側検定または両側検定のいずれかのp値を返します。具体的には**T.TEST（配列1, 配列2, 検定の指定, 検定の種類）**の4つを指定します。**配列1**、**配列2**にはそれぞれの標本データを指定し、**検定の指定**には「1」（片側検定)、または「2」（両側検定）を指定します。**検定の種類**には「1」（**一対の標本による検定**)、「2」（**等分散と仮定した2標本による検定**)、「3」（**分散が等しくないと仮定した2標本による検定**）のいずれかを指定します。

先ほどのBMIの例では、「等分散と仮定した2標本による検定」で、両側検定のp値を知りたいので、検定の指定には2、検定の種類には2と指定します。標本データから、p値は約5.4%となります。

（イ）等分散と仮定しない場合

母分散σ_1^2と母分散σ_2^2が未知で、等分散と仮定しない場合、それぞれの不偏分散をS_1^2、S_2^2として、次の検定統計量Tは帰無仮説H_0の下で、自由度vのt分布に従うことが知られています。

$$T=\frac{\overline{X}-\overline{Y}}{\sqrt{S_1^2/n_1+S_2^2/n_2}}\sim t_v \quad \left(v=\frac{(S_1^2/n_1+S_2^2/n_2)^2}{\frac{(S_1^2/n_1)^2}{n_1-1}+\frac{(S_2^2/n_2)^2}{n_2-1}}\right)$$

（ア）の場合と同様に、それぞれの値を代入して、検定統計量Tの実現値tを求め、そこからT.DIST関数を用いて、仮説を判断できます。このようなt検定を、特に**Welchの検定**といいます。

T.TEST関数を用いる場合は、（ア）とは異なり、検定の種類として「3」（分散が等しくないと仮定した2標本による検定）を指定すれば、より簡単にp値を求め、仮説検定を行うことができます。

（ウ）データに対応がある場合

ジョギングを趣味として開始する前と開始した後のデータのように、同じ個人の処理前後のデータを、**対応のあるデータ**と呼ぶことがあります。

データに対応がある場合、2つの母集団の平均値の差に関する検定では、対となるデータ（X_i, Y_i）($i=1, 2, \cdots, n$）について、それらの差$D_i=X_i-Y_i$を考えます。具体的には、n組のデータの差$D_1, D_2, \cdots, D_n$の標本平均を$\overline{D}$、不偏分散をS_D^2とおきます。すると、p.211で取り上げた「1つの母集団の平均値に関するt検定」に帰着できます。つまり、2つの母平均に差があるかどうかについて、2つの差の平均値が0であるかどうかを調べればよいことになります。したがって、次の検定統計量Tは、帰無仮説H_0の下で、自由度$n-1$のt分布に従うことを利用できます。

$$T=\frac{\overline{D}-0}{S_D/\sqrt{n}}\sim t_{n-1}$$

図表7-9　データに「対応がない場合」と「対応がない場合」の考え方

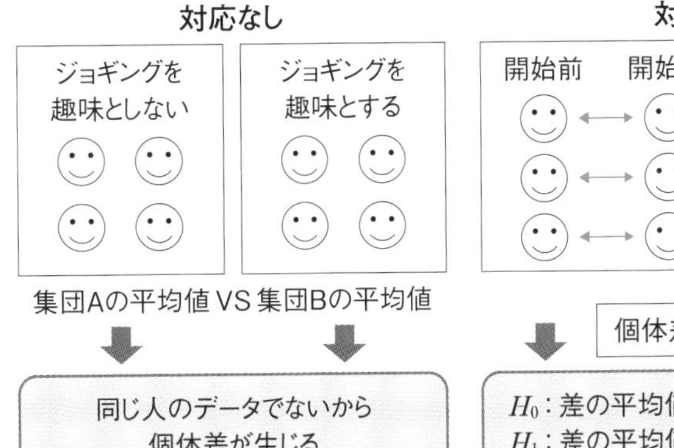

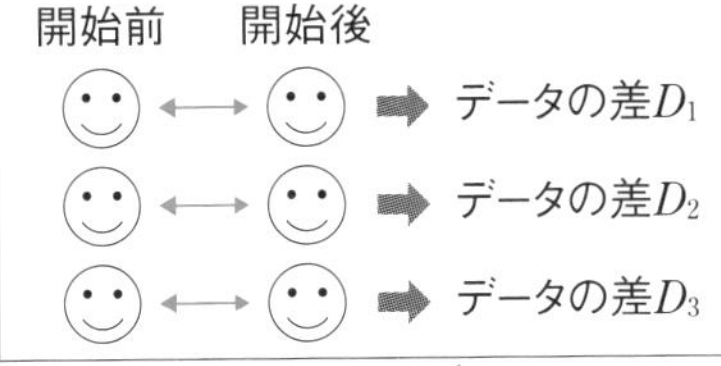

前述と同様に、検定統計量Tの実現値tを求め、そこからT.DIST関数を用いて、仮説を判断できます。

またT.TEST関数を用いる場合は、（ア）（イ）とは異なり、検定の種類として「1」（一対の標本による検定）を指定すれば、より簡単にp値を求め、仮説検定を行うことができます。

例えば、T.DIST関数を用いて、ある特別な指導方法の効果を検証するため、指導前後のテストの点数の平均値の差を調べることを考えます。

NO.	指導前 点数	指導後 点数	D 点数の差
1	14	16	2
2	12	13	1
3	15	14	−1
4	8	15	7
5	11	14	3
6	18	19	1
7	16	18	2
8	12	15	3
9	13	14	1
10	7	10	3

母集団とするそれぞれの点数のデータは正規分布に従うことが知られており、有意水準を5%として、帰無仮説はH_0：$\mu_1=\mu_2$（点数の平均値に差がな

い)、対立仮説はH_1：$\mu_1 \neq \mu_2$（点数の平均値に差がある）です。いま、10人の参加者の指導前後での点数の差のデータについて、標本平均$\overline{D}$は2.2点、不偏分散S_Dは4.4でした。これらを代入した検定統計量Tの実現値は$t \fallingdotseq 3.317$です。自由度を9として、T.DIST関数を用いてp値を求めると、p値はおよそ0.9%になります。したがって、H_0を棄却し、H_1を採択します。つまり、指導前後での「テストの点数の平均値に差がある」と判断します。

なお、この場面で誤って、（イ）等分散と仮定しない場合のt検定を適用した場合、p値はおよそ11.9%になります。したがって、H_0を棄却できず、指導前後の「テストの点数の平均値に差がある」とはいえないと判断することになります。同じ母集団の平均値の差に関するt検定でも分析方法を誤ると、間違った判断につながります。そのため、仮説検定では、目的に応じて適切な分析方法を選択することも重要です。

EXCEL WORK

平均値の差に関する仮説検定のさまざまな方法

動画はコチラから▶

ここでは、p.215で取り上げたBMIのデータを例として、平均値の差に関する仮説検定（等分散と仮定しない場合のt検定）の方法を紹介します。有意水準を5%として、帰無仮説はH_0：$\mu_1 = \mu_2$（BMIの平均値に差がない）、対立仮説はH_1：$\mu_1 \neq \mu_2$（BMIの平均値に差がある）とします。

方法1　T.DIST関数

T.DIST関数は、t分布の確率計算で用いる関数です。（p.176参照）

T.DIST（x, 自由度, 関数形式）

手順1　AVERAGE関数で標本平均、STDEV.S関数で標本標準偏差を計算する

❶標本平均を出力したいセルを選択し、画面上部の❷「fx」をクリックします。「関数の挿入」ダイアログの中の関数の分類を「統計」にし、「関数名」の中から❸「AVERAGE」を選択し、「OK」をクリックします。（p.195参照）同様に❹標本標準偏差も出力したいセルを選択し、❺「fx」から❻「STDEV.S」を選択し、「OK」をクリックします。（p.196参照）

例題の解き方　ここではそれぞれの集団のデータを選択した結果、集団Aの標本平均が「23.825」、不偏分散が「3.06386」となり、集団Bの標本平均が「22.4」、不偏分散が「2.80364」となります。

	A	B	C	D
1	集団A		集団B	
2	No.	BMI値	No.	BMI値
3	1	22.7	1	20.9
4	2	23.8	2	22.8
5	3	22.6	3	21
6	4	24.9	4	22.8
7	5	21.5	5	22.5
8	6	27.5	6	23.4
9	7	23.2	7	24.2
10	8	25.5	8	23
11	9			24.5
12	10			24.2
13	11			19.8
14	12	24.9	12	19.7
15	標本平均$\bar{X}$	23.825	標本平均$\bar{Y}$	22.4
16	不偏分散S_1^2	3.06386	不偏分散S_2^2	2.80364

AVERAGE関数とSTDEV.S関数で計算する

手順2　標本平均と標本標準偏差を使って、検定統計量Tを代入して計算する

❼自由度vを出力したいセルを選択し、p.218の式に先ほど計算した不偏分散を代入します。

自由度v=(不偏分散S_1^2/標本数n_1+不偏分散S_2^2/標本数n_2)^2/((不偏分散S_1^2/標本数n_1)^2/(標本数n_1−1)+(不偏分散S_2^2/標本数n_2)^2/(標本数n_2−1))

❽検定統計量Tを出力したいセルを選択し、p.218の式に先ほど計算した標本平均と不偏分散を代入します。

統計検定量T=(標本平均$\overline{X}$−標本平均$\overline{Y}$)/(SQRT(不偏分散S_1^2/標本数n_1+不偏分散S_2^2/標本数n_2))

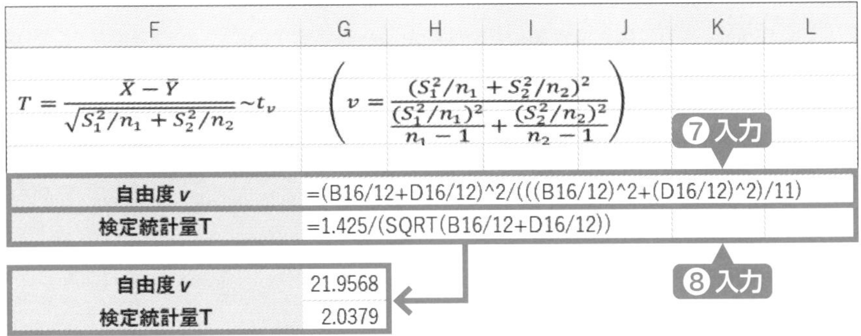

例題の解き方　ここでは自由度と検定統計量について、以下の式を入力します。自由度については、標本数が同じなため分母を揃えて計算しています。

自由度v=(B16/12+D16/12)^2/(((B16/12)^2+(D16/12)^2)/11)

検定統計量T=(B15-D15)/(SQRT(B16/12+D16/12))

結果、自由度は「v≒21.9568」、Tの実現値は「t≒2.0379」と算出できます。

手順3　[関数の挿入（fx）] から、「T.DIST」を選択

❾p値を出力したいセルを選択し、画面上部の❿「fx」をクリックする。「関数の挿入」ダイアログの中の関数の分類を「統計」にし、「関数名」の中から⓫「T.DIST」を選択し、「OK」をクリックする。

手順4　T.DIST関数で計算する

⓬ [x] [自由度] [関数形式] を入力して [OK] をクリックする。

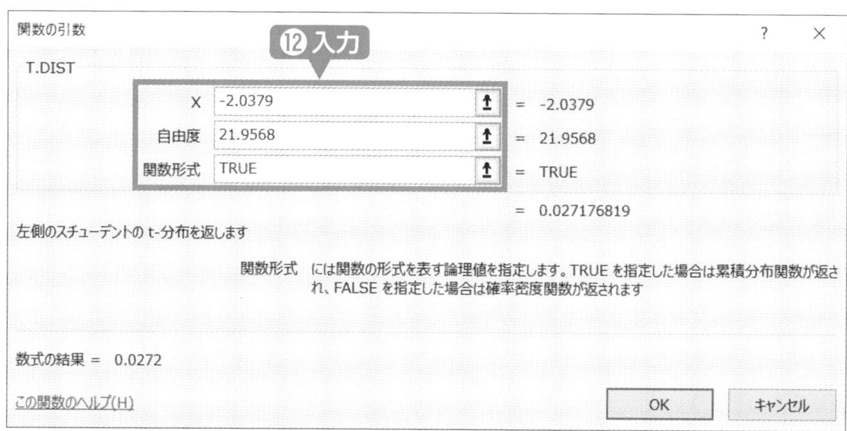

自由度 v	21.9568
検定統計量T	2.0379
P(T≦-2.0379)	0.0272
P(T≦-2.0379)+P(2.0379≦T)	0.0544

両側検定でのp値を算出する

四捨五入により、値が多少前後することもある

例題の解き方　ここでは、$P(T \leqq -2.0379)$を求めるため、[x] に検定統計量の「-2.0379」、[自由度] に「21.9568」、[関数形式] に「TRUE」を入れます。計算の結果、「0.0272」となります。両側検定のため、p値は$P(T \leqq -2.0379)+P(2.0379 \leqq T)$となりますので、$p$値≒0.0272+0.0272≒0.054(5.4%)とわかります。したがって、p値は有意水準5%より大きくなり、H_0を棄却できないため、「BMIの平均値に差がある」とはいえないと判断します。

方法2 T.TEST関数

T.TEST関数は、母集団の平均値の差に関するt検定で用いる関数です（p.217参照）。T.TEST関数を用いると、さらに簡単にp値を求めることができます。

T.TEST(配列1, 配列2, 検定の指定, 検定の種類)

手順1 [関数の挿入（fx）] から「T.TEST」を選択

❶p値を納めたいセルを選択し、画面上部の❷「fx」をクリックします。「関数の挿入」ダイアログの中の関数の分類を「統計」にし、「関数名」の中から❸「T.TEST」を選択し、「OK」をクリックします。

手順2 T.TEST関数でp値を計算する

❸［配列1］［配列2］［検定の指定］［検定の種類］を入力する。

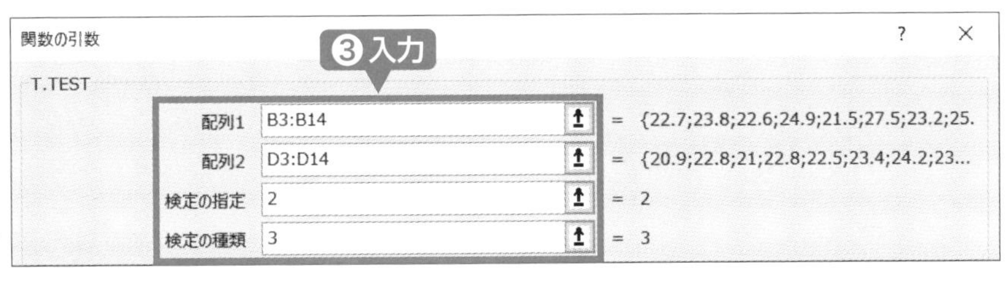

p値	0.0538

例題の解き方　ここでは、［配列1］に集団Aのデータ、［配列2］に集団Bのデータを入力します。［検定の指定］については両側検定となるので「2」、［検定の種類］は「等分散と仮定しない場合のt検定」を行うので、「3」（分散が等しくないと仮定した2標本による検定）を入力します。

結果、p値は「0.0538」≒5.4%となります。T.DIST関数を用いたp値の計算結果と一致し、先ほどと同様にp値は有意水準5%より大きくなり、H_0を棄却できないため、「BMIの平均値に差がある」とはいえないと判断します。

方法3　分析ツールの機能（t検定）

［データ分析］の［分析ツール］には、t検定の種類が3つあり、適切なものを選びます。分析ツールを利用すると、T.TEST関数を用いた計算結果を、標本平均や不偏分散などの情報とともに一覧表として出力できます。

［t検定：一対の標本による平均の検定］
［t検定：等分散を仮定した2標本による検定］
［t検定：分散が等しくないと仮定した2標本による検定］

手順１　［データ］タブから［データ分析］をクリックし、「t検定：分散が等しくないと仮定した2標本による検定」を選択

❶［データ］タブにある［データ分析］をクリックし、❷ダイアログから「t検定：分散が等しくないと仮定した2標本による検定」を選択して❸［OK］をクリックします。

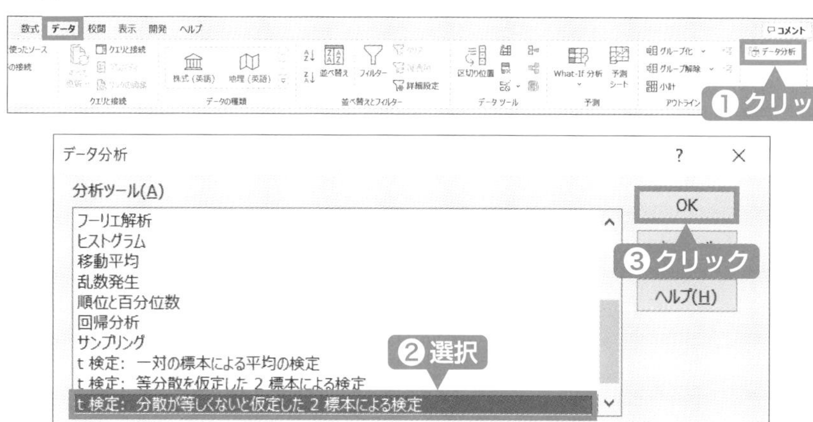

手順２　表示されるダイアログの［変数1の入力範囲］［変数2の入力範囲］を入力し、［出力先］を指定する

❹ダイアログの［変数1の入力範囲］と［変数2の入力範囲］を入力し、❺分析結果を出力する出力先を［出力オプション］で指定します。

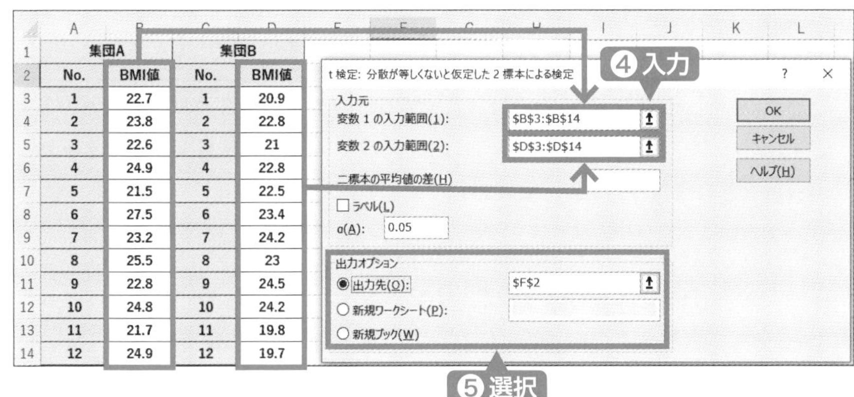

	集団A		集団B	
	No.	BMI値	No.	BMI値
3	1	22.7	1	20.9
4	2	23.8	2	22.8
5	3	22.6	3	21
6	4	24.9	4	22.8
7	5	21.5	5	22.5
8	6	27.5	6	23.4
9	7	23.2	7	24.2
10	8	25.5	8	23
11	9	22.8	9	24.5
12	10	24.8	10	24.2
13	11	21.7	11	19.8
14	12	24.9	12	19.7

例題の解き方 ［変数1の入力範囲］には集団A、［変数2の入力範囲］は集団Bのデータを入力します。出力はセルを指定します（他の形式でも良い）。

手順3 出力された分析結果の表からp値を読み取る

⑥出力される結果を参照する。

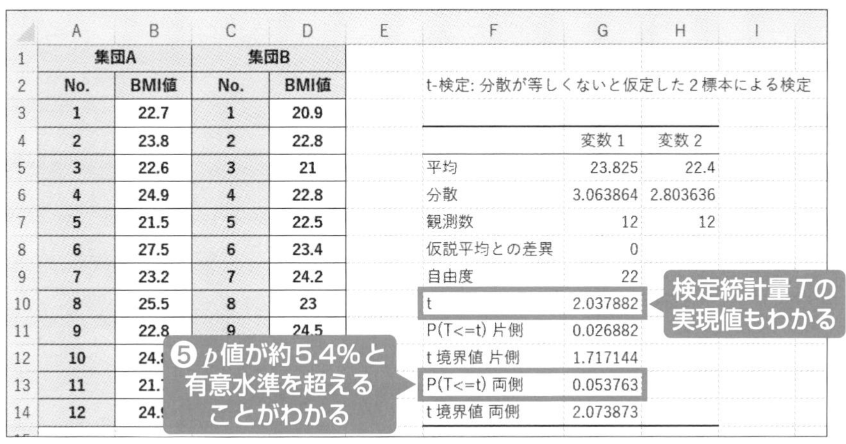

	集団A		集団B	
	No.	BMI値	No.	BMI値
3	1	22.7	1	20.9
4	2	23.8	2	22.8
5	3	22.6	3	21
6	4	24.9	4	22.8
7	5	21.5	5	22.5
8	6	27.5	6	23.4
9	7	23.2	7	24.2
10	8	25.5	8	23
11	9	22.8	9	24.5
12	10	24.8	10	24.2
13	11	21.7	11	19.8
14	12	24.9	12	19.7

t-検定: 分散が等しくないと仮定した2標本による検定

	変数 1	変数 2
平均	23.825	22.4
分散	3.063864	2.803636
観測数	12	12
仮説平均との差異	0	
自由度	22	
t	2.037882	
P(T<=t) 片側	0.026882	
t 境界値 片側	1.717144	
P(T<=t) 両側	0.053763	
t 境界値 両側	2.073873	

例題の解き方 ［$P(T<=t)$両側］からp値は「0.053763」≒5.4%とわかります。T.DIST関数やT.TEST関数を用いたp値の計算結果と一致し、先ほどと同様にp値は有意水準5%より大きくなり、H_0を棄却できないため、「BMIの平均値に差がある」とはいえないと判断します。

Tips

母集団の関連性の検定（χ^2検定）を振り返ろう

3章p.86のEXCEL WORKでは、CHISQ.TEST関数とCHISQ.DIST.RT関数を用いて、「スポーツ中継」と「商品への関心」という2つの質的変数間の関連性を調べる検定として、母集団の関連性の検定（χ^2検定）を取り上げました。

図表1　観測度数

	商品への関心		総計
スポーツ中継	ある	ない	
みる	131	53	184
みない	68	188	256
総計	199	241	440

図表2　期待度数

	商品への関心		総計
スポーツ中継	ある	ない	
みる	83.2	100.8	184
みない	115.8	140.2	256
総計	199	241	440

本節で扱った仮説検定の手順に従うと、有意水準を5%として、「スポーツ中継」をみることと「商品への関心」があることには関連があるかどうかを調べるとき、帰無仮説と対立仮説は次のように設定できます。

帰無仮説H_0：「スポーツ中継」をみることと「商品への関心」があることには関連がない

対立仮説H_1：「スポーツ中継」をみることと「商品への関心」があることには関連がある

帰無仮説H_0の下で、検定統計量X（χ^2統計量）は、下の式から自由度1のχ^2分布に従い、計算すると$X=86.1$です。

$$X=\text{表内の}\frac{(\text{観測度数}-\text{期待度数})^2}{\text{期待度数}}\text{の総和}\sim\chi_1^2$$

したがって、p値は$P(X\geqq 86.1)\fallingdotseq 0$となり、有意水準5%より小さくなるため、$H_0$を棄却し、$H_1$を採択します。つまり、「「スポーツ中継」をみることと「商品への関心がある」ことには関連がある」と判断できます。

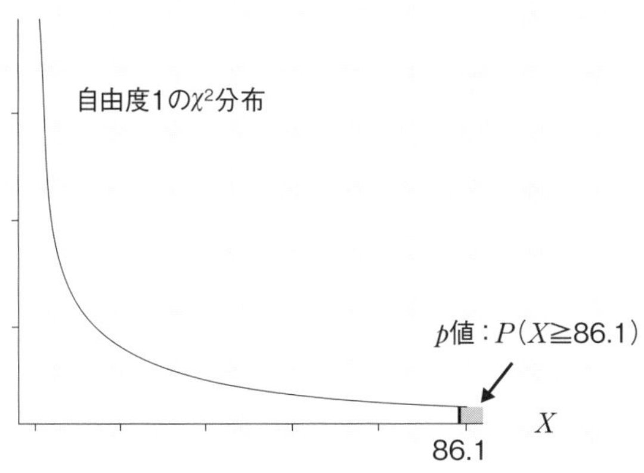

Excelを用いた仮説検定の方法について、CHISQ.DIST関数やCHISQ.DIST.RT関数を用いる方法では、検定統計量Xから累積確率としてp値を求めることができます。一方、p.86のCHISQ.TEST関数を用いる方法では、観測度数の表と期待度数の表を指定することで、瞬時にp値を計算できました。z検定やt検定と同様に、それぞれの求め方の違いに留意して、使い分けると良いでしょう。

本書で扱った仮説検定一覧

3章で扱った「母集団における関連性の検定」をはじめ、本書ではさまざまな仮説検定の方法を紹介しました。本書で扱った仮説検定の方法を整理すると、次のようになります。

名称	検定統計量が従う確率分布	目的の用途
1つの母集団の平均値に関する検定（母分散:既知）	正規分布	母分散が既知の場面で、母集団の平均値とその比較値に意味のある差があるかどうかを調べる。
1つの母集団の平均値に関する検定*（母分散:未知）	t分布	母分散が未知の場面で、母集団の平均値とその比較値に意味のある差があるかどうかを調べる。
2つの母集団の平均値の差に関する検定（母分散:既知）	正規分布	それぞれの母分散が既知の場面で、2つの母集団の平均値に意味のある差があるかどうかを調べる。
2つの母集団の平均値の差に関する検定（母分散:未知、等分散）	t分布	それぞれの母分散が未知でかつ、等分散と仮定した場面で、2つの母集団の平均値に意味のある差があるかどうかを調べる。
2つの母集団の平均値の差に関する検定（母分散:未知、非等分散）	t分布	それぞれの母分散が未知でかつ、等分散と仮定しない場面で、2つの母集団の平均値に意味のある差があるかどうかを調べる。
母集団における関連性の検定	χ^2分布	母集団において、2つの質的変数の間に関連性があるかどうかを調べる。

＊対応のあるデータに関するt検定（一対の標本による平均の検定）は、＊の方法に帰着して用います。

必要があれば、各対応ページで詳細を確認してみてください。

5 例題の解答と演習問題

例題7

1 オンライン授業の受講者の成績に関して、母平均の推定値は [58.9] 点である。[数値は四捨五入して小数第1位までを半角で入力せよ。]

2 オンライン授業の受講者の成績に関して、母標準偏差の推定値を不偏分散に基づいて求めると、[3.16] 点である。[数値は、四捨五入して小数第2位までを半角数字で入力すること。]

3 オンライン授業の受講者の成績に関して、標本平均の標準誤差は、[0.5] 点である。[数値は四捨五入して小数第1位までを半角で入力せよ。]

4 オンライン授業の受講者の成績に関して、母平均のt分布に基づく信頼度95%の信頼区間の上限は、[59.9] 点である。[数値は四捨五入して小数第1位までを半角で入力せよ。]

5 オンライン授業と対面授業の受講者の成績に関して、それぞれの母平均のt分布に基づく信頼度95%の信頼区間を求めて比較した。その結果から、対面授業とオンライン授業の成績の比較について、どのような判断が適切であるか、下記の①〜④のうちから最も適切なものを一つ選び、番号を空欄に入力せよ。[番号の数値を半角、整数で入力せよ。]

① 対面授業の方が成績がよい

② オンライン授業の方が成績がよい

③ 対面授業とオンライン授業の成績は等しい

④ 対面授業とオンライン授業の成績に差があるとはいえない

[2]

演習問題

エクセルデータシートは『授業効果の検証』は、ある授業の効果を検証するために無作為に選ばれた19人の授業前後での評価テスト（20点満点）の結果である。データを分析して、下の問いの空欄に適切な文字や数値を入力せよ。

	A	B	C
1	ID	授業前	授業後
2	1	11	14
3	2	15	15
4	3	14	17
5	4	14	13
6	5	16	18

1 授業前の成績に関して、母平均の推定値は、［　　　］点である。
［数値は四捨五入して小数第1位までを半角で入力せよ。］

2 授業前の成績に関して、標本平均の標準誤差は、［　　　］点である。［数値は四捨五入して小数第2位までを半角で入力せよ。］

3 授業前の成績に関して、母平均の t 分布に基づく信頼度95％の信頼上限は、［　　　］点である。［数値は四捨五入して小数第1位までを半角で入力せよ。］

4 授業前後での評価テストの成績について、2つの母集団の平均値の差に関する仮説検定を行うことにした。このとき、次の①～④のうちから最も適切な方法を一つ選び、番号を空欄に入力せよ。［数値は整数を半角で入力せよ。］

① t検定：一対の標本による平均の検定
② t検定：等分散を仮定した2標本による検定
③ t検定：分散が等しくないと仮定した2標本による検定
④ z検定：2標本による平均の検定

［　　　］

PART 4 確率・確率分布・推測のアナリティクス

5 **4**の両側検定の結果として、次の①～④のうちから最も適切なものを一つ選び、番号を空欄に入力せよ。[数値は整数を半角で入力せよ。]

① 2つの母集団の平均値の差について、有意水準1%および有意水準5%のどちらにおいても、有意な差がみられた。

② 2つの母集団の平均値の差について、有意水準1%で有意な差がみられたが、有意水準5%では有意な差がみられなかった。

③ 2つの母集団の平均値の差について、有意水準5%で有意な差がみられたが、有意水準1%では有意な差がみられなかった。

④ 2つの母集団の平均値の差について、有意水準1%および有意水準5%のどちらにおいても、有意な差がみられなかった。

[　　　]

Keywords

□ 母集団と標本　□ 無作為抽出　□ 標本の大きさ（標本サイズ）
□ 点推定　□ 区間推定　□ 信頼区間　□ 標準誤差
□ 仮説検定の考え方　□ 帰無仮説／対立仮説　□ 有意水準
□ p値　□ 第一種の過誤／第二種の過誤　□ Z検定　□ t検定

演習問題の解答

1 12.6　**2** 0.56　**3** 13.8　**4** 1　**5** 1

PART
5

時系列・テキスト・乱数データのアナリティクス

第8章 時系列データの分析

一般に、年別や四半期別、月別、日別、時間別の売上高推移のように、時点に対応して記録されているデータを時系列データといいます。時系列データの分析では時間軸に沿ってどのような変化が起こっているのかの特徴を見出しパターンを特定して、予測に繋げることが求められます。

この章では、時系列データの分析手法を学習します。

第8章 時系列データの分析

例題8

エクセルデータシート『遊園地テーマパーク入場者数』（特定サービス産業動態統計調査）は、遊園地・テーマパーク業種の入場者数と売上高（単位：百万円）を示した時系列データである。データを分析して、下の問いの空欄に適切な文字や数値を入力せよ。

	A	B	C
1	年	入場者数（人）	売上高（百万円）
2	2000	55,928,443	298,532
3	2001	59,224,753	363,039
4	2002	73,263,027	446,386
5	2003	75,357,835	427,158
6	2004	72,640,170	410,826
7	2005	70,832,169	405,003
8	2006	71,368,426	422,021
9	2007	71,466,160	441,710
10	2008	70,244,323	456,397
11	2009	66,912,870	438,443
12	2010	69,702,191	462,602
13	2011	63,621,828	430,166
14	2012	71,623,978	500,350
15	2013	76,116,833	570,533

1 入場者数に関して、2000年を基準（100）に指数化したとき、2018年の指数は［　　　　］である。［数値は四捨五入して小数第1位までを半角で入力せよ。］

2 入場者数に関して、2015年を基準（100）に指数化したとき、2018年の指数は［　　　　］である。［数値は四捨五入して小数第1位までを半角で入力せよ。］

3 売上高に関して、2000年を基準にしたときの増加率が初めて50%を越えた年は［　　　　］年である。［数値は整数を半角で入力せよ。］

4 入場者数と売上高の双方で、減少率で対前年からみた落ち込みが最も大きかった年は ☐ 年である。[数値は整数を半角で入力せよ。]

5 2018年の入場者数の成長率は ☐ %である。[数値は四捨五入して小数第1位までを半角で入力せよ。]

1 指数・増減率・成長率

❶ 指数

例題のデータには、2000年から2019年までの入場者数と売上高に関して、それぞれ20個の時系列データがあります。時系列データの分析の基本は、まず時系列グラフで年推移による変化をみることから始めます（図8-1）。

図表8-1　入場者数と売上高の推移

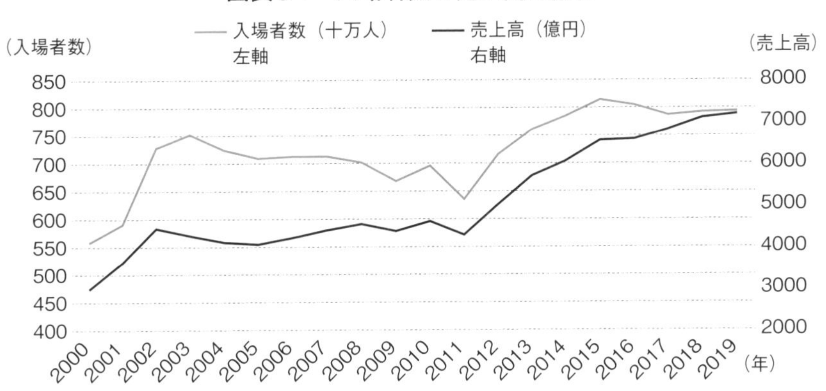

例えば対象としている期間に、入場者数であれば5,500万人から8,500万人の間、売上高であれば2,500億円から7,500億円の間と、どの範囲で変動しているのか、その値を読み取ります。次に上昇か下降か、急激な上昇（下降）か緩やか上昇（下降）、横ばいかをその転換点に着目して読み取っていきます。この場合は、グラフから「入場者数と売上高は共に2000年から2002年まで急激な

上昇を見せているものの、2002年以降2011年までの間、入場者数は緩やかな減少、売上高は横ばいの傾向を示しています。2011年から再び入場者数は増加に転じるが、2015年をピークに再度減少しています。売上高に関しては2015年から2016年にかけて伸びが停滞するものの、2011年以降は一貫した上昇傾向が見られる」ことがわかります。

グラフでは視覚的に変化が読み取れますが、実際に変化の大きさを計量化する必要があります。このとき問題例の設問❶、❷にもあるように、指数を計算するとわかりやすくなります。

指数化とは、基準時点の値を100とし、その他の時点の値をその相対値で表示することで、次の式で求めます。

$$t\text{時点での指数} = \frac{t\text{時点での値}}{\text{基準時点での値}} \times 100$$

例題8の❶では、2000年の入場者数（55,928,443人）を基準に2018年の入場者数（79,303,092人）の指数の値を求めるので、以下となります。

$$79{,}303{,}092 / 55{,}928{,}443 \times 100 \fallingdotseq 141.8$$

例題8の❷では、2015年の入場者数（81,487,000人）を基準に2018年の入場者数（79,303,092人）の指数の値を求めるので、以下となります。

$$79{,}303{,}092 / 81{,}487{,}000 \times 100 \fallingdotseq 97.3$$

指数から100を引いた値が増加（減少）率となります。❶での指数は141.8なので、2000年に比べて2018年の入場者数は41.8%伸びたことがわかります。また、❷での指数は97.3なので、2015年に比べると2.7%減少したことになります。

Tips

指数化による複数の時系列データを比較

指数に変換することにより、大きさや単位が異なる複数のデータ系列の間で、基準を揃えて変化の大きさを比較することができます。右の表とグラフは、2000年を基準に入場者数と売上高の変化の大きさを見ています。売上高では指数が2014年には200を超え、2000年の2倍の金額まで上昇していること、一方で、入場者数に関しては、指数は140と1.5倍には満たないことがわかります。

例題8❸は、売上高に関して、2000年を基準にして初めて増加率が50%を超えた年を求める問題です。上の売上高の指数表から、2008年に、指数が152.9となり、初めて150を超えた年は、2008年であることがわかります。

図表8-2　入場者数と売上高の指数化

年	入場者数指数	売上高指数
2000	100.0	100.0
2001	105.9	121.6
2002	131.0	149.5
2003	134.7	143.1
2004	129.9	137.6
2005	126.6	135.7
2006	127.6	141.4
2007	127.8	148.0
2008	125.6	152.9
2009	119.6	146.9
2010	124.6	155.0
2011	113.8	144.1
2012	128.1	167.6
2013	136.1	191.1
2014	140.2	203.0
2015	145.7	219.8
2016	143.7	220.5
2017	140.7	228.9
2018	141.8	238.3
2019	142.1	240.6

❷ 増加率・減少率

指数によっても基準時点からの増加率や減少率はわかりますが、基準時点からの差を基準時点の値で割って求めることもできます。

$$t\text{時点での増加率} = \frac{t\text{時点での値} - \text{基準時点での値}}{\text{基準時点での値}} \times 100$$

2000年の売上高298,532（百万円）を基準にした2008年の売上高456,396（百万円）の増加率を求めてみると、

(456,396 − 298,532)／298,532 ≒ 0.529（52.9%）

となり、指数表で求めた値と同じであることがわかります。

❸ 成長率

基準時点を常に1時点前として、増加（減少）率を求める指標が成長率です。とくに、GDP（国内総生産）の成長率を経済成長率と言います。成長率を見ることで、変化の勢いがわかります。例えば、特定商品の売上高の成長率の推移をみることで、その商品が市場において成長期にあるのか衰退期に入ったのかなどの判断の根拠になります。

$$t\text{時点での成長率}=\frac{t\text{時点での値}-(t-1)\text{時点での値}}{(t-1)\text{時点での値}}$$

例題8の❹と❺は、成長率を求める問題です。❹の一時点前の減少率は、マイナスの値を示す成長率のことです。下の図表は、2011年から2018年にかけて成長率を求めたものです。表とグラフから、❹の対前年減少率で入場者数、売上高とも大きかったのは2011年であること、また2018年の入場者数の成長率は、0.8%であることがわかります。

成長率は、値がプラスであれば増加し、マイナスであれば減少していることを意味し、値の大小は増加率（減少率）の大小を表しています。例えば、2012年から2015年にかけて双方の指標で成長率はプラスなので増加はしているものの、増加率は減少してきている。つまり、成長が減速の傾向を示していることなどが、成長率を求めることでわかってきます。

図表8-3　入場者数と売上高の推移

年	入場者数	売上高
2000		
2001	5.9%	21.6%
2002	23.7%	23.0%
2003	2.9%	−4.3%
2004	−3.6%	−3.8%
2005	−2.5%	−1.4%
2006	0.8%	4.2%
2007	0.1%	4.7%
2008	−1.7%	3.3%
2009	−4.7%	−3.9%
2010	4.2%	5.5%
2011	−8.7%	−7.0%
2012	12.6%	16.3%
2013	6.3%	14.0%
2014	3.0%	6.2%
2015	3.9%	8.2%
2016	−1.3%	0.3%
2017	−2.1%	3.8%
2018	0.8%	4.1%
2019	0.2%	1.0%

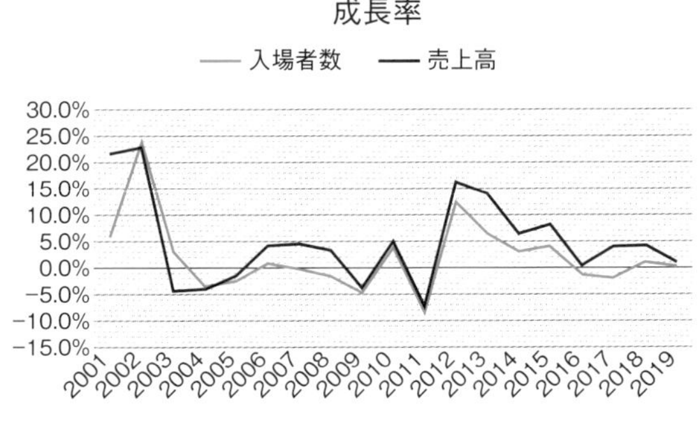

EXCEL WORK
時系列グラフの作成

動画はコチラから▶

手順1　[挿入] タブから「折れ線グラフ」を選択

❶データ系列のセルを選択し、❷ [挿入] タブにあるグラフメニューから、❸ [折れ線グラフの挿入] を選択します。

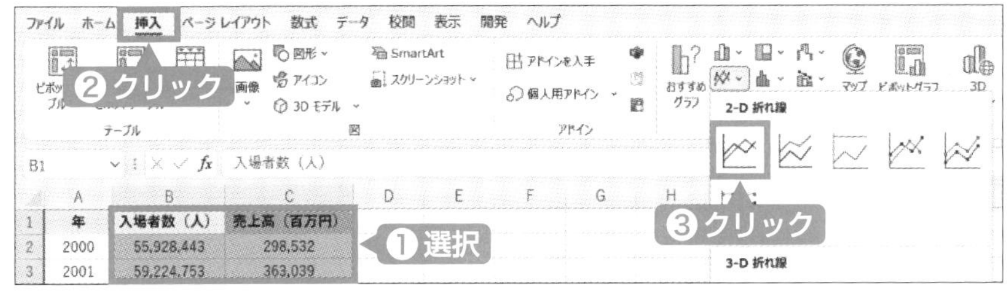

例題の解き方　例題8では「入場者数（人)」と「売上高（百万円)」を選択してグラフを作ります。

手順2　[グラフの種類の変更]から[第2軸]にチェックを入れる

2つのデータ系列で値の水準が大きく異なる場合、グラフを選択した上で❹ [グラフのデザイン] タブから [グラフの種類の変更] から❺ [組み合わせ] を選択し、❻ [第2軸] にチェックをします。

例題の解き方　例題8では「入場者数（人)」と「売上高（百万円)」を選択してグラフを作ります。

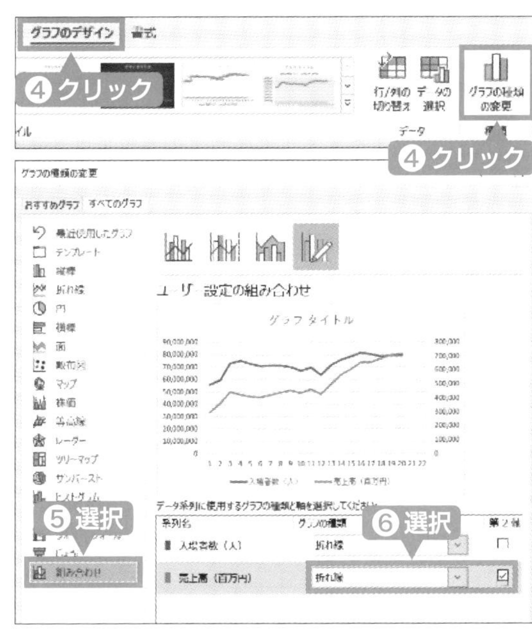

PART 5 時系列・テキスト・乱数データのアナリティクス

手順3　グラフのデザインや書式設定を行う

グラフを選択し、❼［グラフのデザイン］タブの［データの選択］をクリックします。また❽グラフの要素をクリックすることで各書式設定が可能になります。グラフデザインや軸の書式設定などを行うことで、よりわかりやすく明確なグラフになります。

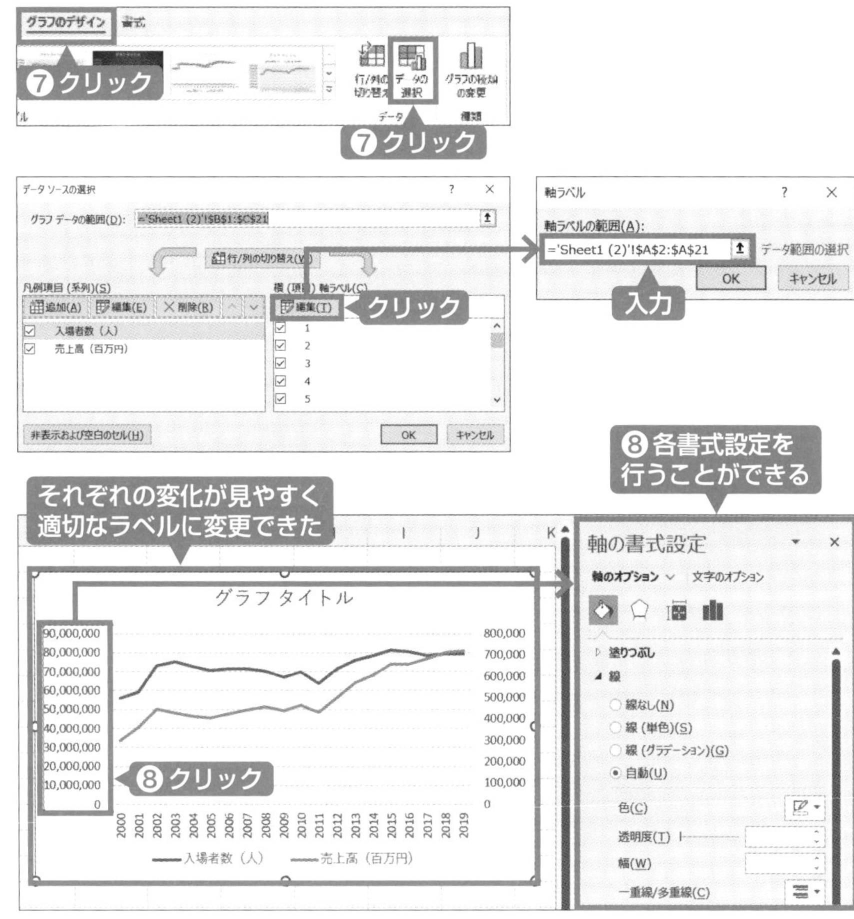

例題の解き方　表示されるダイアログ右の［編集］をクリックします。［軸ラベルの範囲指定］として、「年」のデータを「2000」から「2019」まで選択します。横軸に年次が反映され、図表8-1のグラフが完成します。

EXCEL WORK

指数・増加率・成長率の計算

動画はコチラから▶

1　指数の計算

手順 1　セルに指数の計算式を入力する

指数を入力するセルを用意し、❶指数の計算式（＝(指数を求める値÷基準となる値)×100）（p.236参照）を入れます。「基準となる値」は絶対参照を付けて計算式に入れます。

例題の解き方　例題8❶では、「＝B2/$B$2*100」、❷では、「＝B17/$B$17*100」を入れます。

手順 2　オートフィルでコピーする

❷計算式を入れたセルのフィルハンドルをつかんでドラッグし、コピーします。

	A	B	C	D	E
1	年	入場者数（人）	売上高（百万円）	入場者数指数	入場者数指数
2	2000	55,928,443	298,532	=B2/$B$2*100	68.6
3	2001	59,224,753	363,039	[illegible]	72.7
4	2002	73,263,027	446,386	[illegible]	89.9
5	2003	75,357,835	427,158	134.7	92.5
6	2004	72,640,170	410,826	129.9	89.1
7	2005	70,832,169	405,003	[illegible]	86.9
8	2006	71,368,426	422,021	[illegible]	87.6
9	2007	71,466,160	441,710	127.8	87.7
10	2008	70,244,323	456,397	125.6	86.2
11	2009	66,912,870	438,443	119.6	82.1
12	2010	69,702,191	462,602	124.6	85.5
13	2011	63,621,828	430,166	113.8	78.1
14	2012	71,623,978	500,350	[illegible]	87.9
15	2013	76,116,833	570,533	[illegible]	[illegible]
16	2014	78,427,889	606,143	[illegible]	[illegible]
17	2015	81,487,000	656,033	[illegible]	=B17/$B$17*100
18	2016	80,392,414	658,194	[illegible]	98.7
19	2017	78,705,827	683,291	140.7	96.6
20	2018	79,303,092	711,396	141.8	97.3

❶入力
❷ドラッグ
❷ドラッグ
❶入力
それぞれ「141.8」「97.3」だとわかる

例題の解き方　例題8❶では、2018年の指数は「141.8」、例題8❷では2018年の指数は「97.3」となります。

2 増加率の計算

手順 1 セルに増加率の計算式を入力する

指数を入力するセルを用意し、❶増加率の計算式（＝(増加率を求める値－基準となる値)÷基準となる値×100）（p.237参照）を入れます。「基準となる値」は絶対参照を付けて計算式に入れる。

例題の解き方 例題8❸では、「＝(C3-$C$2)/$C$2*100」を入れます。

手順 2 オートフィルでコピーする

❷計算式を入れたセルのフィルハンドルをつかんでドラッグし、コピーします。

	A	B	C	D
1	年	入場者数（人）	売上高（百万円）	売上高増加率
2	2000	55,928,443	298,532	
3	2001	59,224,753	363,039	=(C3-$C$2)/$C$2*100
4	2002	73,263,027	446,386	49.5
5	2003	75,357,835	427,158	43.1
6	2004	72,640,170	410,826	37.6
7	2005	70,832,169	405,003	35.7
8	2006	71,368,4[illegible]	[illegible]	41.4
9	2007	71,466,1[illegible]	[illegible]	48.0
10	2008	70,244,3[illegible]	[illegible]	52.9
11	2009	66,912,8[illegible]	[illegible]	46.9
12	2010	69,702,1[illegible]	[illegible]	55.0
13	2011	63,621,828	430,166	44.1
14	2012	71,623,978	500,350	67.6
15	2013	76,116,833	570,533	91.1
16	2014	78,427,889	606,143	103.0
17	2015	81,487,000	656,033	119.8
18	2016	80,392,414	658,194	120.5
19	2017	78,705,827	683,291	128.9
20	2018	79,303,092	711,396	138.3
21	2019	79,462,026	718,416	140.6

❶入力

❷ドラッグ

初めて50%を超えたのは「2008年」だとわかる

例題の解き方 例題8❸ではじめて50%を超えたのは、「52.9%」の「2008年」とわかります。

3　成長率の計算

手順 1　セルに成長率の計算式を入力する

指数を入力するセルを用意し、❶成長率の計算式（＝(成長率を求める値−1つ前の値)÷1つ前の値）（p.238参照）を入れます。例題8❹では、入場者数は「＝(B3−B2)/B2」、売上高は「＝(C3−C2)/C2」を入れます。

手順 2　オートフィルでコピーする

❷計算式を入れたセルのフィルハンドルをつかんでドラッグし、コピーします。

	A	B	C	D	E
1	年	入場者数（人）	売上高（百万円）	入場者数成長率	売上高成長率
2	2000	55,928,443	298,532		
3	2001	59,224,753	363,039	=(B3-B2)/B2	=(C3-C2)/C2
4	2002	73,263,027	446,386	23.7%	23.0%
5	2003	75,357,835	427,158	[illegible]	-4.3%
6	2004	72,640,170	410,826	-3.6%	-3.8%
7	2005	70,832,169	405,003	2.5%	-1.4%
8	2006	71,368,426	422,021	[illegible]	4.2%
9	2007	71,466,160	441,710	0.1%	4.7%
10	2008	70,244,323	456,397	-1.7%	3.3%
11	2009	[illegible]	[illegible]	-4.7%	-3.9%
12	2010	[illegible]	[illegible]	4.2%	5.5%
13	2011	[illegible]	[illegible]	-8.7%	-7.0%
14	2012	[illegible]	[illegible]	12.6%	16.3%
15	2013	[illegible]	[illegible]	6.3%	14.0%
16	2014	78,427,889	606,143	3.0%	6.2%
17	2015	81,487,000	656,033	3.9%	8.2%
18	2016	80,392,414	658,194	-1.3%	0.3%
19	2017	[illegible]	[illegible]	-2.1%	3.8%
20	2018	[illegible]	[illegible]	0.8%	4.1%
21	2019	[illegible]	[illegible]	0.2%	1.0%

❶入力

❷ドラッグ

双方で落ち込みが大きいのは「−8.7%」「−7.0%」の「2011年」だとわかる

2018年の入場者数の成長率は「0.8%」だとわかる

例題の解き方　例題8❹は成長率がそれぞれ「−8.7%」、「−7.0%」と一番低い「2011年」となり、例題8❺の入場者数の成長率は「0.8%」となります。

PART 5　時系列・テキスト・乱数データのアナリティクス

2 例題の解答と演習問題

例題8

1 入場者数に関して、2000年を基準（100）に指数化したとき、2018年の指数は [141.8] である。［数値は四捨五入して小数第1位までを半角で入力せよ。］

2 入場者数に関して、2015年を基準（100）に指数化したとき、2018年の指数は [97.3] である。［数値は四捨五入して小数第1位までを半角で入力せよ。］

3 売上高に関して、2000年を基準にしたときの増加率が初めて50%を越えた年は [2008] 年である。［数値は整数を半角で入力せよ。］

4 入場者数と売上高の双方で、減少率で対前年からみた落ち込みが最も大きかった年は [2011] 年である。［数値は整数を半角で入力せよ。］

5 2018年の入場者数の成長率は [0.8] %である。［数値は四捨五入して小数第1位までを半角で入力せよ。］

演習問題1

エクセルデータシート『健康食品・化粧品販売額』は、2014年から2020年までの全国ドラッグストアの健康食品及びビューティケア商品の販売額（百万円）の時系列データである。データを分析して、下の問いの空欄に適切な文字や数値を入力せよ。

年	健康食品	ビューティケア（化粧品・小物）
2014	164,669	726,156
2015	190,617	811,167
2016	197,031	852,185
2017	206,730	910,175
2018	217,745	963,666
2019	221,759	1,008,208
2020	226,388	903,560

（商業動態統計調査）

1　健康食品販売額に関して、2014年を基準にしたときの2020年の指数は、[　　　]である。［数値は四捨五入して小数第1位までを半角で入力せよ。］

2　ビューティケア商品の販売額に関して、2014年を基準にしたときの2020年の増加率は、[　　　]%である。［数値は四捨五入して小数第1位までを半角で入力せよ。］

3　ビューティケア商品の販売額に関して、2017年を基準にしたときの2020年の増加率は、[　　　]%である。［数値は四捨五入して小数第1位までを符号も含めて半角で入力せよ。］

4　ビューティケア商品の販売額に関して、対前年増加率が最も大きかった年は、[　　　]年である。［数値は整数を半角で入力せよ。］

5　健康食品販売額の成長率に関して、2018年と2019年を比較すると、[　　　]%ポイントの開きがある。［数値は四捨五入して小数第1位までを半角で入力せよ。］

演習問題1の解答

1 137.5　2 24.4　3 −0.7　4 2015　5 3.5

3 移動平均・季節調整・寄与度分解

例題9

エクセルデータシート『店舗別販売額』は、あるスーパーの四半期ごとの店舗別販売額である。データを分析して、下の問いの空欄に適切な文字や数値、チェックを入力せよ。

	A	B	C	D	E
1		販売額（百万円）			
2	年・四半期	合計	店舗A	店舗B	店舗C
3	2017年第Ⅰ期	807	533	216	58
4	第Ⅱ期	799	546	198	55
5	第Ⅲ期	788	521	208	59
6	第Ⅳ期	1102	735	300	67
7	2018年第Ⅰ期	849	571	224	53
8	第Ⅱ期	822	567	203	51
9	第Ⅲ期	833	565	217	51
10	第Ⅳ期	1155	786	306	63
11	2019年第Ⅰ期	887	611	226	50
12	第Ⅱ期	867	610	208	49
13	第Ⅲ期	848	578	213	57
14	第Ⅳ期	1158	808	296	54

1 3つの店舗の販売額の推移に傾向線を当てはめ、トレンドを検証した。下降トレンドにある店舗のみをすべて選び、チェックを入れよ。

☐ 店舗A

☐ 店舗B

☐ 店舗C

☐ どの店舗も下降トレンドではない

2 3つの店舗の売上の変化をみた際に周期性が読み取れる。周期の幅として最も適切なものを一つ選びなさい。

☐ 2期

☐ 3期

☐ 4期

☐ 5期

3 店舗Aの販売額に関して、季節変動を除去する目的で中心化移動平均を求めた。2018年第1期の値は [　　　] である。[数値は四捨五入して小数第1位までを半角で入力せよ。]

4 3店舗の合計販売額に関して、2018年第II期の対前年同期比での成長率は [　　　] %である。[数値は四捨五入して小数第1位までを半角で入力せよ。]

5 3店舗の合計販売額に関して、2018年第II期の対前年同期比での成長率に対する店舗Aの寄与度は [　　　] %である。[数値は四捨五入して小数第1位までを半角で入力せよ。]

❶ 時系列データの4つの変動成分

時系列データでは、時間軸上に沿ってデータの変化の様子を見ることが分析の第一歩です。そのため、その変化を表現する時系列グラフを作成します。

例題9のデータでは、3店舗および合計の販売額の4つの系列データがあります。3店舗の販売額を一度にグラフで表現すると、販売額の大きさのレベルが大きく異なるため、小さい販売額で推移している店舗Cの変化の様子がつぶれてしまい、一見すると変化していないように読み取れてしまいます（図表8-4左）。

店舗Cの販売額を第2軸（左軸）に設定すると、一見変化がないように見えた店舗Cの販売額にも、店舗A、Bと同様に、一定間隔で繰り返し起こる波（周期的な変動）があることがわかります。同時に、各店舗の販売額推移のグラフに、この期間のトレンド（傾向）を示す直線も当てはめると傾向が読みやすくなります（図表8-4右）。

トレンドには、上昇、下降、横ばいがありますが、この直線の傾きから、店舗Aは明らかな上昇トレンド、店舗Bは緩やかな上昇トレンド、店舗Cは下降トレンドにあることがわかります。したがって、例題9**1**は、店舗Cを選択することになります。

図表8-4　3店舗の四半期別販売額の推移

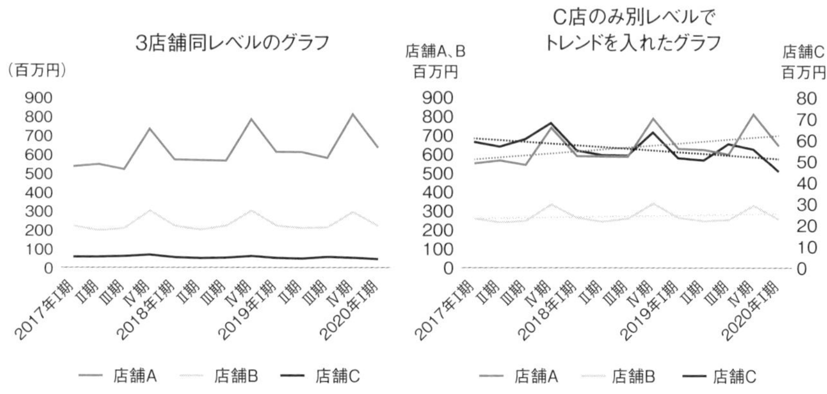

時系列データ（**原系列データ**Original；O）の変動は、全体的なトレンドに加え、一般に次の4つの変動成分の合成であると考えることができます（図表8-5）。

(1) **傾向変動**（Trend；T）：上昇もしくは下降などの比較的単調な長期的傾向で、一般には時間推移に伴う直線などの単純な関数で表す。

(2) **循環変動**（Cyclical；C）：トレンドのまわりで上下する、周期が定まっていない循環的変動で、景気変動などがこれにあたり、次の季節変動とは区別する。

(3) **季節変動**（Seasonal；S）：季節によって左右される1年を周期として規則的に繰り返される変動。ただし、1年を周期としなくても、同じ周期で繰り返される週内や日内変動は、季節変動と同様な処理手順が適用できる。

季節変動と周期

月別データ（周期：12ケ月毎）、

四半期データ（周期：四半期毎）

週別（周期：4週毎）、日別データ（周期：7日毎）

時間別データ（周期：24時間毎）

(4) **不規則変動**（Irregular；I）：上記以外の説明がつかない突発的な変動や不規則かつ短期間の上下（プラス方向、マイナス方向）に起こる小変動で、ランダムノイズと言い、期待値（平均値）は0と仮定する。

図表8-5は、複雑な変動を示す原系列データ（O）が、4つの成分の合成であることを表しています。それぞれの成分の特徴を図から確認しておきましょう。

図表8-5　原系列データと4つの変動成分

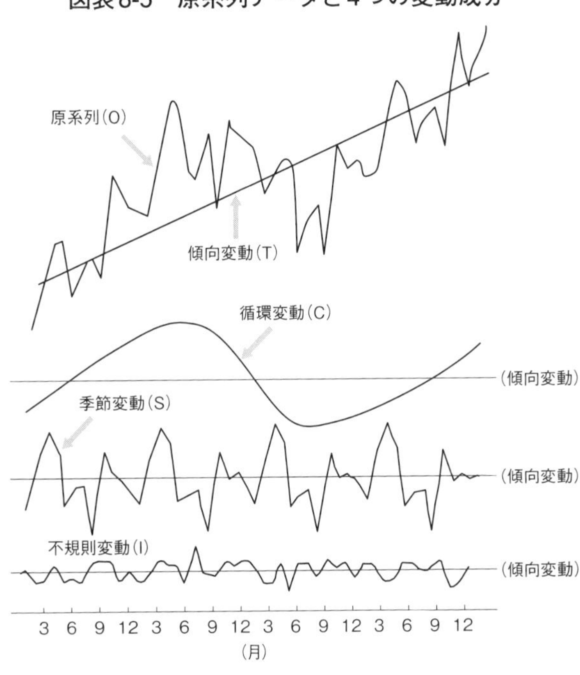

時系列データの分析は、まず、時系列データを時間軸上にプロットし、変化のパターンを見て、「トレンドがどうなっているのか」「季節変動はあるのかないのか」「季節変動があるとすると、その周期はどうなっているのか」「季節成分は固定型なのか指数型なのか」などを読み取っていくことから始まります。

例題のデータは四半期別のデータであり、図表8-4からも1年を単位とした周期性があることから、例題9❷の周期の幅（間隔）は4期となります。

Tips

加法型（固定的な季節成分）と乗法型（指数的な季節成分）

例えば、ある会社の月別売上データの変動に、月ごとの特徴的な季節変動があるとき、固定的な成分幅の上下変動である場合と比率（指数）で効いてくる上下変動である場合があります。固定的な成分幅では、12月はいつも、年間平均売上に500万円ほど上積みされた売上高が観測されるが、8月は年間平均売上をいつも300万円ほど下回っている、というように固定的な金額が足されたり引かれたりしています。一方、指数型の季節成分の場合は、12月はだいたい月平均の25％増ですが、2月は月平均の10％減しているというようなものです。この場合、一月当たりの平均を100とすると、12月の季節指数は125、2月の季節指数は90となります。下の図（左）は上昇トレンドのまわりに、固定型の季節成分がある場合の時系列グラフの形状であり、図（右）は指数型の季節成分がある場合の形状となります。指数型の場合は、トレンドの上昇に沿って、季節成分の変動幅が大きくなっていることに特徴があります。

図表8-6　加法型と乗法型の季節成分のグラフ

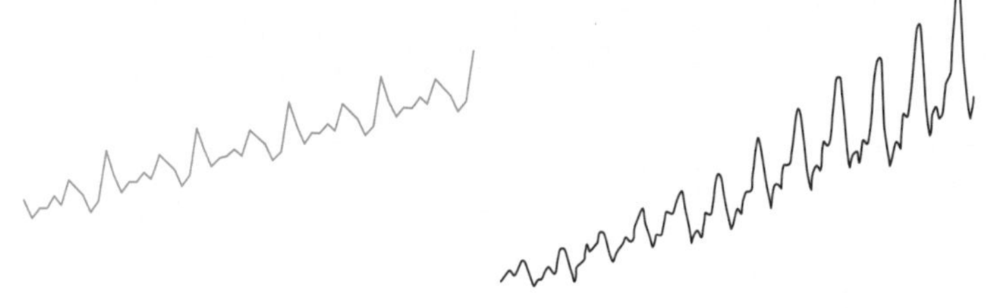

❷ 移動平均

時系列データの4つの成分の中には、トレンドや季節変動・循環変動などの解釈上の意味がある成分に加えて、その時点ごとに不規則に上下する誤差変動（ノイズ）が含まれています。この誤差変動が大きい場合、原系列データから意味のあるパターンを読み取ることが難しくなってきます。

誤差変動を取り除き、変化のパターンを読み易くするため行われるのが**平滑化**（スムージング）です。平滑化のためには、時系列データの非系統的な誤差部分を互いにキャンセルアウトするために、局所的に平均を取る移動平均法がよく使われます。**移動平均**とは、各時点のデータをその周辺のn個のデータの平均によって置き換えることで、平均を取る幅nを「**ウィンドウ幅**」と呼んでいます（図表8-7）。

図表8-7　日別データの3日移動平均（ウィンドウ幅3）

	銘柄2		3日移動平均
1日	55.63		
2日	55.50		55.54
3日	55.50		55.29
4日	54.88		55.17
5日	55.13	…	54.84
6日	54.50		54.71
7日	54.50		54.46
8日	54.38		54.50
9日	54.63		54.50
10日	54.50		

実際に移動平均を求めたグラフを見てみましょう。図表8-8は、ある海外の銘柄の株価の日別推移から7日間移動平均系列、42日間移動平均系列を計算し図示したものです。移動平均を取ることで、小さな上下の変動部分が消し去られ、滑らかな流れ（傾向）を容易に読み取ることができる様子がわかります。また、平均を取るウィンドウの幅を大きくすることでより滑らかな曲線になることもわかります。大きなウィンドウ幅は、長期的な傾向を見るのに適しています。また、小さなウィンドウ幅によって、短期的な傾向がつかめます。一般にどれくらいの幅がトレンドの長期や中期または短期傾向を示すかは、対象としているデータ系列によって異なります。

図表8-8　ある銘柄の株価の推移と移動平均

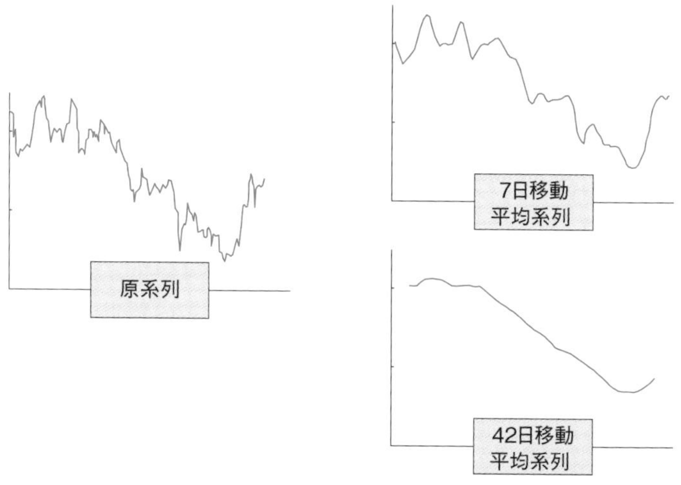

移動平均には、どの範囲の平均を取るかによって、次の3種類があります。移動平均（単純移動平均）とは、各月の移動平均値として、その月を含む一定期間の平均値を使用する方法です。各月とそれ以後の月の平均値を使うなどがあります。

① 中央移動平均：その前後の値の平均値をとります。
② 後方移動平均：その値を含め、それ以前の値の平均値をとります。
③ 前方移動平均：その値を含め、それ以後の値の平均値をとります。

❸ 季節調整と中心化移動平均

移動平均を利用することで、季節変動を除去することも可能になります。一般に、季節変動を除去することを**季節調整**と呼び、季節調整が施されたデータは、**季節調整済み系列**と呼ばれ、調整前のデータと区別されます。図表8-9は、総務省統計局家計調査による二人以上世帯の月別消費指数の原系列と季節調整済み系列を同時に表したグラフで、季節変動の成分のみが除かれていることがわかります。

図表8-9　季節変動の成分が除かれたグラフ（消費水準指数）

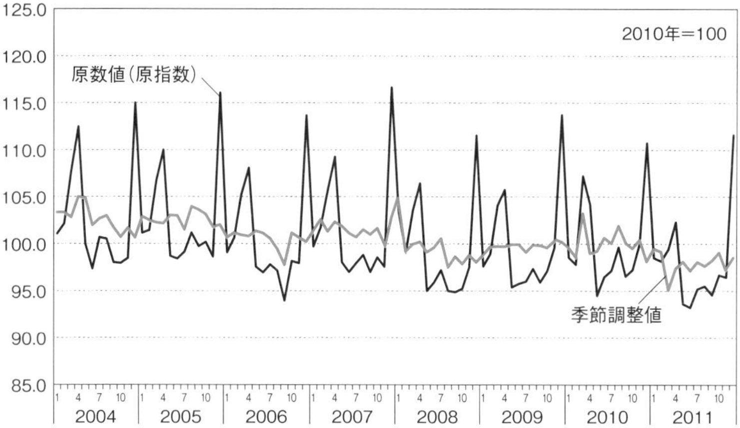

出典：総務省統計局「家計調査」

季節調整には専門的な手法がいくつかありますが、ここでは、移動平均を使って季節調整する概略を紹介します。季節変動の周期（n）がはっきりしていて、各周期にわたって各季節成分の値が一定であれば、その周期に対応する項数の移動平均を取ることで、周期性を消すことができます。例えば月次データや四半期データの場合、季節変動を消し去るためには、月次データでは12時点、四半期データでは4時点の移動平均を取ればよいことになります。

しかし周期が偶数なので、例えば、1月から12月の移動平均値は、6.5月に対応する値となり、次の2月から翌年の1月までの移動平均値は7.5月に対応し、各月からずれてしまい不都合があります。そこで移動平均の中心化を行います。中心化とは、6.5月に対応する移動平均値と7.5月に対応する移動平均値の平均を取ることで7月の平均値を作る作業を、各月で行うものです（図表8-10）。

図表8-10　移動平均の中心化

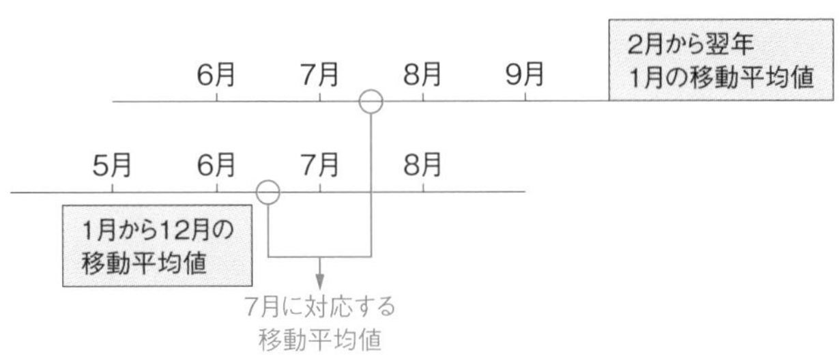

図8-11は、例題のデータの店舗Aに対して、四半期中心化移動平均系列を作成した表とグラフです。中心化移動平均線が、季節変動のパターンを消していることがわかります。ただし、四半期中心化移動平均系列は、誤差に相当する不規則変動も一緒に消去していることに注意してください。

図表8-11　中心化移動平均の表とグラフ

	B	C
1	店舗A販売機（百万円）	中心化移動平均
2	533	
3	546	
4	521	588.5
5	735	595.9
6	571	604.0
7	567	615.9
8	565	627.3
9	786	637.6
10	611	644.6
11	610	649.0
12	578	654.3
13	808	
14	631	

販売額と中心化移動平均
（店舗A）
850, 800, 750, 700, 650, 600, 550, 500, 450, 400
2017年Ⅰ期, Ⅱ, Ⅲ, Ⅳ, 2018年Ⅰ期, Ⅱ, Ⅲ, Ⅳ, 2019年Ⅰ期, Ⅱ, Ⅲ, Ⅳ, 2020年Ⅰ期
店舗A販売額（百万円）　中心化移動平均

❹ 季節指数と季節調整値の求め方

季節指数とは、月別の時系列データがあれば、それぞれの月の平均値を計算し、1月あたりの平均が100（年合計が1200）になるように調整して、各月の季節成分の大きさを表したものです。

図表8-12　季節指数

1月	2月	3月	4月	5月	6月	7月	8月	9月	10月	11月	12月	合計
115	80	92	128	82	99	101	120	85	80	100	118	1200

t月の季節調整値の求め方は以下となります。

$$t\text{月の季節調整値} = \frac{t\text{月の原系列（調整前の元の値）}}{t\text{月の季節指数}} \times 100$$

同様に、四半期別の時系列データにおける季節指数は、以下のように合計が400となるような形で与えられます。

図表8-13　四半期別季節指数

第1四半期	第2四半期	第3四半期	第4四半期	合計
120	135	80	65	400

第t四半期の季節調整値の求め方は以下となります。

$$\text{第}t\text{四半期の季節調整値} = \frac{\text{第}t\text{四半期の原系列（調整前の元の値）}}{\text{第}t\text{四半期の季節指数}} \times 100$$

季節調整値を求めグラフにすることで、毎年起こる変動の影に隠れた別の動きを見出す効果があります。図表8-14（上）は、1988年から1998年にかけての月別の全国百貨店の売上総額の推移を表した時系列グラフです。顕著な季節変動のパターンが見受けられます。一方、図表8-14（下）は、その季節調整済みの系列データです。季節変動だけを取り除くことで、季節変動に隠されていた消費税導入の前後、および消費税率引き上げの前後の駆け込み需要とその反動による落ち込みの様子が明らかになってきています。

季節調整済み系列は、移動平均や中心化移動平均線と似ていますが、（中心化）移動平均では、不規則変動も除去してしまうため、純粋に季節性のみを除去していることにはなりません。そのため、ここで紹介した季節調整済み系列が必要になります。

図表8-14　全国百貨店の売上総額推移（上）とその季節調整済み系列（下）

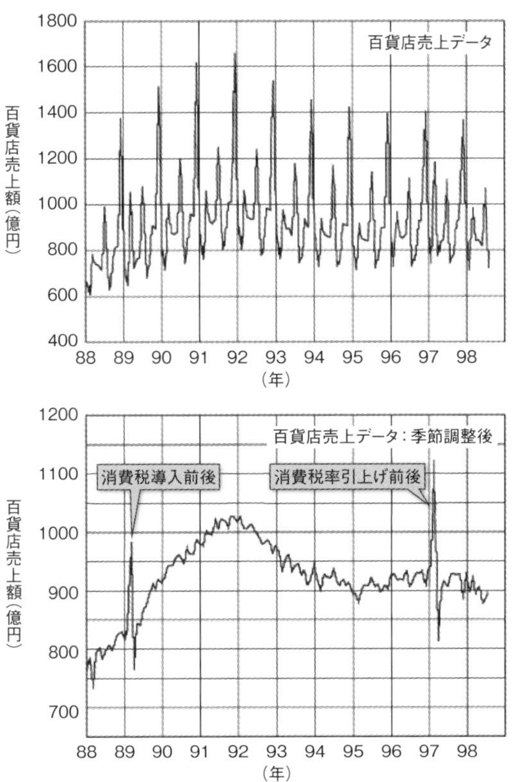

Tips

各月（各四半期）の目標値の作成に季節指数を使う

季節指数を利用すると、例えば、年間で15%の販売高をアップするなど次年度の目標値を設定した際にも、それを各月（各四半期）の目標値に落とし込めるため、仕入や従業員の配置計画が立てやすくなります。

t月（四半期）の目標値の求め方は以下となります。

$$t\text{月（四半期）の目標値}=\frac{\text{年間の目標値}}{1200(400)}\times t\text{月(四半期)の季節指数}$$

⑤ 季節変動がある場合の成長率：対前年同月比（対前年同期比）

季節変動がある時系列データで成長率をそのまま前の時点との比較で計算すると、周期的な変動に攪乱されて本来のトレンドを見誤る結果となります。例えば、12月の売上が前月の11月の売上よりも10%伸びていたとしても、これは、売上の上昇（成長）トレンドを意味しているのか、毎年観測される単なる季節効果の影響なのかわからないからです。このような場合の成長率の指標としては、対前年同期比または対前年同月比が用いられます。前年度の同じ時期の値と比較することで、季節変動の影響を取り除いて、トレンドのみをみることができます。

例題のデータで求めたものが、図表8-15となります。例題8❹では、2018年第Ⅱ期の対前年同期比を計算して小数第1位までの数値を答える問題で、表から2.9%を答えることになります。全体でみると、前年同期比の成長率は一貫して増加しているものの、2019年第Ⅲ期から成長率が非常に小さくなっていることがわかります。同様に、各店舗の成長率の推移の特徴も表から読み取ることができます。

図表8-15　対前年同期比

	A	B	C	D	E	F	G	H	I	J
1		販売額（百万円）					対前年同期比			
2	年・四半期	合計	店舗A	店舗B	店舗C		合計	店舗A	店舗B	店舗C
3	2017年第Ⅰ期	807	533	216	58					
4	第Ⅱ期	799	546	198	55					
5	第Ⅲ期	788	521	208	59					
6	第Ⅳ期	1102	735	300	67					
7	2018年第Ⅰ期	849	571	224	53		=(B7-B3)/B3	7.13%	3.70%	-8.62%
8	第Ⅱ期	822	567	203	51		2.88%	3.85%	2.53%	-7.27%
9	第Ⅲ期	833	565	217	51		5.71%	8.45%	4.33%	-13.56%
10	第Ⅳ期	1155	786	306	63		4.81%	6.94%	2.00%	-5.97%
11	2019年第Ⅰ期	887	611	226	50		4.48%	7.01%	0.89%	-5.66%
12	第Ⅱ期	867	610	208	49		5.47%	7.58%	2.46%	-3.92%
13	第Ⅲ期	848	578	213	57		1.80%	2.30%	-1.84%	11.76%
14	第Ⅳ期	1158	808	296	54		0.26%	2.80%	-3.27%	-14.29%
15	2020年第Ⅰ期	895	631	221	43		0.90%	3.27%	-2.21%	-14.00%

ドラッグしてコピー

❻ 成長率の寄与度分解

3店舗で構成されている例題の販売額を店舗別にみると、それぞれ異なる推移を示しています。このように、全体の時系列データがいくつかの部分的な時系列データの合計として与えられているとき、それぞれの部分が全体の成長率にどの程度、寄与しているのかを分解して測る指標があり、それが**寄与度**です。

例えば、デパート全体の売上高は、食品、衣料、その他日用品等、それぞれの部門の売上高の合計です。このような場合、全体や各部門の成長率をみるだけではなく、各部門の構成割合（シェア）や各部門の売り上げが全体の売り上げに与える影響（寄与度）をみることも分析の視点として重要です。

いま、A、B、Cの3つの部分系列とその合計の系列Tのデータがあるとします。一般に、($t-1$) 時点からt時点にかけての合計の成長率に対する部分系列Aの寄与度は、以下の式で求められます。

（t時点での）部分系列Aの寄与度

$$=\frac{(t\text{時点での})\text{部分系列Aの値}-(t-1\text{時点での})\text{部分系列Aの値}}{(t-1\text{時点での})\text{合計系列Tの値}}$$

また、この式は、

（t時点での）部分系列Aの寄与度

$$=\frac{(t\text{時点での})\text{部分系列Aの値}-(t-1\text{時点での})\text{部分系列Aの値}}{(t-1\text{時点での})\text{部分系列Aの値}}$$

$$\times\frac{(t-1\text{時点での})\text{部分系列Aの値}}{(t-1\text{時点での})\text{合計系列Tの値}}$$

=（t時点での）部分系列Aの成長率
×（t–1時点での）部分系列Aの構成割合（シェア）

となり、比較時点でのシェアと当該時点での成長率の積が寄与度となることもわかります。つまり、シェアを重みとして各部門の成長率をみたものが寄与度というわけです。

寄与度は、全体の成長率をポイントとして分解するので、各部門の寄与度の合計は、全体の成長率と同じになります。その意味で、寄与度の単位としては、「%ポイント」または「ポイント」が使用されます。

寄与度の推移は、下記のような寄与度グラフ（複合グラフで描画）を作成すると、どの店舗がどの大きさで、どの方向に寄与しているのかを俯瞰することができます。

図表8-16　全体成長率と店舗別寄与度グラフ（前年同期比）

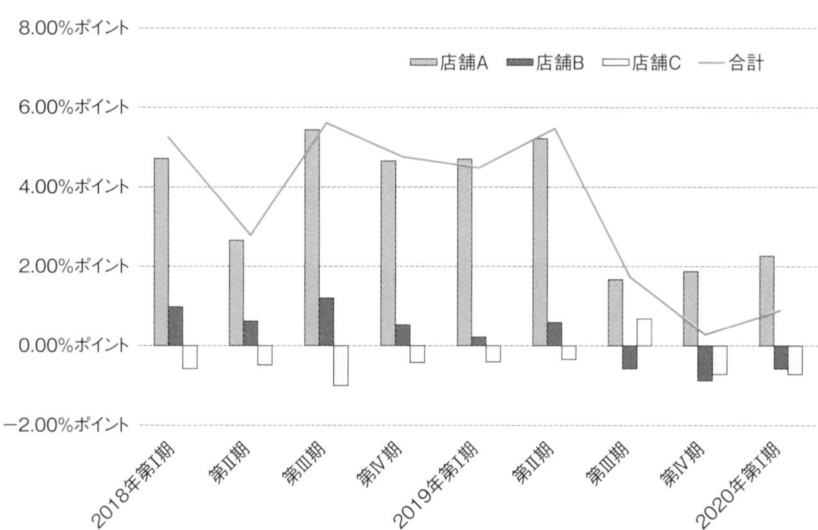

Tips

政府統計で公表される寄与度：費目別消費者物価指数

政府が公表する統計指標には、その全体の推移に寄与する要因の状況を寄与度の数値をあげて公表しています。下は、総務省統計局が、令和3年1月22日に公表した消費者物価に関する総合指数の前年同月比（成長率）に関して報告した内容です。寄与度の読み取りに慣れておきましょう。

図表8-17　消費者物価指数報告における寄与度

【結果のポイント解説】

消費者物価指数（全国）

－　2020年（令和2年）12月分　令和3年1月22日公表　－

【総合指数，生鮮食品を除く総合指数，生鮮食品及びエネルギーを除く総合指数】

総合指数の前年同月比は，11月 －0.9%→12月 －1.2%と下落幅は0.3ポイント拡大

【総合指数の前年同月比に寄与した項目】

教養娯楽サービス，電気代などは下落，たばこなどは上昇

［主な内訳］

10大費目	中分類，前年同月比(寄与度)	品目，前年同月比(寄与度)
下落		
食料	生鮮野菜 －8.8%(－0.16)・・・・・・・・・・	レタス －38.4%(－0.03) など
光熱・水道	電気代 －7.9%(－0.28)	
	ガス代 －6.1%(－0.10)・・・・・・・・・・・	都市ガス代 －9.5%(－0.10) など
	他の光熱 －14.4%(－0.07)・・・・・・・・・	灯油 －14.4%(－0.07)
交通・通信	自動車等関係費 －2.5%(－0.21)・・・・	ガソリン －8.9%(－0.19) など
教育	授業料等 －4.0%(－0.08)・・・・・・・・・・	大学授業料（私立）－4.3%(－0.04) など
教養娯楽	教養娯楽サービス －6.8%(－0.42)・・	宿泊料 －33.5%(－0.40) など
上昇		
諸雑費	たばこ 9.6%(0.05)・・・・・・・・・・・・・・・・	たばこ（国産品） 10.2%(0.03) など

10大費目の前年同月比及び寄与度

2015年＝100

原数値	総合	生鮮食品を除く総合	生鮮食品及びエネルギーを除く総合	食料・エネルギーを除く＊	食料	生鮮食品	生鮮食品を除く食料	住居	光熱・水道	家具・家事用品	被服及び履物	保健医療	交通・通信	教育	教養娯楽	諸雑費
指数	101.1	101.1	101.7	100.6	104.3	100.1	105.1	100.4	95.1	104.4	104.9	104.0	98.6	92.7	101.4	99.7
前年同月比（%）	(－0.9) －1.2	(－0.9) －1.0	(－0.3) －0.4	(－0.4) －0.5	(－0.2) －0.8	(－1.1) －4.6	(－0.1) －0.1	(0.1) 0.1	(－5.4) －6.1	(1.8) 2.5	(0.4) 0.1	(－0.5) －0.4	(－1.1) －1.3	(－2.2) －2.2	(－3.8) －4.0	(1.0) 0.9
寄与度		(－0.89) －0.98	(－0.29) －0.34	(－0.28) －0.34	(－0.06) －0.21	(－0.05) －0.20	(－0.01) －0.01	(0.02) 0.01	(－0.39) －0.45	(0.06) 0.09	(0.02) 0.01	(－0.02) －0.02	(－0.16) －0.19	(－0.06) －0.06	(－0.39) －0.41	(0.06) 0.05
寄与度差		－0.09	－0.05	－0.05	－0.15	－0.15	0.00	－0.01	－0.05	0.02	－0.01	0.00	－0.03	0.00	－0.02	－0.01

＊ 食料(酒類を除く)及びエネルギーを除く総合

(注) ( )は，前月の前年同月比及び寄与度。各寄与度は，総合指数の前年同月比に対するものである。

出典：統計ヘッドライン ―統計局月次レポート― No.132

EXCEL WORK
季節指数の求め方（中心化移動平均）

動画はコチラから▶

季節指数を具体的に求める方法には、数年分の各月（各四半期）のデータから簡便に計算する方法から中心化移動平均を活用する方法、統計モデルを利用する専門的な方法まで、いろいろあります。ここでは、例題9の❸を解きながら、その中心化移動平均を用いて、季節指数を求める方法を紹介します。

手順 1　中心化移動平均を求める

原系列データの隣に中心化移動平均の列をつくり、❶周期に沿った中心化移動平均を計算します。中心化移動平均は、元のデータ期間に応じて、最初および最後の期間は値が計算できないので、コピーに際し注意します。

	A	B	C	D	E	F
1		店舗A				
2	年・四半期	販売額（百万円）	中心化移動平均			
3	2017年第Ⅰ期	533				
4	第Ⅱ期	546				
5	第Ⅲ期	521	=(AVERAGE(B3:B6)+AVERAGE(B4:B7))/2			
6	第Ⅳ期	735	595.9			
7	2018年第Ⅰ期	571	604.0			
8	第Ⅱ期	567	615.9			
9	第Ⅲ期	565	627.3			

周期をずらして参照

❶入力

2018年第Ⅰ期の移動平均値は「604.0」だとわかる

例題の解き方　例題9❸は店舗Aの販売額データをコピーして、隣に中心化移動平均の列をつくります。移動平均を計算するために、四半期の各期（第Ⅰ期～第Ⅳ期）を参照しますが、周期が偶数であることから、中心化するために1つずらした2つのデータの範囲を参照します（例えば、2017年第Ⅲ期ならば「＝(AVERAGE(B3:B6)＋AVERAGE(B4:B7))/2」)。同様に計算すると、2018年第1期の値は「604.0」となります。

手順2　原系列データを中心化移動平均で割る

さらに❷原系列データを中心化移動平均で割る計算式を入力して、ドラッグしてコピーします。

例題の解き方　ここでは「=B5/C5」を入力して計算をします。

	A	B	C	D
1		店舗A		
2	年・四半期	販売額（百万円）	中心化移動平均	B列/C列
3	2017年第Ⅰ期	533		
4	第Ⅱ期	546		
5	第Ⅲ期	521	588.5	=B5/C5
6	第Ⅳ期	735	595.9	1.23
7	2018年第Ⅰ期	571	604.0	0.95

❷入力

手順3　季節指数を計算する

平均と季節指数を計算するセルを準備して、❸各単位の平均を求めます。❹そこから「各単位の平均÷各単位の平均の合計×400」を計算して季節指数を求めます

	A	B	C	D	E	F
1		店舗A				
2	年・四半期	販売額（百万円）	中心化移動平均	B列／C列		
3	2017年第Ⅰ期	533				
4	第Ⅱ期	546				
5	第Ⅲ期	521	588.5	0.89		
6	第Ⅳ期	735	595.9	1.23		
7	2018年第Ⅰ期	571	604.0	0.95		
8	第Ⅱ期	567	615.9	0.92		
9	第Ⅲ期	565	627.3	0.90		
10	第Ⅳ期	786	637.6	1.23		
11	2019年第Ⅰ期	611	644.6	0.95		
12	第Ⅱ期	610	649.0	0.94		
13	第Ⅲ期	578	654.3	0.88		
14	第Ⅳ期	808				
15	2020年第Ⅰ期	631				
16						
17		第Ⅰ期	第Ⅱ期	第Ⅲ期	第Ⅳ期	合計
18	各期の平均	=AVERAGE(D7,D11)	0.93	0.89	1.23	4.0
19	季節指数	=B18/$F$18*400	93.03	88.99	123.32	305.34

❸入力

❹入力　第Ⅰ期の季節指数は「94.7」だとわかる

例題の解き方 ここでは各期の平均を計算します。その平均から季節指数として「=B18/$F$18*400」を計算し、第Ⅰ期の季節指数は、「94.7」とわかります。
B列にあるもとの販売額Oは、時系列データの4つの成分から構成されているO=T×C×S×Iとします。C列は、季節変動Sと不規則変動Iが消去された中心化移動平均系列Mで、M=T×Cなので、O／Mは、季節変動と不規則変動のみのS×Iの系列となります。この系列データを対応する四半期ごとに集め平均を取ると、不規則変動Iが消去され、季節変動Sだけを示す数値となります。その値の合計がちょうど400となるように調整した値が季節指数となります。
中心化移動平均を求めず、元のデータから直接、各月（各四半期）の平均を求め、指数化する簡便な方法も使用されているが、その場合はトレンドの影響が除かれていないため、平均をとる期間にトレンドがあると想定される場合は、この中心化移動平均を介して季節指数を求める方法を使いましょう。

EXCEL WORK

対前年同期比の成長率の求め方

動画はコチラから▶ 

手順 1 対前年同期比（対前年同月比）の表を計算する

❶対前年同期比を計算する表を作ります。❷対前年同期比（対前年同月比）の計算式（＝{(当該時点の値)－(前年同期値)}÷(前年同期値)）を入れ（p.238参照）、❸ドラッグでコピーします。

❶作成　❷入力　❸ドラッグ

	A	B	C	D	E	F	G	H	I	J
1		販売額（百万円）					対前年同期比			
2	年・四半期	合計	店舗A	店舗B	店舗C		合計	店舗A	店舗B	店舗C
3	2017年第Ⅰ期	807	533	216	58					
4	第Ⅱ期	799	546	198	55					
5	第Ⅲ期	788	521	208	59					
6	第Ⅳ期	1102								
7	2018年第Ⅰ期	849					=(B7-B3)/B3	7.13%	3.70%	-8.62%
8	第Ⅱ期	822					2.88%	3.85%	2.53%	-7.27%
9	第Ⅲ期	833					5.71%	8.45%	4.33%	-13.56%
10	第Ⅳ期	1155					4.81%	6.94%	2.00%	-5.97%
11	2019年第Ⅰ期	887	611	226	50		4.48%	7.01%	0.89%	-5.66%
12	第Ⅱ期	867	610	208	49		5.47%	7.58%	2.46%	-3.92%
13	第Ⅲ期	848	578	213	57		1.80%	2.30%	-1.84%	11.76%
14	第Ⅳ期	1158	808	296	54		0.26%	2.80%	-3.27%	-14.29%
15	2020年第Ⅰ期	895	631	221	43		0.90%	3.27%	-2.21%	-14.00%

2018年第Ⅱ期の対前年同期比の成長率は「2.9%」だとわかる

例題の解き方　例題9❹では、店舗別販売額の横に対前年同期比の表を作り、2018年第Ⅰ期の合計のセルに計算式「＝(B7－B3)/B3」を入れて、表内にコピーします。計算の結果と問題が小数第1位までを四捨五入で求めることから、2018年第Ⅱ期の対前年同期比の成長率は「2.9%」だとわかります。

EXCEL WORK

成長率に対する寄与度の求め方

動画はコチラから▶ 

手順1　寄与度の表を計算する

❶寄与度を計算する表を作ります。❷部分系列の寄与度の計算式（＝{(部分系列の当該時点の値)－(部分系列の前年同期値)}÷(合計の前年同期値）を入れ、❸ドラッグでコピーします。

❶作成

	A	B	C	D	E	F	G	H	I	J
1		販売額（百万円）					合計の対前年同期比への寄与度			
2	年・四半期	合計	店舗A	店舗B	店舗C		合計	店舗A	店舗B	店舗C
3	2017年第Ⅰ期	807	533	216	58					
4	第Ⅱ期	799	546	198	55					
5	第Ⅲ期	788	521	208	59					
6	第Ⅳ期	1102	[illegible]	[illegible]	[illegible]					
7	2018年第Ⅰ期	849	[illegible]	[illegible]	[illegible]		[illegible]	=(C7-C3)/$B3	1.0%ポイント	-0.6%ポイント
8	第Ⅱ期	822	[illegible]	[illegible]	[illegible]		[illegible]	2.6%ポイント	0.6%ポイント	-0.5%ポイント
9	第Ⅲ期	833	[illegible]	[illegible]	[illegible]		[illegible]	5.6%ポイント	1.1%ポイント	-1.0%ポイント
10	第Ⅳ期	1155	[illegible]	[illegible]	[illegible]		[illegible]	4.6%ポイント	0.5%ポイント	-0.4%ポイント
11	2019年第Ⅰ期	887	611	226	50		4.48%	4.7%ポイント	0.2%ポイント	-0.4%ポイント
12	第Ⅱ期	867	610	208	49		5.47%	5.2%ポイント	0.6%ポイント	-0.2%ポイント
13	第Ⅲ期	848	578	213	57		1.80%	1.6%ポイント	-0.5%ポイント	0.7%ポイント
14	第Ⅳ期	1158	808	296	54		0.26%	1.9%ポイント	-0.9%ポイント	-0.8%ポイント
15	2020年第Ⅰ期	895	631	221	43		0.90%	2.3%ポイント	-0.6%ポイント	-0.8%ポイント

❷入力

❸ドラッグ

2018年第Ⅱ期の対前年同期比に対する店舗Aの寄与度は「2.6%」だとわかる

例題の解き方　例題9❺では、対前年同期比（対前年同月比）のシートをコピーし、合計の値を残して寄与度の表を作ります。2018年第Ⅰ期の店舗Aに「＝(C7－C3)/$B3」を入れ、各店舗のセルにコピーします。計算の結果と問題が小数第1位までを四捨五入で求めることから、2018年第Ⅱ期の前年同期比での成長率に対する店舗Aの寄与度は「2.6%ポイント」とわかります。店舗Bの寄与度はわずかにプラス、店舗Cの寄与度はわずかにマイナスなので、この期の前年同期比に対する成長率2.9%のほとんどは、店舗Aの寄与によるものとわかります。

4 例題の解答と演習問題

例題9

1 3つの店舗の販売額の推移に傾向線を当てはめ、トレンドを検証した。下降トレンドにある店舗のみをすべて選び、チェックを入れよ。

☐ 店舗A

☐ 店舗B

☑ 店舗C

☐ どの店舗も下降トレンドではない

2 3つの店舗の売上の変化をみた際に周期性が読み取れる。周期の幅として最も適切なものを一つ選びなさい。

☐ 2期

☐ 3期

☑ 4期

☐ 5期

3 店舗Aの販売額に関して、季節変動を除去する目的で中心化移動平均を求めた。2018年第1期の値は [604.0] である。[数値は四捨五入して小数第1位までを半角で入力せよ。]

4 3店舗の合計販売額に関して、2018年第II期の対前年同期比での成長率は [2.9] %である。[数値は四捨五入して小数第1位までを半角で入力せよ。]

5 3店舗の合計販売額に関して、2018年第II期の対前年同期比での成長率に対する店舗Aの寄与度は [2.6] %である。[数値は四捨五入して小数第1位までを半角で入力せよ。]

演習問題2

データは、2010年7月から2012年7月まで月別に記録されたある店舗の衣料品の売上高（単位：百円）である。データを分析して、下の問いの空欄に適切な文字や数値を入力せよ。

	計	紳士服	婦人服	子供服	その他 衣料品
2010年7月	32,264	6,435	20,565	2,325	2,939
8月	19,808	3,300	12,930	1,369	2,209
9月	25,362	4,081	17,153	1,746	2,381
10月	33,026	6,608	21,258	2,291	2,869
11月	31,468	6,981	19,685	1,987	2,815
12月	35,505	9,109	20,620	2,362	3,414
2011年1月	33,691	6,926	21,702	2,549	2,514
2月	22,237	4,269	14,027	1,715	2,225
3月	31,992	5,440	20,442	3,458	2,652
4月	28,995	5,649	18,456	2,498	2,392
5月	27,989	5,776	17,735	2,092	2,386
6月	25,913	6,188	15,796	1,529	2,400
7月	30,541	5,903	19,660	2,187	2,791
8月	18,842	3,055	12,378	1,354	2,055
9月	25,930	4,135	17,408	2,034	2,353
10月	31,338	6,038	20,464	2,144	2,691
11月	31,300	6,746	19,867	2,021	2,665
12月	32,990	8,170	19,392	2,327	3,101
2012年1月	33,107	6,418	21,753	2,526	2,411
2月	20,611	3,769	13,134	1,660	2,047
3月	32,437	5,383	21,100	3,482	2,472
4月	27,982	5,289	18,083	2,400	2,211
5月	26,743	5,281	17,182	2,035	2,245
6月	25,382	5,972	15,578	1,573	2,259
7月	29,016	5,368	18,924	2,110	2,614

問題1

1　子供服の売上高に関して、この期間で月別の売上高の平均を求めた。最も平均売上高が高い月は［　　　］月である。［数値は整数を半角で入力せよ。］

2　婦人服の売上高に関して、2010年7月を基準にしたときの2011年7月の指数は、［　　　］である。［数値は四捨五入して小数第1位までを半角で入力せよ。］

3　紳士服の売上高額に関して、2011年7月の対前年同月比での増加率は、[　　　　] %である。[数値は四捨五入して小数第1位までを符号も含めて半角で入力せよ。]

4 衣料品の合計売上高に関して、2011年8月以降の対前年同月比での増減率を計算した。減少率が最も大きかった月は、[　　　　] 月である。[数値は整数を半角で入力せよ。]

5 4で求めた合計の減少率に対してマイナス方向の寄与が最も大きかった衣料品項目の寄与度は、[　　　　] %ポイントである。[数値は四捨五入して小数第1位までを符号も含めて半角で入力せよ。]

問題2

1 下記の売上高の推移に回帰直線を当てはめ、この期間のトレンドを確認した。下降トレンドを示さなかったもの、すべてにチェックを入れよ。

☐ 紳士服
☐ 婦人服
☐ 子供服
☐ その他衣料品

2 婦人服の売上高に関して、12か月中心化移動平均を求めた。2011年1月の値は、[　　　　] 百円である。[数値は四捨五入して小数第1位までを半角で入力せよ。]

3 売上高の合計に関して、2012年1月の対前年同月比での成長率は、[　　　　] %である。[数値は四捨五入して小数第1位までを半角で入力せよ。]

4 婦人服の売上高に関して、1月の季節指数は118であり、1年間の季節指数の合計は1200である。このとき、2012年1月の婦人服の売上高の季節調整値は、[　　　　] 百円である。[数値は四捨五入して小数第1位までを半角で入力せよ。]

5 婦人服の売上高に関して、8月の季節指数は68であり、1年間の各月の季節指数の合計は1200である。2012年は2011年と同じ1年間の売上合計となるように8月の目標値を立てた。このとき、季節指数による2012年8月の婦人服の売上高の目標値は、[　　　　] 百円である。［数値は四捨五入して小数第1位までを半角で入力せよ。］

Keywords

□ 指数　□ 増減率　□ 成長率　□ 寄与度
□ 時系列データの構成成分（TCSI）　□ 季節調整　□ 季節指数
□ 対前年同期（月）比　□ 移動平均　□ 中心化移動平均

演習問題2の解答

問題1

1 3　**2** 95.6　**3** －8.3　**4** 2　**5** －4.0

問題2

1 子供服　**2** 18326.4　**3** －1.7　**4** 18434.9　**5** 12315.2

PART 5

時系列・テキスト・乱数データのアナリティクス

第9章 テキストデータの分析

近年では、量的変数や質的変数に分類されるデータだけでなく、文章（テキスト）を対象とした分析が広まってきています。SNSで口コミとして流されているテキストデータの中には、好みの商品名（名詞）や、「良い」「安い」といった評価を表す形容詞などが含まれていて、この内容を分析することは、商品の価値を把握する上で重要になります。

本章では、このようなテキストデータとはどのようなものか、テキストデータはどのように分析可能な状態に処理されていくのかについて学習します。

第9章 テキストデータの分析

例題10

表示されているエクセルデータシートは、会社員30名に対して、スマートフォンについての印象を自由記述形式で尋ねたデータである。30人の自由記述を一覧にした『自由記述データ』シートと、その自由記述を形態素解析した『形態素解析データ』シートで構成されている。
各シートは、データの最初の変数「回答者ID」の番号が同じであれば、同一の回答者を意味している。データを分析して、下の問いの空欄に適切な文字や数値を入力せよ。

『自由記述データ』シート

	A	B	C	D
1	ID	性別	年齢	スマートフォンに対する印象
2	1	男性	27	必要な気がするけれど、束縛間も感じさせる
3	2	男性	25	忘れたら絶対取りに帰る。仕事にもプライベートにも使う。
4	3	女性	21	絶対大事
5	4	男性	28	なくても結構いける

『形態素解析データ』シート

	A	B	C	D	E	F	G	H	I
1	ID	性別	辞書	文境界	書字形（=	語彙素	語彙素読み	品詞	大分類
2	1	男性	現代語	B	必要	必要	ヒツヨウ	名詞-普通	名詞
3	1	男性	現代語	I	な	だ	ダ	助動詞	助動詞
4	1	男性	現代語	I	気	気	キ	名詞-普通	名詞
5	1	男性	現代語	I	が	が	ガ	助詞-格助	助詞

1 男性について「形態素解析」シートの変数「大分類」が「名詞」である語句の数は［　　　］である。[数値を半角、整数で入力せよ。]

2 「形態素解析」シートの「大分類」が「名詞」である語句の一人当たりの平均使用回数の男女差は［　　　］である。[数値は四捨五入して小数第2位までを半角で入力せよ。]

3 「形態素解析」シートの「大分類」が「名詞」である語句のうち、「男性」と「女性」で出現回数が2回以上あった「書字形（基本形）」は、［　　　　］である。[文字は全角で入力せよ。]

4 男性について「形態素解析」シートの「大分類」が「動詞」である語句について、「書字形（基本形）」の「活用形」を割合を示したグラフは、［　　　　］である。最も適切なグラフを次の①～④のうちから一つを選び、番号を空欄に入力せよ。[番号の数値を半角、整数で入力せよ。]

①

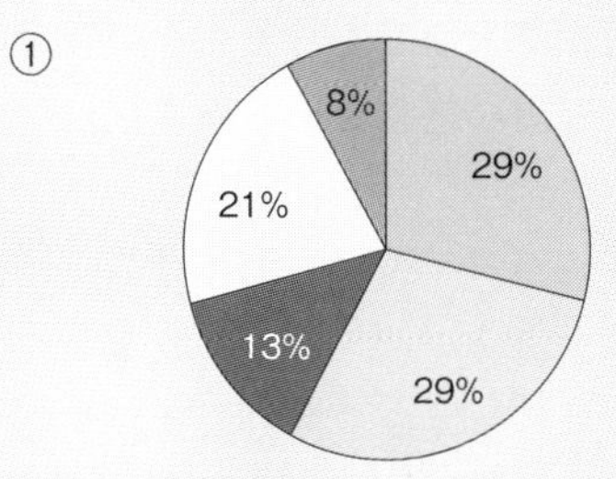

□終止形-一般　□未然形-一般　■連体形-一般
□連用形-一般　■連用形-促音便

②

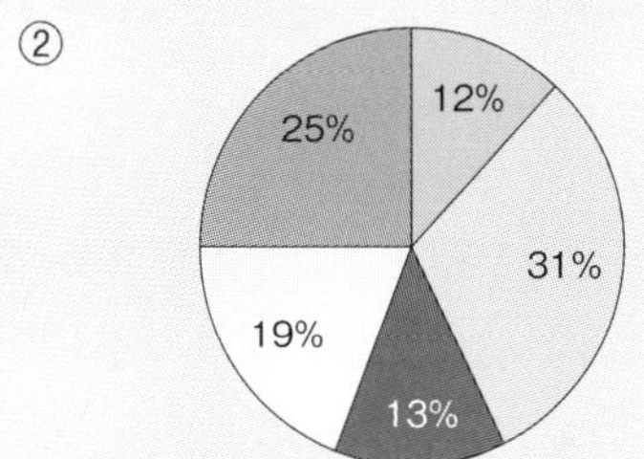

□終止形-一般　□未然形-一般　■連体形-一般
□連用形-一般　■連用形-促音便

③

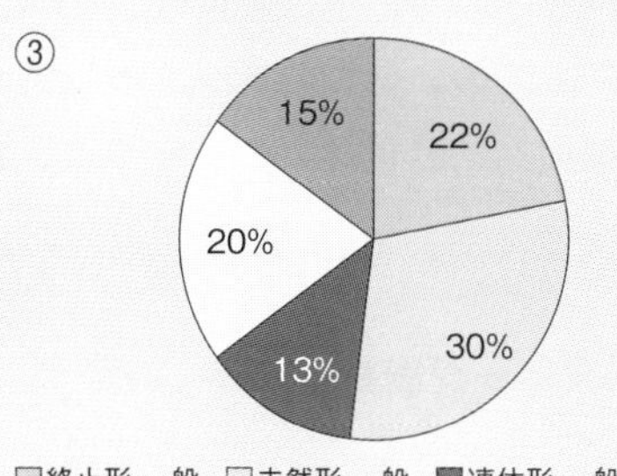

□終止形-一般　□未然形-一般　■連体形-一般
□連用形-一般　■連用形-促音便

④

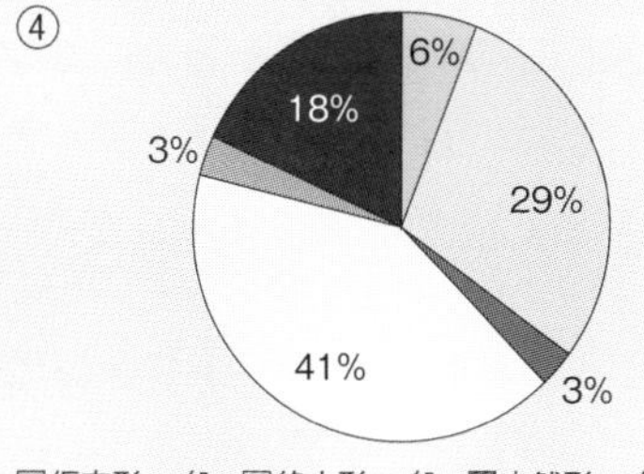

□仮定形-一般　□終止形-一般　■未然形-一般
□連体形-一般　■連用形-二　■連用形-一般

5 女性について、「書字形（基本形）」の“必需”と“便利”という名詞の出現回数の相関係数は［　　　　］である。[数値は四捨五入して小数第2位までを半角で入力せよ。]

1 文書データの処理

❶ 文書データと自然言語処理

文字によって構成されるデータを、**文書データ**といいます。このデータが分析対象となる際には、例えばある著者が執筆した1冊ないし複数冊の「書籍」全体やある期間中の特定の「新聞記事」全体、対象者は少数であるものの、1人1人からより多くの意見を聞き出したインタビューを文字に起こしたものなど、より文章量の長い文書データが扱われる場合が少なくありません。特に、膨大なテキストデータを扱い、それを解析して有用な情報を引き出す技術は**テキストマイニング**と呼ばれています。

ある目的に対して構造化され、大量に収集された言語資料の総体は**コーパス**と呼ばれます。実際に使用された話し言葉や書き言葉をできる限り収集してデジタル化したものや、Twitter内での商品に関する発言をできる限り収集したものが、この例となります。

文書データにおける母集団は、ある著者の書籍が分析対象であれば、その著者の全作品となります。収集したコーパスが母集団の特徴をよく反映していることが母集団について推測する上では望ましいものの、全てのデータの収集が難しい場合には、母集団の一部を標本として抽出し、分析対象とすることもあります。

図表9-1　スマートフォンに対するイメージ調査の結果

・1番：必要な気がするけれど、束縛感も感じさせる（27才　男性）
・2番：忘れたら絶対取りに帰る。仕事にもプライベートにも使う（25才　男性）
・3番：絶対大事（21才　女性）
・4番：なくても結構いける（28才　男性）
・5番：手から離せない。ライフライン（20才　女性）

図表9-1は本章の例題の一部です。このデータは、無作為に選ばれた日本人の20代の男女30名（女性12名、男性18名）に、スマートフォンについてどのように思っているかを文章で書いてもらった架空のデータのうち、5人分の文

章（1～5番）を掲載したものとなります。

図表9-2　文書データの分析の流れ

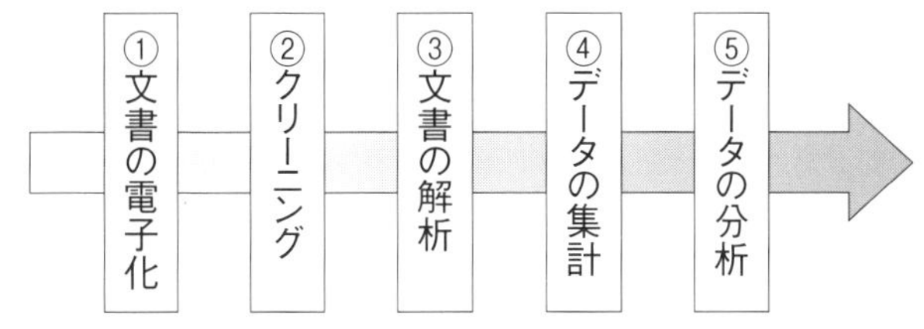

数値データの分析が、まず変数の性質の分類（質的変数か、量的変数か）の把握やデータの構造化によって分析目的に適した形式としたように、文書データについても、まずは文の加工を行い、その後の分析をしやすくする必要があります。図表9-2は、文書データの分析までの流れを示した一例です。

図表9-2の「①文書の電子化」はコンピューターを用いて分析をするために、文書のデータ入力を行う段階です。作文された文書は紙や書籍の形で存在していることも少なくありません。このため、まず電子化を行い、PCへの入力をします。続いて「②クリーニング」を行う段階です。文書には書き手の書き間違いや電子化の際の入力者の入力ミスなど、誤りの混入が起きる可能性が存在します。このため、電子化された文書の中の誤字・脱字の修正を行う作業をクリーニングといいます。例えば、図表9-1の1番の「束縛感」が「束縛間」になっていた場合、正しい語句に修正します。また、この他にも分析とは無関係な記号や文字列の削除などをクリーニングの段階で行うこともあります。

目的に沿ったクリーニングが施された後に、「③文書の解析」の段階で、その後の分析目的に応じて文書データが加工されます。日本語は英語などと異なり、分かち書きがなされていません。このため、語や句を単位として分析するために、文を適切な部分で分解する必要があります。そうして加工されたデータを用いて、④の「データの集計」や⑤の「データの分析」へと進みます。

❷ 形態素解析

形態素解析とは、自然言語で書かれた文章を、形態素（意味を持つ最小単位）に分割し、品詞の情報を付与し、分割した単位の原形を復元する処理を含む技術のことを指します。文章の分割には専用の辞書を用います。日本語の辞書としてはIPA辞書、UniDic、NAIST、JUMAN辞書などが存在し、形態素解析を行うソフトウェアとしてChasen、JUMAN、MeCabといったソフトウェアがあります。このように、形態素解析には自然言語処理を専門とするソフトウェアが必要であり、**そのままのExcelの状態では、形態素解析ができるオプションはありません。**ただし、後の節でも説明するように、専用のソフトウェアで形態素解析がなされた結果を、Excelによって集計、分析することができます。

図表9-3には、図表9-1の1番の文章を形態素解析した結果を記載しています。この解析には、国立国語研究所が提供する形態素解析ツール『Web茶まめ』(https://chamame.ninjal.ac.jp)を用いました。図表9-3の「書字形」の列をみると、文が「必要/な/気/が/する/けれど/、/束縛/感/も/感じ/させる」と区切られていることがわかります。同様に「品詞」の列をみていくと、「必要」が「名詞」、「させる」が「助動詞」といった品詞の付与情報がわかります。

図表9-3　形態素解析の結果の例(一部)

辞書	文境界	書字形(=表層形)	語彙素	語彙素読み	品詞	活用型	活用形
現代語	B	必要	必要	ヒツヨウ	名詞-普通名詞-形状詞可能		
現代語	I	な	だ	ダ	助動詞	助動詞-ダ	連体形-一般
現代語	I	気	気	キ	名詞-普通名詞-一般		
現代語	I	が	が	ガ	助詞-格助詞		
現代語	I	する	為る	スル	動詞-非自立可能	サ行変格	終止形-一般
現代語	I	けれど	けれど	ケレド	助詞-接続助詞		
現代語	I	、	、		補助記号-読点		
現代語	I	束縛	束縛	ソクバク	名詞-普通名詞-サ変可能		
現代語	I	感	感	カン	名詞-普通名詞-一般		
現代語	I	も	も	モ	助詞-係助詞		
現代語	I	感じ	感ずる	カンズル	動詞-一般	サ行変格	未然形-一般
現代語	I	させる	させる	サセル	助動詞	下一段-サ行	終止形-一般

図表9-4は、形態素解析の結果、よく現れる品詞のいくつかを示したものです。意味の部分は、大辞泉(松村明ほか、小学館)を元に記載しました。形態素解析を行うと、このほかにもさまざまな品詞が登場するものの、このように、国語の文法で学ぶ品詞も多く存在し、しばしば図表9-3のような品詞情報

を付加された形態素を用いて文書データが解析されます。

形態素解析の他には、例えば文章を句で分割することで、文節の係り受け処理を行い、形態素の間の修飾・非修飾関係を明らかにする**構文解析**や、シソーラス（類語辞典）や概念語辞典を用い、文を意味単位に区切って解析しようとする**意味解析**も存在します。

図表9-4　形態素解析に現れる品詞の例（一部）

品詞	分類	意味	例
名詞	自立語	自立語で活用がなく、文の主語となることができるもの（体言）。その言い切りの形は、一般にウ段の音で終わる。	「星」 「カレー」 「手」
動詞	自立語	事物の動作・作用・状態・存在などを表す語。活用のある自立語で、文中において単独で述語になりうる（用言）。	「食べる」 「歩く」 「補う」
形容詞	自立語	活用のある自立語で、文中において単独で述語になることができ（用言）、言い切りの形が口語では「い」、文語では「し」で終わるものをいう。	「速い」 「広い」 「美しい」
副詞	自立語	自立語で活用がなく、主語にならない語のうちで、主として、それだけで下に来る用言を修飾するもの。	「はるばる」 「いささか」 「けっして」
助動詞	付属語	付属語のうち、活用のあるもの。用言や他の助動詞について叙述を助けたり、体言、その他の語について叙述の意味を加えたりする働きをする。	「た」 「せる」 「たい」
助詞	付属語	付属語のうち、活用のないもの。常に、自立語または自立語に付属語の付いたものに付属し、その語句と他の語句との関係を示したり、陳述に一定の意味を加えたりする。	「は」 「に」 「も」

2 文書データの統計処理

前節では、自然言語で書かれた文書データをどのようにPCに取り込み、分析できるような状態にするのか、その手順の例について紹介しました。本節では、このように解析された文書データに対し、どのような集計や分析ができるのかについて、紹介していきます。

❶ データの集計と頻度分析

形態素などに解析された文書データは、質的変数と同様な分析を行うことが可能となります。まずは、データの集計を行ってみましょう。

図表9-5　女性(左：n=12) と男性(右：n=18) の品詞ごとの形態素の出現頻度

行ラベル	個数 / 大分類
名詞	34
補助記号	32
助詞	28
動詞	16
助動詞	11
形容詞	6
形状詞	4
接尾辞	3
代名詞	1
総計	135

行ラベル	個数 / 大分類
名詞	53
助詞	44
補助記号	37
動詞	24
助動詞	23
形容詞	5
形状詞	3
副詞	2
接尾辞	1
総計	192

図表9-5は、第1節で扱った、女性と男性の、出現した品詞の大分類ごとの形態素の出現頻度の個数を、度数分布表にExcelのピボットテーブルでまとめたものです。(『Web茶まめ』にはこのほか中分類、小分類といった、さまざまな詳細な形態素の品詞に関する分類があります）この表からは、例えば総計と人数から、女性が1人当たり135/12＝11.25個、男性が192/18≒10.67個の形態素があったことがわかります。また、男性も女性も名詞の出現頻度が最も高いといった、出現頻度の違いによる比較が可能です。

図表9-6　女性（n＝12）の大分類「名詞」の出現頻度

順位	行ラベル	個数／大分類
1	必需	3
2	絶対	2
3	存在	2
4	便利	2
5	イヤホン	1
6	サイズ	1
7	ジャック	1
8	パートナー	1
9	ポケット	1
10	マイ	1
11	もの	1
12	ライフライン	1
13	一部	1
14	暇つぶし	1
15	今	1
16	辞書	1
17	手	1
18	手段	1
19	収集	1
20	終わり	1
21	情報	1
22	昔	1
23	体	1
24	調べ物	1
25	程度	1
26	道具	1
27	必要	1
28	命	1
29	連絡	1
	総計	34

また、例えば上の図表9-6のように、女性の名詞に絞った出現頻度を調べることも可能であり、使用されている語彙の多様性を示す指標として知られているTTR（type-token ratio）や、その修正指標として知られるギロー指数（Giraud index）なども計算できます。

$$\text{TTR：語彙の種類数／語彙の総数}$$
$$\text{Giraud index：語彙の種類数}/\sqrt{\text{語彙の総数}}$$

図表2の場合TTR＝29/34≒0.85、ギロー指数＝$29/\sqrt{34}$≒4.97と計算できます。これらの指標は、値が大きいほど使用している語彙に多様性があると解釈します。このように文書データの集計を行うことで、使用されていた語彙に対する頻度分析ができます。

❷ n-gram

n-gramとは、各文におけるn個の要素の繋がりを指しています。例えば単語2-gramであれば、「私-は」「人-だ」といった繋がり、品詞4-gramであれば、「代名詞-助詞-名詞-助動詞」といった繋がりを示している。また、連鎖的に繋がりをみていくため、例えば「私は人だ」という文に対して、形態素単位での2-gramを表すならば「私—は」「は—人」「人—だ」という連鎖が、品詞（大分類）単位での3-gramを表すならば「代名詞—助詞—名詞」「助詞—名詞—助動詞」といった繋がりに分けることができます。

図表9-7　n-gramの例

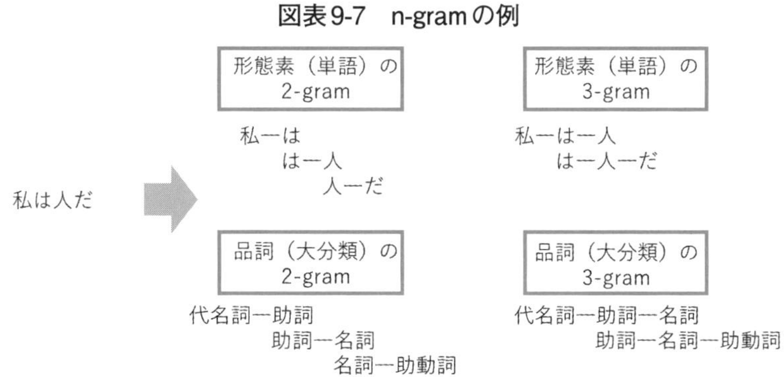

n-gramによる解析を行うことで、文の構造の繋がりや、よく現れる語句の組み合わせといった特徴を情報として得ることができます。

❸ 共起

共起とは、ある語句と語句が同時に出現しやすいという状況を指す言葉で、**共起語**は共起する単語を指しています。例えば、「海」という単語が出現すると「広い」「暑い」「夏」「8月」といった言葉が共によく出てきている場合に、これらが共起語となります。

図表9-8は、12人の各女性について、どの名詞とどの名詞が共に使われていたか、その頻度をまとめた表の一部です。例えば、この中ではID＝6の女性が、「イヤホン」という言葉と共に「ジャック」という言葉を1回ずつ用いています。このほか、紙面の都合で掲載はされていませんが（DLできるExcelデータ参照）、ID＝16の女性は、総計6個の名詞を用いており、それらは「マイ」「パートナー」「情報」「収集」「便利」「存在」という言葉でした。n-gramでは「マイ—パートナー」「情報—収集」といった隣接する語句が得られることに対し、共起の場合には語句と語句が離れていても同時に出現した単語として集計されます。また、図表9-8のような表にExcelのデータ分析機能の1つで

ある「相関分析」を行うことで、例えば女性の名詞の中で、「必需」と「便利」という名詞の出現回数の相関係数が0.26であった、といった計算も可能になります。

図表9-8　女性のIDごとの名詞の出現回数

ID	イヤホン	サイズ	ジャック	パートナー	…	総計
3	0	0	0	0		1
5	0	0	0	0		2
6	1	0	1	0		5
11	0	0	0	0		4
12	0	0	0	0		1
14	0	0	0	0		3
15	0	0	0	0		2
16	0	0	0	1		6
18	0	1	0	0		3
21	0	0	0	0		1
24	0	0	0	0		2
29	0	0	0	0		4
総計	1	1	1	1	…	34

ピボットテーブルオプションと相関分析

図表9-8のように、集計表の項目に集計値がない箇所に「0」と記載するためには、「ピボットテーブルオプション」を利用すると便利です。ピボットテーブルが表示されているいずれかのセルで右クリックをして、「ピボットテーブルオプション」を選びます。図表9-9のようなダイアログから、「書式」の欄の「空白セルに表示する値」に「0」と記載することで、ピボットテーブルの空白の欄には0が自動的に入力されます。

図表9-9　ピボットテーブルオプション

ピボットテーブル オプション　?　×
ピボットテーブル名(N): ピボットテーブル6
レイアウトと書式　集計とフィルター　表示　印刷　データ　代替テキスト
レイアウト
☐ セルとラベルを結合して中央揃えにする(M)
コンパクト形式での行ラベルのインデント(C): 1 文字
レポート フィルター エリアでのフィールドの表示(D): 上から下
レポート フィルターの列ごとのフィールド数(F): 0
書式
☐ エラー値に表示する値(E):
☑ 空白セルに表示する値(S): 0
☑ 更新時に列幅を自動調整する(A)
☑ 更新時にセル書式を保持する(P)
OK　キャンセル

EXCEL WORK

自由記述データの分析

動画はコチラから▶

事前準備1　データを選択してピボットテーブルをクリック

表の❶データの部分を選択します。「挿入」タブにある❷「ピボットテーブル」のアイコンを押して❸OKを押します（p.24参照）。

例題の解き方　例題10では、「形態素解析」シートの入力部を選択して、ピボットテーブルを作成します。

1　出現頻度の集計

手順1　フィールドのエリアに変数を入れる

❹［ピボットテーブルのフィールド］の［フィルター］［行］［列］［値］に適切な変数を入れます。

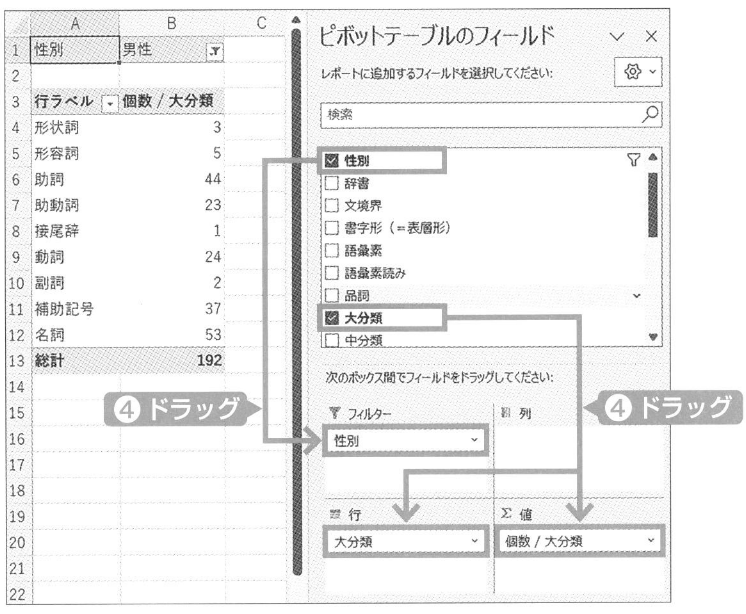

例題の解き方　例題10❶では、［フィルター］に「性別」、［行］に「大分類」、［値］に「大分類」を入れます。

手順 2　フィルターをかけて目的の情報にする

❺適切なフィルターをかけて、目的の情報が得られるようにします。

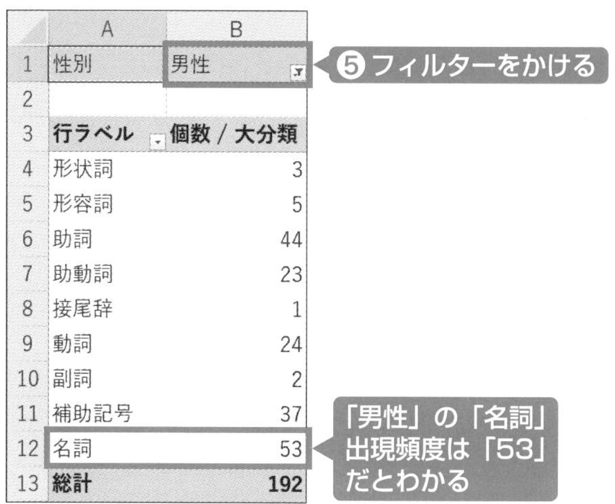

	A	B
1	性別	男性
2		
3	**行ラベル**	**個数 / 大分類**
4	形状詞	3
5	形容詞	5
6	助詞	44
7	助動詞	23
8	接尾辞	1
9	動詞	24
10	副詞	2
11	補助記号	37
12	名詞	53
13	**総計**	**192**

例題の解き方　例題10❶では、「性別」のフィルターマークを「男性」にすると、「名詞」が53であると表示されます。

2　平均出現頻度の差分の計算

手順 1　フィールドのエリアに変数を入れ、フィルターをかける

❹［ピボットテーブルのフィールド］の［フィルター］［行］［列］［値］に適切な変数を入れ、❺条件に合わせてフィルターをかけます。

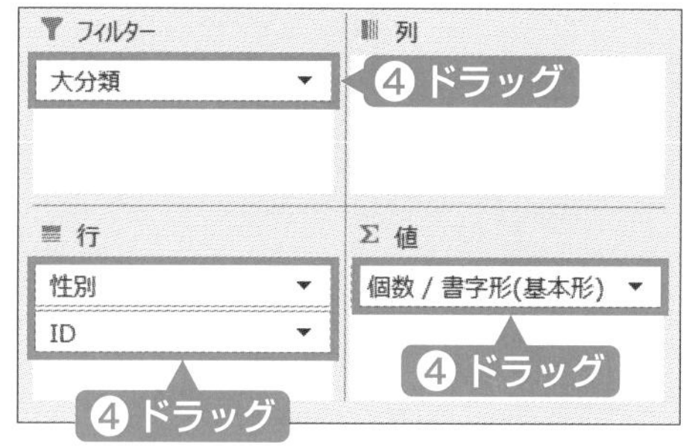

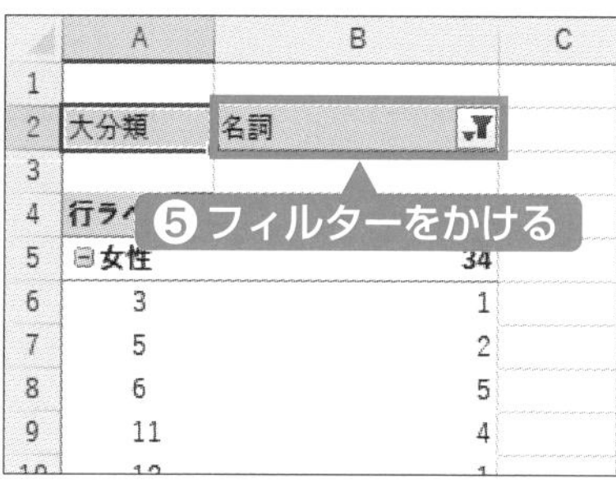

	A	B	C
1			
2	大分類	名詞	
3			
4	行ラ		
5	⊟女性	34	
6	3	1	
7	5	2	
8	6	5	
9	11	4	

例題の解き方　例題10❷では、［フィルター］に「大分類」、［行］に「性別」「ID」、［値］に「書字形（基本形）」を入れます。さらに「大分類」のフィルターを「名詞」にします。

手順2　それぞれの平均出現頻度を計算して差を計算する

❻表示された各値の平均値を割り出し、❼その差を計算します。

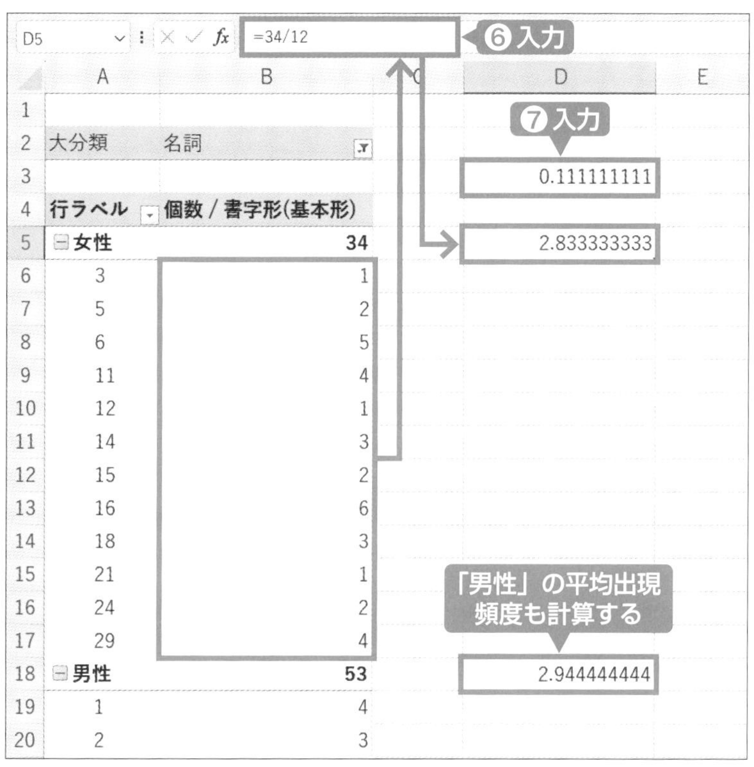

例題の解き方　例題10❷では、女性と男性ともに「名詞」出現頻度の平均値を計算すると、「女性＝2.83…」「男性＝2.944…」となり、平均出現回数の男女差を計算すると、「0.111…」となり、問題文の解答条件から小数第3位を四捨五入すると、「0.11」となります。

3　頻度条件による形態素の割り出し

手順 1　フィールドのエリアに変数を入れ、フィルターをかける

❹［ピボットテーブルのフィールド］の［フィルター］［行］［列］［値］に適切な変数を入れます。❺条件に合わせてフィルターをかけます。

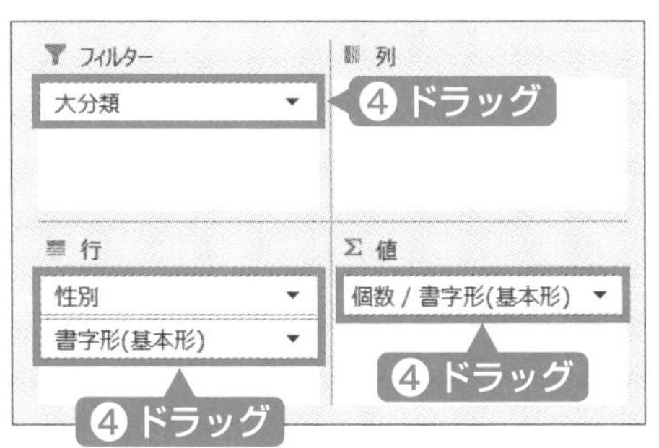

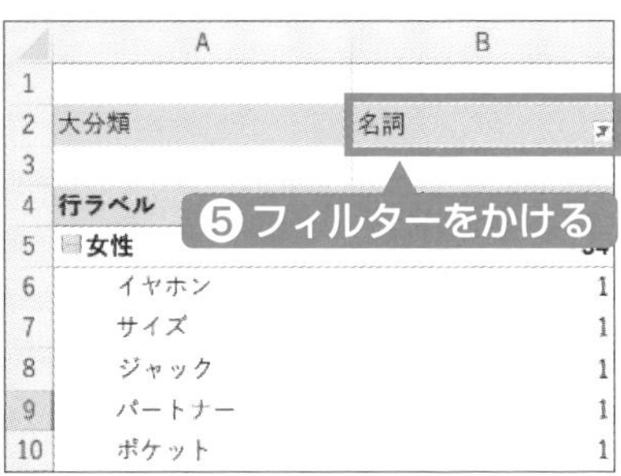

例題の解き方　例題10❸では、［フィルター］に「大分類」、［行］に「性別」「書字形（基本形）」、［値］に「書字形（基本形）」を入れます。さらに、「大分類」のフィルターマークを「名詞」にします。

手順 2　項目を出現頻度で並べ直して条件を当てはめる

❺表示された各値をコピーして頻度順に並べ直す。

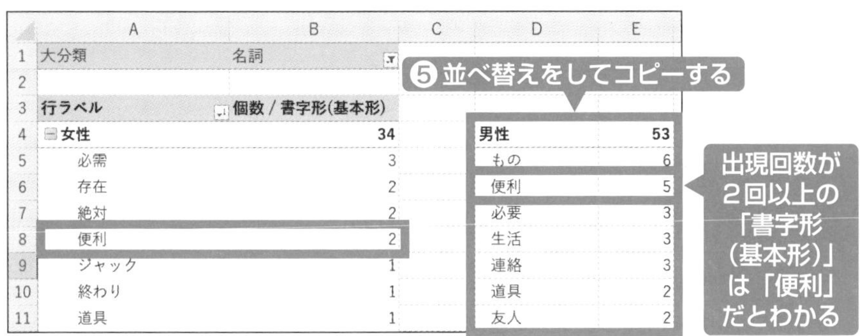

例題の解き方　例題10❸では、出現回数の上で右クリックをして［並べ替え］の［降順］で頻度順に並べ、そのうち男性の部分をコピーして女性の隣に貼り付けます。2以上の項目を調べると「便利」が当てはまるのがわかります。

4　出現頻度のグラフの作成

手順 1　フィールドのエリアに変数を入れ、フィルターをかける

❹［ピボットテーブルのフィールド］の［フィルター］［行］［列］［値］に適切な変数を入れ、❺条件に合わせてフィルターをかけます。

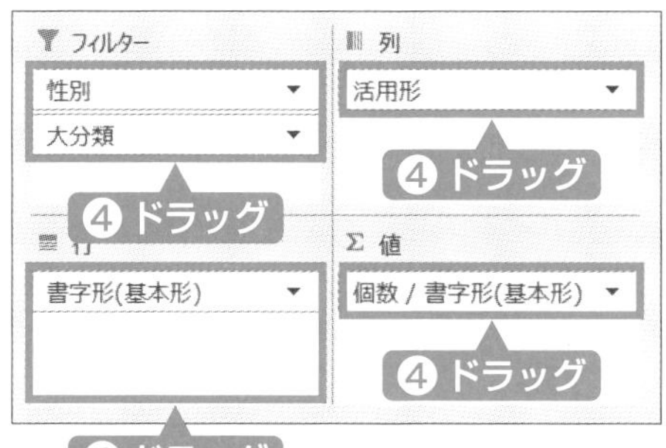

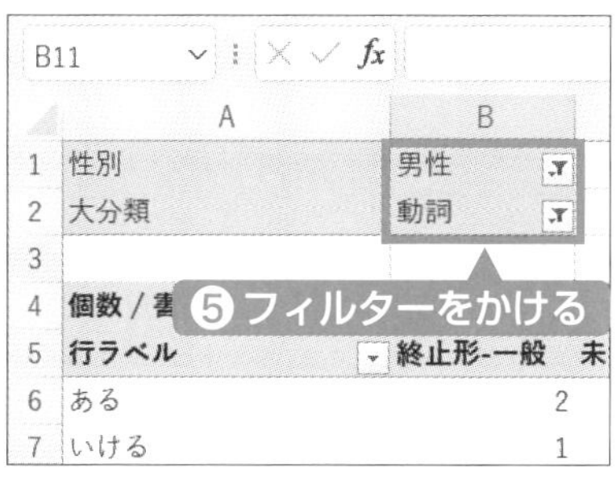

例題の解き方　例題10❹では、男性についての動詞の活用形を問われているので、［フィルター］に「性別」「大分類」、［行］に「書字形（基本形）」、［列］に「活用形」、［値］に「書字形（基本形）」を入れます。「性別」のフィルターは「男性」、「大分類」のフィルターは「動詞」にします。

手順 2　項目を出現頻度で並べ直して条件を当てはめる

❺表示された総計値を選択し、［挿入］タブの［グラフ］から円グラフをクリックします。

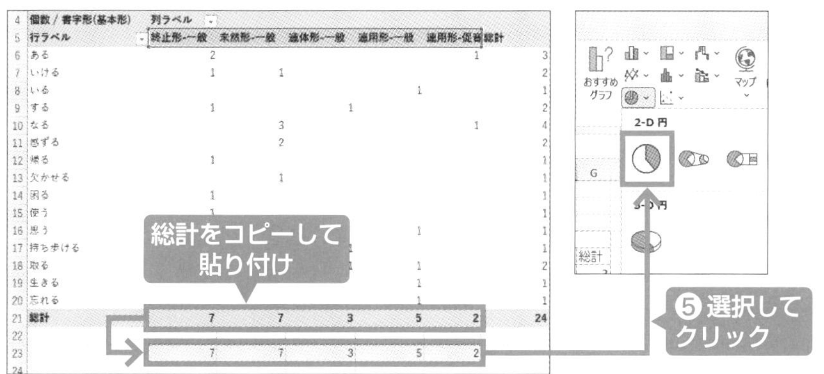

	個数 / 書字形(基本形)	列ラベル					
5	行ラベル	終止形-一般	未然形-一般	連体形-一般	連用形-一般	連用形-促音	総計
6	ある	2				1	3
7	いける	1	1				2
8	いる				1		1
9	する	1		1			2
10	なる		3			1	4
11	感ずる		2				2
12	帰る	1					1
13	欠かせる		1				1
14	困る	1					1
15	使う	1					1
16	思う				1		1
17	持ち歩ける			1			1
18	取る			1	1		2
19	生きる				1		1
20	忘れる				1		1
21	総計	7	7	3	5	2	24
22							
23		7	7	3	5	2	
24							

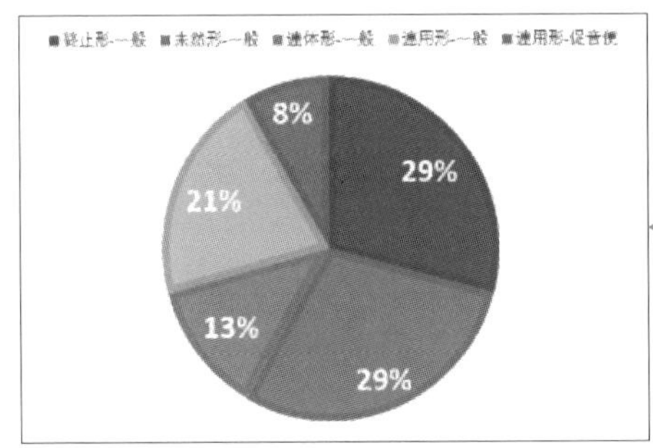

例題の解き方　例題10❹では、ピボットテーブルの総計値について、一度総計値をコピーして貼り付けた値を選択し、［挿入］タブの［グラフ］から円グラフをクリックします。表示されたグラフが①と同じだとわかります。

5　形態素の相関係数を計算

手順1　フィールドのエリアに変数を入れ、フィルターをかける

❹［ピボットテーブルのフィールド］の［フィルター］［行］［列］［値］に適切な変数を入れ、❺条件に合わせてフィルターをかけます。

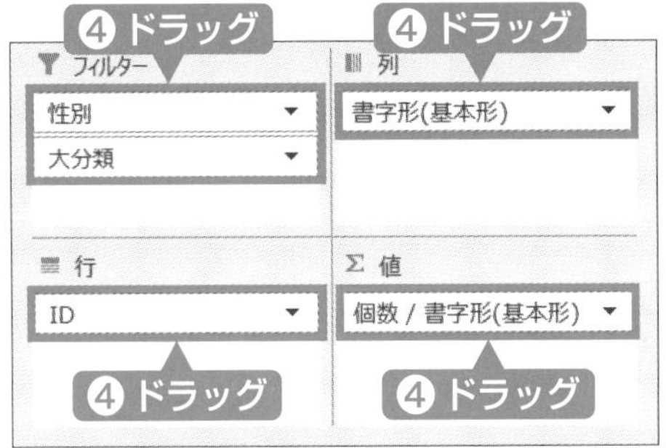

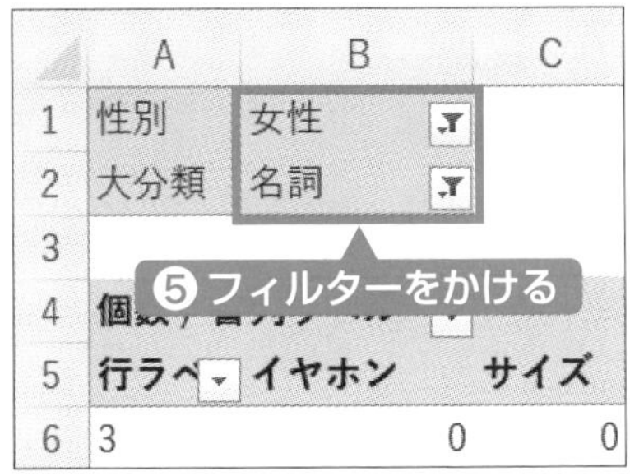

例題の解き方　例題10❺では、［フィルター］に「性別」「大分類」、［行］に「ID」、［列］に「書字形（基本形）」、［値］に「書字形（基本形）」をいれ、「性別」のフィルターを「女性」、「大分類」のフィルターマークを「名詞」にします。

手順2　CORREL関数を使って相関係数を計算する

❻ピボットテーブルオプションで集計値のない箇所に「0」を入れます。(p.282参照) ❼CORREL関数を使って相関係数を計算します（p.140参照)。

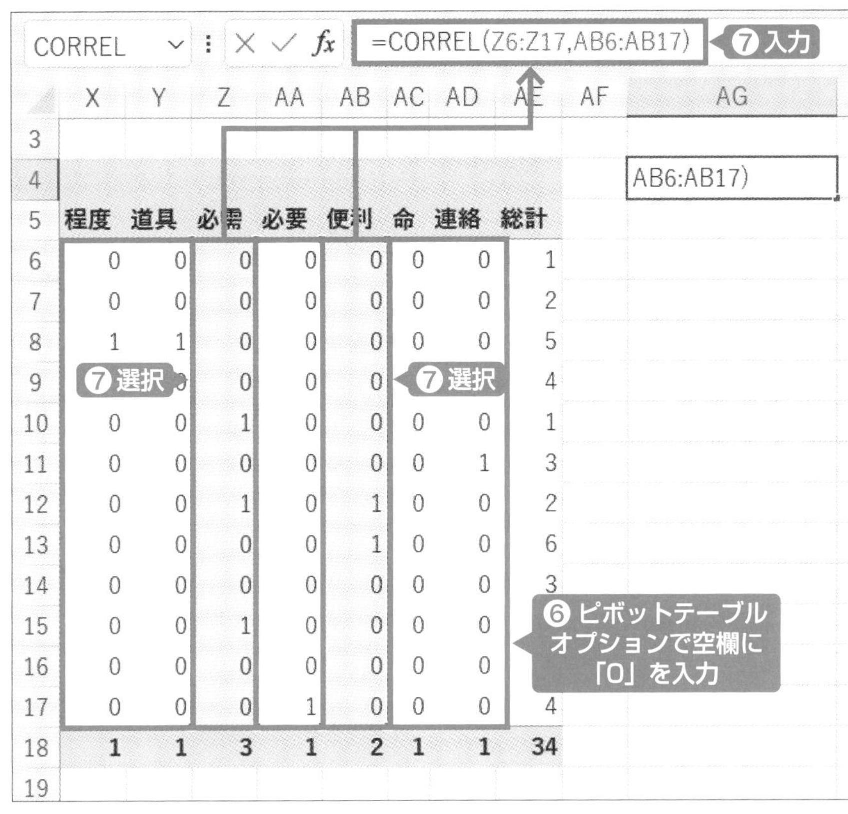

	X	Y	Z	AA	AB	AC	AD	AE	AF	AG
3										
4										AB6:AB17)
5	程度	道具	必需	必要	便利	命	連絡	総計		
6	0	0	0	0	0	0	0	1		
7	0	0	0	0	0	0	0	2		
8	1	1	0	0	0	0	0	5		
9		0	0	0	0			4		
10	0	0	1	0	0	0	0	1		
11	0	0	0	0	0	0	1	3		
12	0	0	1	0	1	0	0	2		
13	0	0	0	0	1	0	0	6		
14	0	0	0	0	0	0	0	3		
15	0	0	1	0	0	0	0			
16	0	0	0	0	0	0	0			
17	0	0	0	1	0	0	0	4		
18	**1**	**1**	**3**	**1**	**2**	**1**	**1**	**34**		
19										

例題の解き方　例題10❺では、配列に「必需」と「便利」の変数を入力します。結果、「0.258…」と出力され、問題文の解答条件から小数第3位を四捨五入すると、「必需」と「便利」の出現回数の相関関係は「0.26」とわかります。

3 例題の解答と演習問題

例題10

1 男性について「形態素解析」シートの変数「大分類」が「名詞」である語句の数は [53] である。[数値を半角、整数で入力せよ。]

2 「形態素解析」シートの「大分類」が「名詞」である語句について、平均出現回数の男女差は [0.11] である。[数値は四捨五入して小数第2位までを半角で入力せよ。]

3 「形態素解析」シートの「大分類」が「名詞」である語句のうち、「男性」と「女性」で出現回数が2回以上あった「書字形（基本形)」は、[便利] である。[文字は全角で入力せよ。]

4 男性について「形態素解析」シートの「大分類」が「動詞」である語句について、「書字形（基本形)」の「活用形」を割合を示したグラフは、[1] である。最も適切なグラフを次の①～④のうちから一つを選び、番号を空欄に入力せよ。[番号の数値を半角、整数で入力せよ。]

5 女性について、「書字形（基本形)」の“必需”と“便利”という名詞の出現回数の相関係数は [0.26] である。[数値は四捨五入して小数第2位までを半角で入力せよ。]

演習問題

エクセルデータシートは、週に1度のある授業を半年間受け終わった学生30名（学年A：15名、学年B：15名）に、授業の感想について自由記述形式でアンケートをとったもので、『自由記述データ』シートと、その自由記述を形態素解析した『形態素解析データ』シートで構成されている。1行目は変数名、2行目以降がデータの値である。データを分析して、下の問いの空欄に適切な文字や数値を入力せよ。

『自由記述データ』

ID	性別	学年	授業の感想
1	女性	A	とても面白かった。習った内容を宿題で復習することで、身に付いた。
2	男性	A	知らなかったことを知れてよかった。今後に活かしていきたい。
3	男性	A	難しくてついていけない。
4	男性	A	風邪をひいて欠席してしまったが、なんとかついていけた。

『形態素解析データ』

	A	B	C	D	E	F	G	H	I	J
1	ID	性別	学年	辞書	文境界	書字形（=	語彙素	語彙素読み	品詞	大分類
2	1	女性	A	現代語	B	とても	迚も	トテモ	副詞	副詞
3	1	女性	A	現代語	I	面白かっ	面白い	オモシロイ	形容詞-一:	形容詞
4	1	女性	A	現代語	I	た	た	タ	助動詞	助動詞
5	1	女性	A	現代語	I	。	。		補助記号-	補助記号

1　学年Aについて、「大分類」の「形容詞」の頻度を求めた場合、「書字形（基本形）」の出現頻度が最も高かった単語は［　　　　］である。[文字は全角で入力せよ。]

2　学年Bの女性の「形容詞」について、「書字形（基本形）」のギロー指数は［　　　　］である。[数値は四捨五入して小数第2位までを半角で入力せよ。]

3　学年Aの女子について、「大分類」が「名詞」である語句の中で、最も出現回数の多かった「書字形（基本形）」は、［　　　　］である。[文字は全角で入力せよ。]

4　学年Aの女子は学年Bの女子よりも「大分類」が「名詞」の語句の出

現回数の総計が [　　　] 個多い。[数値を半角、整数で入力せよ。]

5 学年Aについて「品詞大分類」の「動詞」のみを抽出し、「書字形（基本形）」の単語の出現度数を降順で棒グラフに表した（縦軸は度数）。最も適切なグラフを次の①～④のうちから一つを選び、番号を空欄に入力せよ。[番号の数値を半角、整数で入力せよ。]

[　　　]

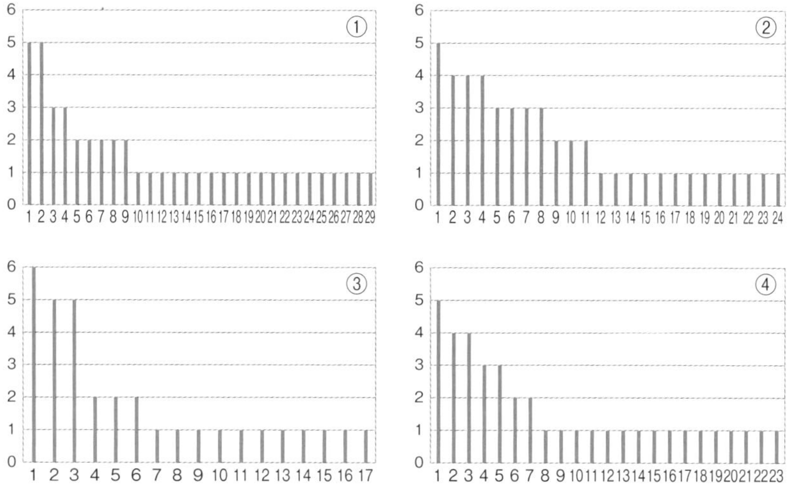

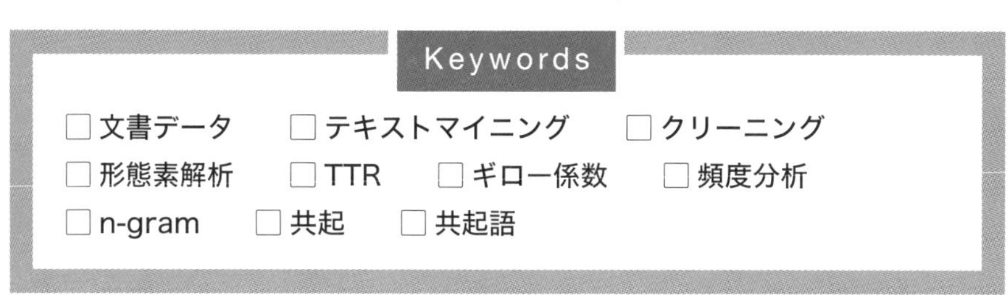

Keywords

☐ 文書データ　☐ テキストマイニング　☐ クリーニング
☐ 形態素解析　☐ TTR　☐ ギロー係数　☐ 頻度分析
☐ n-gram　☐ 共起　☐ 共起語

演習問題の解答

1 難しい　**2** 1.67　**3** 授業　**4** 16　**5** 2

PART

5

時系列・テキスト・乱数データのアナリティクス

第10章 シミュレーションと乱数

コインを５回連続で投げる試行を繰り返すとき、表が出る回数の分布はどのような形状となるでしょうか。数学的に解くこともできますが、10000回といった大きな回数の試行をPCに行わせることで、近似的な分布の形状を把握することも可能です。

このようにデータ分析の分野では、想定される状況を設定し、その環境の中で実験を行うことで模擬的に結論を得るシミュレーションも行われています。

本章では、統計的なシミュレーションに関する基本的事項について学習します。

第10章 シミュレーションと乱数

例題11

エクセルデータシート『乱数で発生させた分布の基本統計量』は、A～Eの5つの分布に従う1000個の乱数について、その基本統計量を求めたものである。ただし、一部の統計量は値を丸めている。このとき、下の問いの空欄に適切な数値を入力せよ。

A		B		C		D		E	
平均	5.004	平均	3.525	平均	5.019	平均	0.796	平均	5.016
標準誤差	0.032	標準誤差	0.045	標準誤差	0.049	標準誤差	0.013	標準誤差	0.071
中央値(メジアン)	5.026	中央値(メジアン)	3.486	中央値(メジアン)	5	中央値(メジアン)	1	中央値(メジアン)	5.000
最頻値(モード)	5.436	最頻値 (モード)	5.170	最頻値(モード)	5	最頻値(モード)	1	最頻値(モード)	5.000
標準偏差	1.016	標準偏差	1.421	標準偏差	1.560	標準偏差	0.403	標準偏差	2.243
分散	1.032	分散	2.018	分散	2.435	分散	0.163	分散	5.033
尖度	0.219	尖度	−1.195	尖度	−0.158	尖度	0.165	尖度	0.187
歪度	−0.042	歪度	−0.031	歪度	0.021	歪度	−1.471	歪度	0.401
範囲	7.465	範囲	4.995	範囲	10	範囲	1	範囲	14.000
最小	0.991	最小	1.002	最小	0	最小	0	最小	0.000
最大	8.456	最大	5.997	最大	10	最大	1	最大	14.000
合計	5004.3	合計	3525.185	合計	5019	合計	796	合計	5016.000
データの個数	1000	データの個数	1000	データの個数	1000	データの個数	1000	データの個数	1000

1 乱数Aは、次の①～⑤の中の1つとして発生させたものである。乱数Aは [　　　] である。[番号の数値を半角、整数で入力せよ。]

① 成功率p=0.5のベルヌーイ乱数

② 0から7までの一様乱数

③ 平均5　標準偏差1の正規乱数

④ λ=5のポアソン乱数

⑤ 成功率p=0.8　試行回数15の二項乱数

2 乱数Bは、次の①～⑤の中の1つとして発生させたものである。乱数Bは [　　　] である。[番号の数値を半角、整数で入力せよ。]

① 成功率p=0.2のベルヌーイ乱数

② 1から6までの一様乱数

③ 平均0　標準偏差1の正規乱数

④ λ=4のポアソン乱数

⑤ 成功率p=0.8　試行回数15の二項乱数

3 乱数Cは、次の①~⑤の中の1つとして発生させたものである。乱数Cは［　　　］である。［番号の数値を半角、整数で入力せよ。］

① 成功率p=0.65のベルヌーイ乱数
② 0から1までの一様乱数
③ λ=5のポアソン乱数
④ 平均0　標準偏差5の正規乱数
⑤ 成功確率p=0.5　試行回数10の二項乱数

4 乱数Dは、次の①~⑤の中の1つとして発生させたものである。乱数Dは［　　　］である。［番号の数値を半角、整数で入力せよ。］

① 成功率p=0.8のベルヌーイ乱数
② 5から10までの一様乱数
③ 平均10　標準偏差5の正規乱数
④ λ=1のポアソン乱数
⑤ 成功率p=0.8　試行回数15の二項乱数

5 乱数Eは、次の①~⑤の中の1つとして発生させたものである。乱数Eは［　　　］である。［番号の数値を半角、整数で入力せよ。］

① 成功率p=0.5のベルヌーイ乱数
② 10から20までの一様乱数
③ 平均0　標準偏差10の正規乱数
④ λ=5のポアソン乱数
⑤ 成功確率p=0.5　試行回数5の二項乱数

1 シミュレーション

❶ 乱数によるシミュレーション

図表10-1は、10cm×10cmの四角形の中に、半径が5cmの円を描いたものです。この円の面積は、公式を用いることで$5 \times 5 \times 3.14 = 78.5\text{cm}^2$と求めることができますが、このほかにも、この面積を求めるアプローチが存在します。

図表10-1　半径5cmの円

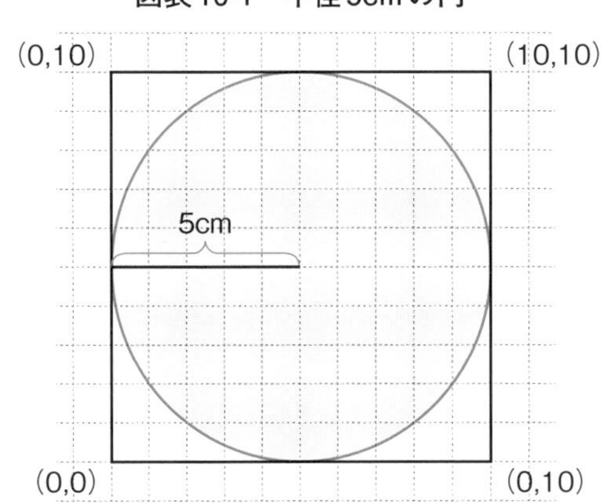

今度は図表10-2をみてください。この表は、1組目から10組目までの対となるX座標とY座標を、乱数を用いて求めたものです。乱数とは、0、1、2、3、4、5、6、7、8、9の10種類の数字が等確率（1/10）でランダムに出現するよう配列された数を指します。図表10-2のX座標とY座標の値は、小数第2位までの0～10の間の値がランダムに出現するように設定され、得られた値です。すなわち変数「X座標」と「Y座標」は、もう一度10組の座標を求めると、全く結果が異なる座標が得られるデータです。

図表10-2 乱数を用いた表

組	X座標	Y座標	中心からの距離	円の内側
1	2.70	4.79	2.31	1
2	4.44	3.58	1.53	1
3	9.18	8.76	5.62	0
4	3.86	9.16	4.31	1
5	8.65	5.77	3.73	1
6	6.39	1.93	3.37	1
7	1.74	3.09	3.78	1
8	6.05	3.08	2.19	1
9	2.93	9.53	4.98	1
10	2.39	8.98	4.76	1

乱数で作成した座標を100組用意し、図表10-1の座標の中に100個の点としてプロットしたものが図表10-3です。円の中に入った点と、入らなかった点があることがわかります。円の中に本当に入っているかどうかは、図表10-2の「中心からの距離」を計算して判断しています。すなわち、円の中心である座標（5,5）と各組の座標との距離が、5以下であれば半径内ということで円に含まれると判断しました。円に含まれる場合を「円の内側」=1、含まれない場合を「円の内側」=0としています。

図表10-3 変数の例

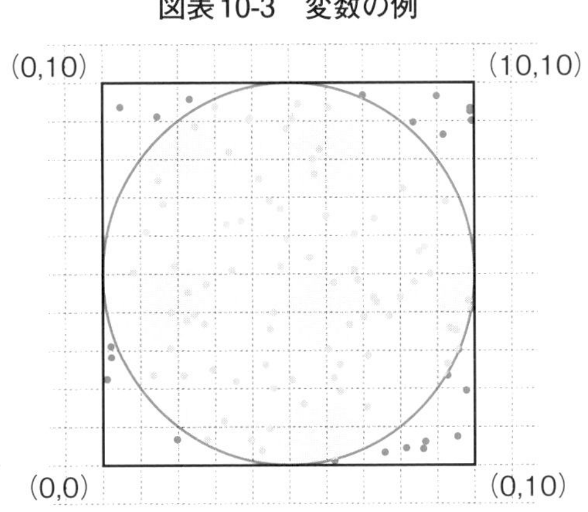

図表10-3を観察すると、77個の点が円の中に含まれ、23個の点が円の外側にあることがわかります。この結果を用いて次のように円の面積を求めると、

円の面積＝四角形×円の中に点が入った割合

$$10\times10\times\frac{77}{100}=77\mathrm{cm}^2$$

となり、公式を使った面積の78.5cm^{2}と、1.5cm^{2}の誤差しか伴っていないことがわかります。このように、問題を解く際に乱数を使う方法を**モンテカルロ法**といいます。この方法は、100、1000、10000とより多くの乱数を用いることで、より精密に面積を把握できるという性質の他に、求める面積が公式が使えないような複雑な形でも構わないという利点をもっています。複雑な方程式を解く際に、モンテカルロ法は有効な手段となり得るのです。

乱数を用いたこのような実験は、確率を伴って生起する事象の発生を、乱数によって模倣しているとみなすことが可能であり、統計学の分野では、これを**シミュレーション**と呼んでいます。

例えば、数学的あるいは合理的に導き出された理論があった際に、実際にデータを取って当てはめて実証する方法の他に、適当な分布に従う乱数を発生させ、それを疑似的なデータとして当てはめてシミュレートするといった理論の検証方法があります。

では、その適当な分布に従う乱数はどのように発生させることが可能でしょうか。

❷ 乱数の発生

図表10-4は、標準正規分布の累積分布関数に、モンテカルロ法を適用した例です。0～1までの値が一様に出現する乱数（一様乱数）を複数発生させ、これを縦軸にとって図中に平行線を引いていきます。この図の例では、きりの良い0.5、0.6、0.9という乱数が偶然発生したとしましょう。累積分布関数と平行線がぶつかったところで、今度はそこから垂線をおろし、X座標を確認していきます。この作業を100回繰り返し、集まったX座標の値をヒストグラムにしたものが次の図表10-5です。およそ正規分布が模倣されていることが伺えます。すなわち、乱数が確率モデルを模倣することができるのです。今回のよう

な、一様乱数を用いて特定の分布に従う乱数を発生させる方法を、逆関数法といいます。累積分布関数の逆関数に一様乱数を引数として指定することで、Excelでもさまざまな分布に従う乱数を発生させることが可能です。

図表10-4　変数の例

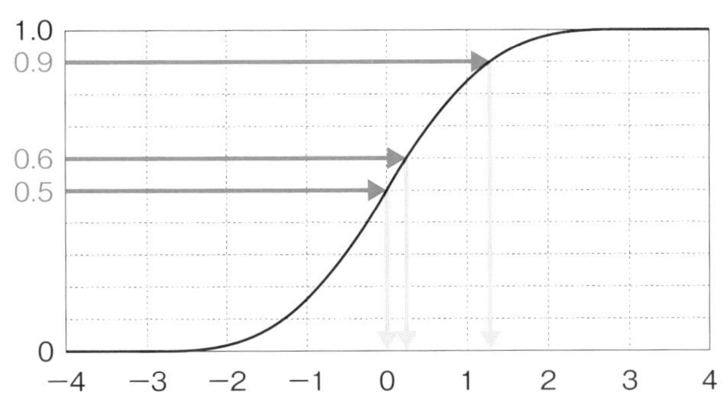

図表10-5　乱数から作成したヒストグラム

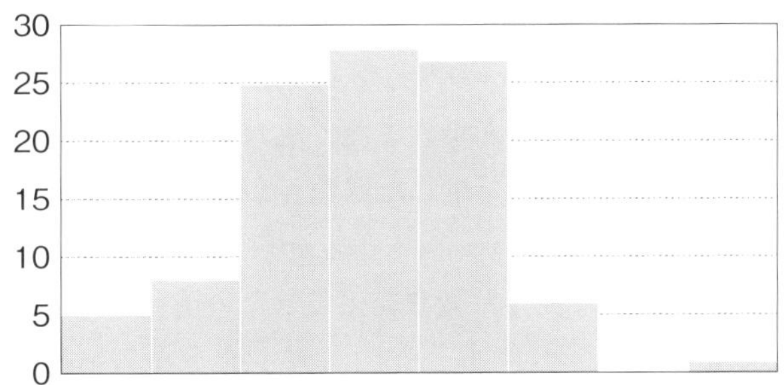

Tips

乱数を発生させるために用いることができる関数

- RAND（）：0～1までの一様乱数を発生させる関数
- RANDBETWEEN（最小値, 最大値）：最小値から最大値までの整数の乱数を発生させる関数

Tips

特定の分布に従う乱数を発生させるために用いることができる逆関数

・NORM.INV（確率, 平均, 標準偏差）：正規分布の逆関数

・BETA.INV（確率, α, β, A, B）：ベータ分布の逆関数

・GAMMA.INV（確率, α, β）：ガンマ分布の逆関数

・CHISQ.INV（確率, 自由度）：χ^2分布の逆関数

・T.INV（確率, 自由度）：ステューデントのt分布の逆関数

・F.INV（確率, 自由度1, 自由度2）：F分布の逆関数

❸ シミュレーションに用いられる関数

Excelでは特定の分布に従う乱数を発生させる機能が備わっています。例えば、コインを投げて表と裏のどちらが出るか、赤と白の玉を1つずつ入れた箱から1つ取出す時に出てくる玉の色は赤か白かのような2種類の事象のみからなる1回の試行の結果が従う分布を**ベルヌーイ分布**といいます。どちらかの事象が生じる確率を生起確率pとすると、その事象が発生した場合は$X=1$、発生しなかった場合は$X=0$とした確率変数Xの期待値と分散はそれぞれ、$E(X)=p$と$V(X)=p(1-p)$となります。また、生起確率pのベルヌーイ試行をn回繰り返した際に、その事象が発生した回数Xが従う分布は**二項分布**と呼ばれ、その期待値と分散は$E(X)=np$, $V(X)=np(1-p)$となります。これらのベルヌーイ分布や二項分布に従う乱数を発生させたい場合には、データ分析機能「乱数発生」でそれぞれ「ベルヌーイ」「二項」を分布名に指定して、生起確率pや、試行回数n、発生させる乱数の数などを入力することで結果を得ることができるでしょう。

Tips

データ分析機能：乱数発生

図表10-6　各種分布の期待値と分散

分布の名称	Excel「乱数発生」機能での名称	期待値	分散
ベルヌーイ分布	ベルヌーイ	$E(X)=p$	$V(X)=p(1-p)$
二項分布	二項	$E(X)=np$	$V(X)=np(1-p)$
正規分布	正規	$E(X)=\mu$	$V(X)=\sigma^2$
ポアソン分布	ポワソン	$E(X)=\lambda$	$V(X)=\lambda$
一様分布	均一	$E(X)=\frac{1}{2}(a+b)$	$V(X)=\frac{1}{12}(b-a)^2$

データ分析機能「乱数発生」では、ベルヌーイ分布や二項分布の他にも指定可能な分布があります。期待値μ、分散σ^2に従う正規乱数や、$E(X)=V(X)=\lambda$に従うポワソン乱数、$E(X)=\frac{1}{2}(a+b)$、$V(X)=\frac{1}{12}(b-a)^2$となる、aからbまでの値を等確率にとる一様乱数などです。**ポアソン分布**（ポワソン分布）は、ある期間の中で平均λ回起きる事象の発生回数が従う分布です。例えば、8時間の営業時間のうち、書類の対面提出が平均$\lambda=3$回起きる事務室において、対面提出が5回、1回、3回起きうる確率を計算することに利用することができます。

例題1の問題を取り上げてみましょう。乱数Aは平均が5.004、分散が1.032、最小値が0.991、最大値が8.456と出ています。もしこの乱数が従う分布が、成功率$p=0.5$のベルヌーイ分布であるならば、$E(X)=0.5$と$V(X)=0.25$となるはずですし、0から7まで（$a=0$, $b=7$）の一様分布に従うならば、最小値も最大値も大きすぎる値となってしまいます。$\lambda=5$のポアソン分布であるならば、平均だけでなく分散も5付近の値を取るはずですが、乱数Aは分散が1.032と大きく下回っています。最後に、成功率$p=0.8$, 試行回数$n=15$の二項分布に従うならば、平均と分散はそれぞれ

$$E(X)=np=0.8\times15=12,\ V(X)=np(1-p)=15\times0.8\times0.2=2.4$$

付近の値となるはずですが、これらとも大きく異なります。$\mu=5$, $\sigma^2=1$, $\sqrt{\sigma^2}=\sigma=1$となる正規分布の値としてはおよそ数値が合致していますので、Aは①～⑤の中では③の正規乱数と考えるのが妥当であるといえるでしょう。

同様に、乱数Bは期待値と分散が

$$E(X)=\frac{1}{2}(a+b)=\frac{1}{2}\times 7=3.5,\ V(X)=\frac{1}{12}(b-a)^2=\frac{25}{12}\fallingdotseq 2.083$$

となることに加え、範囲が4.995と約5であること、1から6の間で値が分布していたことから②の1から6までの一様乱数（$a=1$, $b=6$）が最も適切であることがわかります。

乱数Cは、

$$E(X)=np=10\times 0.5=5,\ V(X)=np(1-p)=10\times 0.5\times 0.5=2.5$$

から⑤の成功率$p=0.8$　試行回数10の二項乱数が、乱数Dは、

$$E(X)=p=0.8,\ V(X)=p(1-p)=0.8\times 0.2=0.16$$

から①の成功率$p=0.8$のベルヌーイ乱数が数値を見比べて最も適切となります。最後に乱数Eは、平均と分散の値が共に5付近であることから、ポアソン乱数が適切だとわかるでしょう。

EXCEL WORK

乱数の発生と基本統計量

動画はコチラから▶

例題11では選択肢の条件から乱数を発生させ、その基本統計量と比べて近似値かどうかを判断して解きます（例題11 1 を解説）。

事前準備1　［データ分析］で［乱数発生］を選択

❶［データ］タブの［データ分析］を選択し（p.141）、分析ツールの中から❷［乱数発生］を選択して❸［OK］を押します。

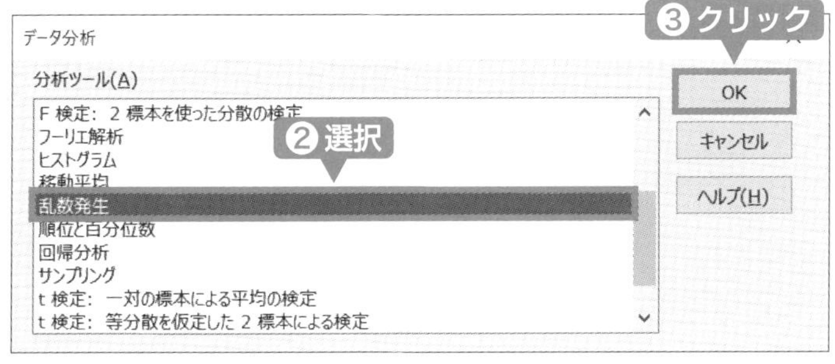

1　ベルヌーイ乱数

手順1　［分布］で［ベルヌーイ］を選択し、引数を入力

❹［乱数発生］ダイアログの［変数の数］［乱数の数］［分布］［パラメータ］［ランダムシード］［出力オプション］を入力します。

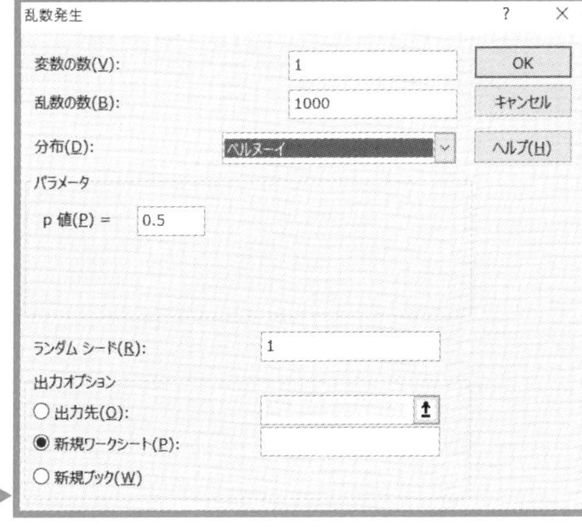

PART 5　時系列・テキスト・乱数データのアナリティクス

例題の解き方 例題11 **1** ①では、[変数の数] は「1」、[乱数の数] は例題で提示されている基本統計量の乱数Aの「データの個数」から「1000」、[分布] は「ベルヌーイ」、[p値] は選択肢から成功率の「0.5」、[ランダムシード] は「1」のままで、出力先を選びます。

手順2 出力された乱数から基本統計量を測る

❺出力された乱数を選択したまま、[データ] タブの [データ分析] を選択し、分析ツールの中から❻ [基本統計量] を選択して❼ [OK] を押します。❽ [基本統計量] ダイアログの [入力元] と [出力オプション] を確認して、[OK] を押すと❾基本統計量が出力されます。

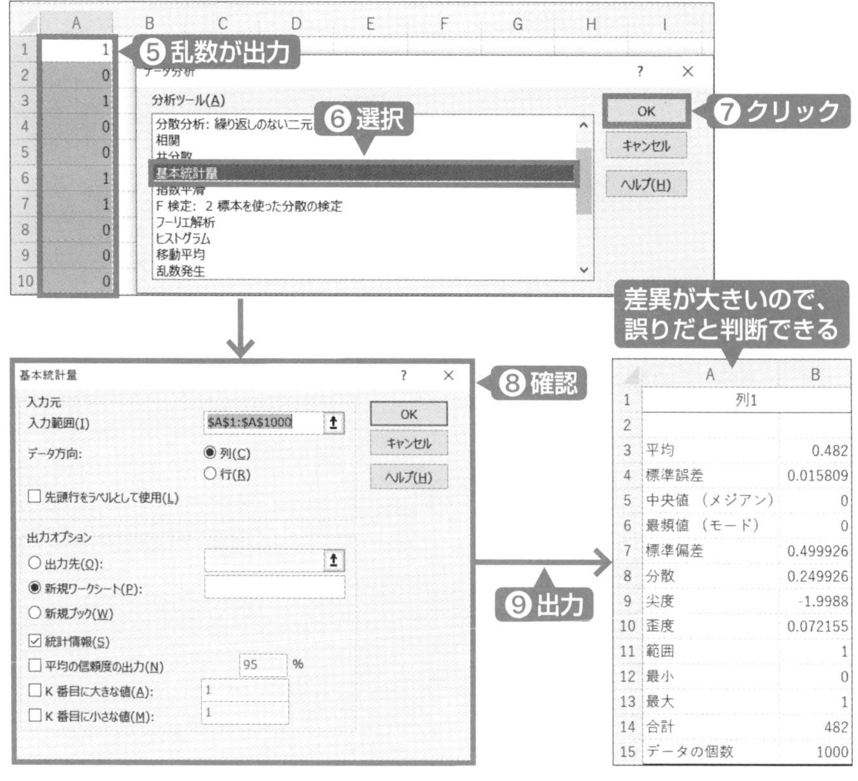

	A	B
1	列1	
2		
3	平均	0.482
4	標準誤差	0.015809
5	中央値 (メジアン)	0
6	最頻値 (モード)	0
7	標準偏差	0.499926
8	分散	0.249926
9	尖度	-1.9988
10	歪度	0.072155
11	範囲	1
12	最小	0
13	最大	1
14	合計	482
15	データの個数	1000

例題の解き方 例題11 **1** ①では、提示された基本統計量と差異が大きいので、誤りと判断します。

2　一様乱数

手順1　［分布］で［均一］を選択し、引数を入力

❹［乱数発生］ダイアログの［変数の数］［乱数の数］［分布］［パラメータ］［ランダムシード］［出力オプション］を入力します。

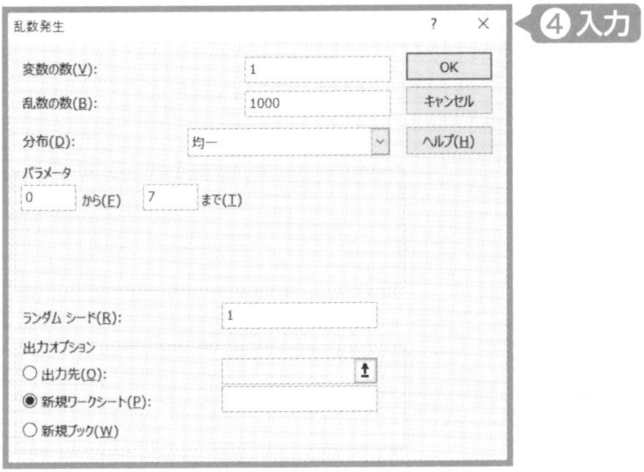

乱数発生　?　×
変数の数(V):　1　OK
乱数の数(B):　1000　キャンセル
分布(D):　均一　ヘルプ(H)
パラメータ
0　から(F)　7　まで(T)
ランダム シード(R):　1
出力オプション
○ 出力先(O):
◉ 新規ワークシート(P):
○ 新規ブック(W)

❹入力

例題の解き方　例題11 ❶ ②では、［変数の数］は「1」、［乱数の数］は例題で提示されている基本統計量の乱数Aの「データの個数」から「1000」、［分布］は「均一」、［パラメータ］は選択肢から「0から7まで」、［ランダムシード］は「1」のままで、出力先を選びます。

手順2　出力された乱数から基本統計量を測る

❺出力された乱数を選択したまま、［データ］タブの［データ分析］を選択し、分析ツールの中から❻［基本統計量］を選択して❼［OK］を押します。❽［基本統計量］ダイアログの［入力元］と［出力オプション］を確認して、［OK］を押すと❾基本統計量が出力されます。

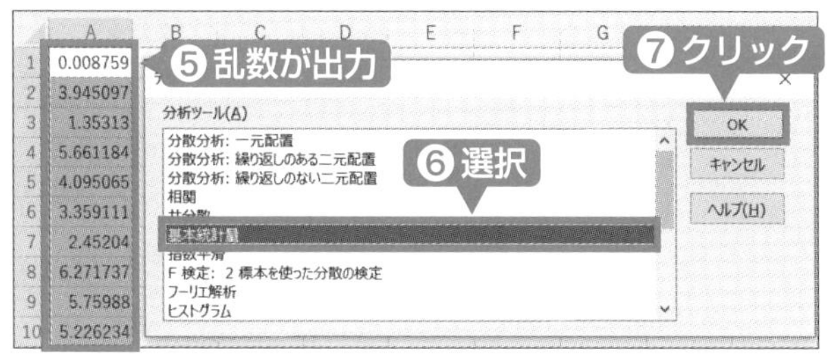

1	列1	
2		
3	平均	3.502917
4	標準誤差	0.063818
5	中央値 （メジアン）	3.651891
6	最頻値 （モード）	2.127964
7	標準偏差	2.018102
8	分散	4.072736
9	尖度	-1.20077
10	歪度	-0.06691
11	範囲	6.991882
12	最小	0.005982
13	最大	6.997864
14	合計	3502.917
15	データの個数	1000

例題の解き方　例題11 **1** ②では、提示された基本統計量と差異が大きいので、誤りと判断します。

3　正規乱数

手順1　［分布］で［正規］を選択し、引数を入力

❹［乱数発生］ダイアログの［変数の数］［乱数の数］［分布］［パラメータ］［ランダムシード］［出力オプション］を入力します。

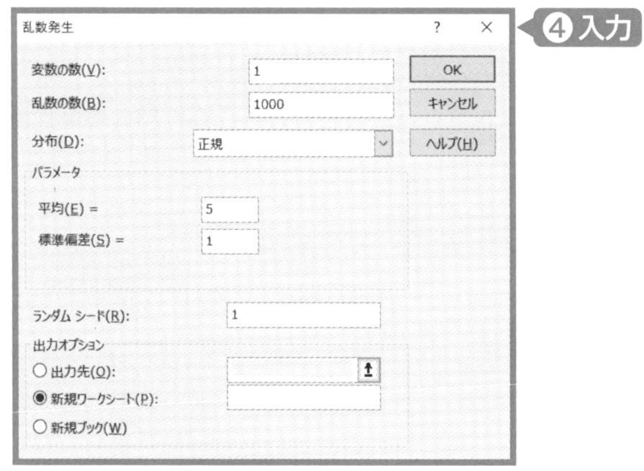

例題の解き方　例題11 **1** ③では、［変数の数］は「1」、［乱数の数］は例題で提示されている基本統計量の乱数Aの「データの個数」から「1000」、［分布］は「正規」、［パラメータ］は選択肢から「平均が5、標準偏差が1」、［ランダムシード］は「1」のままで、出力先を選びます。

手順2　出力された乱数から基本統計量を測る

❺出力された乱数を選択したまま、［データ］タブの［データ分析］を選択し、分析ツールの中から❻［基本統計量］を選択して❼［OK］を押します。❽［基本統計量］ダイアログの［入力元］と［出力オプション］を確認して、［OK］を押すと❾基本統計量が出力されます。

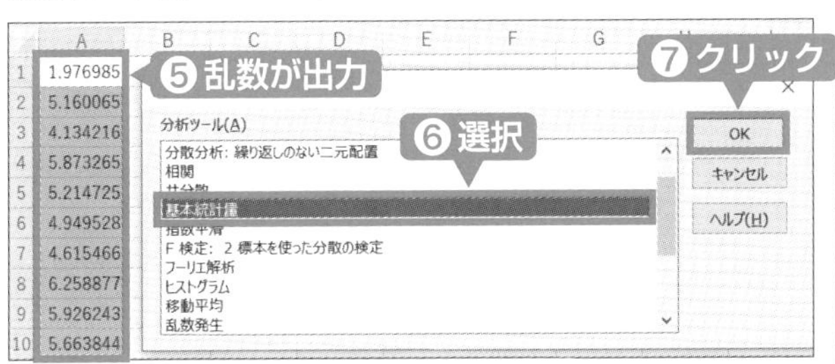

		列1
1		列1
2		
3	平均	4.989597
4	標準誤差	0.031858
5	中央値（メジアン）	5.054417
6	最頻値（モード）	4.487055
7	標準偏差	1.00743
8	分散	1.014915
9	尖度	0.167481
10	歪度	-0.0846
11	範囲	6.563932
12	最小	1.863335
13	最大	8.427267
14	合計	4989.597
15	データの個数	1000

例題の解き方　例題11 1 ③では、提示された基本統計量と差異が小さいので、該当すると判断します。

4　ポアソン乱数（ポワソン乱数）

手順1　［分布］で［ポワソン］を選択し、引数を入力

❹［乱数発生］ダイアログの［変数の数］［乱数の数］［分布］［パラメータ］［ランダムシード］［出力オプション］を入力します。

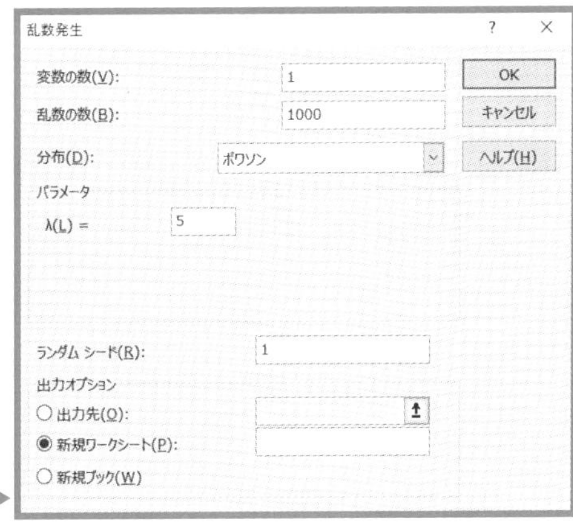

PART 5 時系列・テキスト・乱数データのアナリティクス

例題の解き方　例題11 ❶ ④では、［変数の数］は「1」、［乱数の数］は例題で提示されている基本統計量の乱数Aの「データの個数」から「1000」、［分布］は「ポワソン」、［パラメータ］は選択肢から「λ=5」、［ランダムシード］は「1」のままで、出力先を選びます。

手順 2　出力された乱数から基本統計量を測る

❺出力された乱数を選択したまま、［データ］タブの［データ分析］を選択し、分析ツールの中から❻［基本統計量］を選択して❼［OK］を押します。❽［基本統計量］ダイアログの［入力元］と［出力オプション］を確認して、［OK］を押すと❾基本統計量が出力されます。

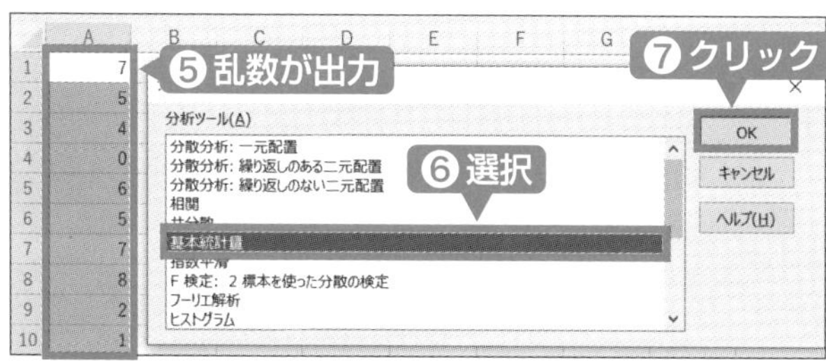

差異が大きいので、誤りだと判断できる

	列1	
2		
3	平均	5.112
4	標準誤差	0.07224
5	中央値（メジアン）	5
6	最頻値（モード）	5
7	標準偏差	2.284442
8	分散	5.218675
9	尖度	0.397715
10	歪度	0.507056
11	範囲	14
12	最小	0
13	最大	14
14	合計	5112
15	データの個数	1000

例題の解き方　例題11 ❶ ④では、提示された基本統計量と差異が大きいので、誤りと判断します。

5　二項乱数

手順 1　［分布］で［二項］を選択し、引数を入力

❹［乱数発生］ダイアログの［変数の数］［乱数の数］［分布］［パラメータ］［ランダムシード］［出力オプション］を入力します。

例題の解き方　例題11 ❶ ⑤では、［変数の数］は「1」、［乱数の数］は例題で提示されている基本統計量の乱数Aの「データの個数」から「1000」、［分布］は「二項」、［パラメータ］は選択肢から「p値は0.8、試行回数は15」、［ランダムシード］は「1」のままで、出力先を選びます。

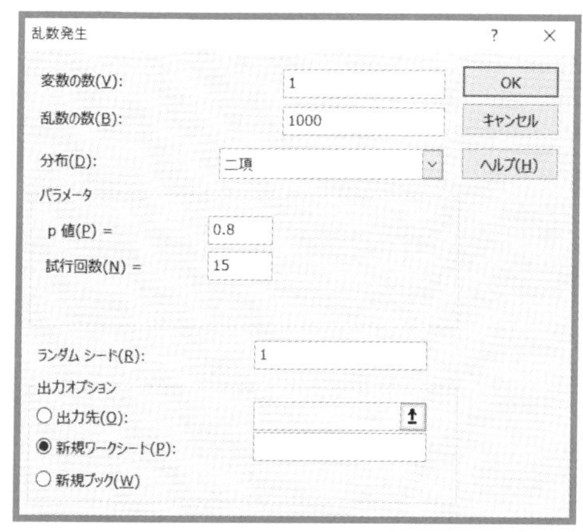

手順 2　出力された乱数から基本統計量を測る

❺出力された乱数を選択したまま、［データ］タブの［データ分析］を選択し、分析ツールの中から❻［基本統計量］を選択して❼［OK］を押します。❽［基本統計量］ダイアログの［入力元］と［出力オプション］を確認して、［OK］を押すと❾基本統計量が出力されます。

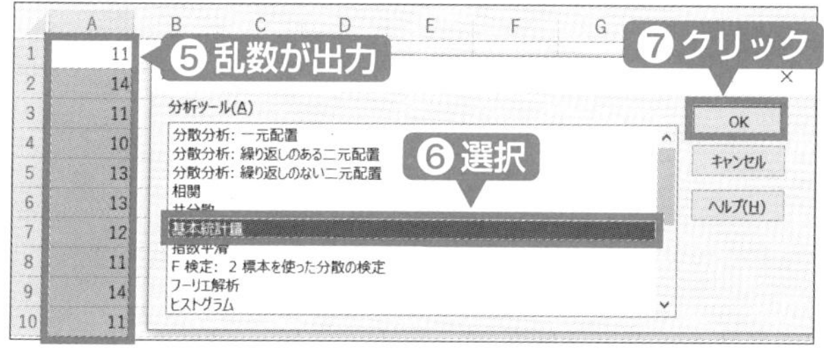

差異が大きいので、誤りだと判断できる

		列1
1		列1
2		
3	平均	11.966
4	標準誤差	0.048695
5	中央値 （メジアン）	12
6	最頻値 （モード）	13
7	標準偏差	1.539875
8	分散	2.371215
9	尖度	-0.19678
10	歪度	-0.25775
11	範囲	9
12	最小	6
13	最大	15
14	合計	11966
15	データの個数	1000

例題の解き方　例題11 ❶ ⑤では、提示された基本統計量と差異が大きいので、誤りと判断します。

2 代表的なシミュレーション

本節では、前節の内容を用いて、2つの代表的なシミュレーション実験について取り上げ、どのような手順でシミュレーションが行われるのかについて、その具体例を示します。

❶ コイン投げのシミュレーション

表と裏の出る確率の等しいコインを5回投げたときに、3回以上表が出る確率をシミュレーションによって求めます。まず、その答えとしては、コインをn回投げたときに、x回表が出る確率は${}_nC_x(1/2)^x(1/2)^{n-x}={}_nC_x/2^n$となることから、3回以上表が出る確率は$({}_5C_3+{}_5C_4+{}_5C_5)/2^5=(10+5+1)/32=1/2$となります。

この試行をシミュレーションする場合には、まずコイン投げが、表と裏という2つの結果からなる生起確率が0.5のベルヌーイ試行であるとします。その上で、試行回数を5回とする二項分布に従う乱数を発生させ、表が出た回数を数えます。

図表10-7　5回のコイン投げのシミュレーション

表の数	0	1	2	3	4	5	総計
回数	312	1593	3178	3097	1524	296	10000
割合	0.0312	0.1593	0.3178	0.3097	0.1524	0.0296	1

図表10-7は、コイン投げのシミュレーションの結果をまとめたものです。この表における「回数」の各値は、以下の手順で算出しています。

シミュレーションの手順

①「データの分析」の「乱数発生」を用い、生起確率（p）＝0.5のベルヌーイ分布に従う乱数を発生させる。その際に、コインを5回投げる試行を再現するために「変数の数」は5とし、「乱数の数」は10000とする。

②「変数の数」で発生させた5回の試行の結果ごとに表が出た数を合計し、その合計値を「表の数」とする。

③「表の数」を層別に用い、ピボットテーブルで表の出た数ごとに、その出現回数を「回数」として集計する。

今回の例では、乱数発生の際のランダムシードは1を用いた。

この表から、3回以上表が出た割合は0.3097＋0.1524＋0.0296≒0.4917となり、計算結果とシミュレーションがおよそ似た結果となったことがわかりました。

❷ 大数の法則のシミュレーション

続いて、大数の（弱）法則が成り立つかどうかをシミュレーションを通じて確かめます。**大数の（弱）法則**とは、平均μ、分散σ^2をもち、同一の確率分布に従う互いに独立なn個の確率変数Xについて、nが無限に大きくなっていくときに、以下が成り立つという法則です。εはごく小さな値になります。

$$\lim_{n\to\infty} P(|\bar{x}-\mu|>\varepsilon)=0 \text{ または } \lim_{n\to\infty} P(|\bar{x}-\mu|<\varepsilon)=1$$

すなわち、期待値と分散をもち、互いに同分布に従う確率変数の平均値は、データが無限に大きくなるにつれ、母平均に一致していくということを示しています。これをシミュレーションで示すため、以下の手順を取ります。今回はどの面も出る確率が等しいサイコロを用いることとします。

Tips

シミュレーションの手順

① RANDBETWEEN(1,6)を用い、1～6の整数をランダムに発生させる。発生させる回数は10000回とする。

② 今回は「6の目」が出る回数に着目し、6の目が出た回数の累積和を、それまでの試行回数で割っていくことで、標本において6の目が出た平均値の推移を記録する

③ $\mu=1/6$、$\varepsilon=0.01$とし、②の平均値の算出ごとに$|\bar{x}-\mu|$を計算する。

図表10-8は、このシミュレーションの結果です。図の一番上の線は6の目の割合の推移を示しており、初めはなかなか6の目が出ずに推移が大きく変動していたものの、やがてその変動は落ち着き、10000回を迎える頃には母平均である1/6（約0.1667）に近づいていることが伺えます。

また、下の線は母平均と標本平均との差異を示したものであり、破線は$\varepsilon=0.01$のラインを示しています。6の目の出る割合の標本平均が母数の値に近づくことで、それらの差異であった下の線の値が0に近くなっていく様子が伺えます。また、$\varepsilon=0.01$のラインを途中から下回り続けている様子も伺えることから、nが無限に大きくなるに従い、標本平均と母平均の差異が小さくなっていく大数の弱法則が成り立つ様子をみることができます。

図表10-8　大数の法則のシミュレーション

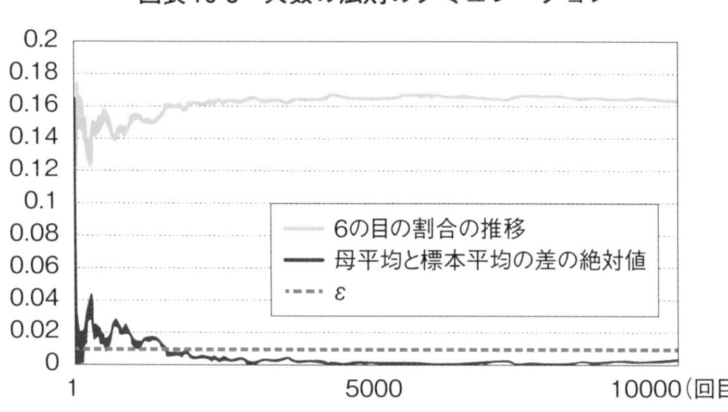

3 例題の解答と演習問題

例題11

1 乱数Aは、次の①～⑤の中の1つとして発生させたものである。乱数Aは [3] である。[番号の数値を半角、整数で入力せよ。]

2 乱数Bは、次の①～⑤の中の1つとして発生させたものである。乱数Bは [2] である。[番号の数値を半角、整数で入力せよ。]

3 乱数Cは、次の①～⑤の中の1つとして発生させたものである。乱数Cは [5] である。[番号の数値を半角、整数で入力せよ。]

4 乱数Dは、次の①～⑤の中の1つとして発生させたものである。乱数Dは [1] である。[番号の数値を半角、整数で入力せよ。]

5 乱数Eは、次の①～⑤の中の1つとして発生させたものである。乱数Eは [4] である。[番号の数値を半角、整数で入力せよ。]

演習問題

エクセルデータシート『乱数で発生させた分布の基本統計量』は、A～Eの5つの分布に従う1000個の乱数について、その基本統計量を求めたものである。ただし、一部の統計量は値を丸めている。このとき、下の問いの空欄に適切な数値を入力せよ。

A		B		C		D		E	
平均	0.04	平均	2.99	平均	1.51	平均	0.49	平均	3.99
標準誤差	0.03	標準誤差	0.05	標準誤差	0.03	標準誤差	0.02	標準誤差	0.03
中央値（メジアン）	0.05	中央値（メジアン）	3.00	中央値（メジアン）	1.53	中央値（メジアン）	0.00	中央値（メジアン）	4.00
最頻値（モード）	−0.64	最頻値（モード）	2.00	最頻値（モード）	0.68	最頻値（モード）	0.00	最頻値（モード）	4.00
標準偏差	0.97	標準偏差	1.70	標準偏差	0.88	標準偏差	0.50	標準偏差	0.90
分散	0.94	分散	2.90	分散	0.77	分散	0.25	分散	0.81
尖度	−0.05	尖度	−0.11	尖度	−1.25	尖度	−2.00	尖度	−0.14
歪度	−0.03	歪度	0.45	歪度	−0.01	歪度	0.03	歪度	−0.62
範囲	6.44	範囲	9.00	範囲	3.00	範囲	1.00	範囲	4.00
最小	−3.36	最小	0.00	最小	0.00	最小	0.00	最小	1.00
最大	3.09	最大	9.00	最大	3.00	最大	1.00	最大	5.00
合計	37.03	合計	2990.00	合計	1506.62	合計	493.00	合計	3989.00
データの個数	1000	データの個数	1000	データの個数	1000	データの個数	1000	データの個数	1000

1 乱数Aは、次の①～⑤の中の1つとして発生させたものである。乱数Aは [　　　] である。［番号の数値を半角、整数で入力せよ。］

① 成功率p=0.6のベルヌーイ乱数

② 0から10までの一様乱数

③ λ=1のポアソン乱数

④ 平均0標準偏差1の正規乱数

⑤ 成功率p=0.5　試行回数15の二項乱数

2 乱数Bは、次の①～⑤の中の1つとして発生させたものである。乱数Bは [　　　] である。［番号の数値を半角、整数で入力せよ。］

① 成功率p=0.8のベルヌーイ乱数

② 0から15までの一様乱数

③ λ=3のポアソン乱数

④ 平均3標準偏差5の正規乱数

⑤ 成功率p=0.5　試行回数10の二項乱数

3 乱数Cは、次の①～⑤の中の1つとして発生させたものである。乱数Cは [　　　] である。［番号の数値を半角、整数で入力せよ。］

① 成功率p=0.3のベルヌーイ乱数
② 0から3までの一様乱数
③ λ=3のポアソン乱数
④ 平均4標準偏差10の正規乱数
⑤ 成功率p=0.5　試行回数5の二項乱数

4 乱数Dは、次の①～⑤の中の1つとして発生させたものである。乱数Dは ［　　］ である。[番号の数値を半角、整数で入力せよ。]
① 成功率p=0.5のベルヌーイ乱数
② 0から10までの一様乱数
③ λ=2のポアソン乱数
④ 平均0標準偏差1の正規乱数
⑤ 成功率p=0.5　試行回数12の二項乱数

5 乱数Eは、次の①～⑤の中の1つとして発生させたものである。乱数Eは ［　　］ である。[番号の数値を半角、整数で入力せよ。]
① 成功率p=0.85のベルヌーイ乱数
② 1から3までの一様乱数
③ λ=1のポアソン乱数
④ 平均0標準偏差1の正規乱数
⑤ 成功率p=0.8　試行回数5の二項乱数

Keywords

□乱数　□シミュレーション　□逆関数法　□ベルヌーイ分布
□一様分布　□大数の弱法則

演習問題の解答

1 4　**2** 3　**3** 2　**4** 1　**5** 5

PART

6

実践模擬問題

第11章

模擬問題と解答

統計検定データサイエンス基礎試験は大問8題（大問1題当たり小問5問）で構成されます。本章では学習の総仕上げとして、実際にExcelを用いた模擬問題に取り組みます。

実際の試験は制限時間が90分となります。

第11章 模擬問題と解答

問題1

エクセルデータシート『8月売上データ』は、ある食品卸会社の販売部署において8月に記録された191件の販売取引のデータである。データを分析して、下記の問いの空欄に適切な文字や数値を入力せよ。

	A	B	C	D	E
1	データ番号	課名	担当者名	業種	8月 売上金額(円)
2	1	営業1課	T.N.	給食業	1,689,621
3	2	営業1課	T.N.	ミニスーパー	204,516
4	3	営業1課	T.N.	ミニスーパー	37,260
5	4	営業1課	T.N.	スーパー	2,621,256
6	5	営業1課	T.N.	レストラン	529,894
7	6	営業1課	T.N.	スーパー	193,561
8	7	営業1課	T.N.	スーパー	1,208,170
9	8	営業1課	T.N.	コンビニ	687,898

1 この部署全体で8月に取引された「業種」の種類は、全部で ☐ 個である。[数値は半角、整数で入力せよ。]

2 営業2課において、8月の売上金額の合計が最も大きかった「業種」は、☐ である。[文字を全角で入力せよ。]

3 部署全体における売上金額合計に対して「業種」別の売上金額をみたとき、上位3つの業種の累積販売金額は、全体の ☐ %を占める。[数値は四捨五入して小数第1位までを半角で入力せよ。]

4 「業種」スーパーとの取引件数が最も多かった営業課は、営業 ☐ 課である。[数値は半角、整数で入力せよ。]

5 売上金額に対して「業種」と「営業課」のクロス集計表を求め、特化係数を計算した。営業2課で特化係数が1を超えて最も大きかったのは、食堂業であった。これから言えることとして以下の2つの記述がある：

イ．各業種の売上金額合計を100%として営業課別の構成割合をみたとき、他の業種と比較して、営業2課が占める割合が最も大きくなるのが食堂業である。

ロ．各営業課の売上金額合計を100%として業種別の構成割合をみたとき、他の課と比較して、食堂業が占める割合が最も大きくなるのが営業2課である。

2つの記述の正誤のパターンとして最も適切なものを次の①～④のうちから一つ選び、番号を入力せよ。

① どちらも誤っている。

② イの記述のみ正しい。

③ ロの記述のみ正しい。

④ どちらも正しい。

[番号の数値を半角、整数で入力せよ。（例：解答が③の場合は、半角数字の3を入力）]

問題2

エクセルデータシート『中華まんとお茶の嗜好調査』は、来店顧客400人に中華まん（肉／野菜）とお茶（緑茶／麦茶）の種類でより好きな方を選んでもらったアンケート結果である。データを分析して、下の問いの空欄に適切な文字や数値を入力せよ。

	A	B	C	D	E
1	回答者番号	性別	若者／年配者	肉まん/野菜まん	緑茶／麦茶
2	1	男	年配者	肉まん	麦茶
3	2	男	年配者	肉まん	麦茶
4	3	男	年配者	肉まん	麦茶
5	4	女	年配者	野菜まん	緑茶
6	5	女	年配者	野菜まん	麦茶
7	6	男	年配者	野菜まん	麦茶
8	7	女	若者	野菜まん	緑茶

1 肉まんと緑茶の組み合わせを選択した人数は、[　　　]人である。[数値は半角、整数で入力せよ。]

2 緑茶を選択した人の割合は、野菜まんを選択した人のグループと肉まんを選択した人のグループで異なる。その差は、[　　　]%ポイントである。ただし、値の大きい方から小さい方を引くこと。[数値は四捨五入して小数第1位までを半角で入力せよ。]

3 このデータには、4つの変数A:「性別」、B:「若者/年配者」、C:「肉まん/野菜まん」、D:「緑茶/麦茶」がある。クロス集計分析の結果として以下の2つの記述がある。

イ. 変数CとDには、集計の記述的な観点から、明らかに関連があるが、この関連は、変数Aによって説明されるものである。すなわち、変数Aで条件を付けると、変数CとDの間の関連は、ほぼ消失する。

ロ. 変数CとDには、集計の記述的な観点から、明らかに関連があるが、この関連は、変数Bによって説明されるものである。すなわち、変数Bで条件を付けると、変数CとDの間の関連は、ほぼ消失する。

2つの記述の正誤のパターンとして最も適切なものを次の①~④のうちから一つ選び、番号を入力せよ。

① どちらも誤っている。

② イの記述のみ正しい。

③ ロの記述のみ正しい。

④ どちらも正しい。

[番号の数値を半角、整数で入力せよ。(例:解答が③の場合は、半角数字の3を入力)]

[　　　]

4 下の表は、変数C:「肉まん/野菜まん」と変数D:「緑茶/麦茶」には関係がない(独立である)と仮定したときの期待度数表である。

	麦茶	緑茶
肉まん	a	b
野菜まん	c	d

aに入る値は、[ ]である。[数値は四捨五入して小数第1位までを半角で入力せよ。]

5 変数C:「肉まん／野菜まん」と変数D:「緑茶／麦茶」には関係がない（独立である）ことをχ^2検定で確認することとした。このときのχ^2検定統計量の値は、[ ]である。[数値は四捨五入して小数第1位までを半角で入力せよ。]

問題3

エクセルデータシート『コピー機のトナー交換日数』は、ある施設の5箇所に設置されているコピー機A～Eの、前回から次回のトナー交換が行われた経過日数の記録から、無作為に20回分の結果を取り出した架空のデータである。データを分析して、下の問いの空欄に適切な文字や数値を入力せよ。

回数	コピー機	経過日数
1	A	98
1	B	82
1	C	19
1	D	30
1	E	352
2	A	101
2	B	123
2	C	124
2	D	73
2	E	249

1 コピー機Bの「経過日数」の平均は[ ]日である。[数値は四捨五入して小数第1位までを半角で入力せよ。]

2 コピー機Eの「経過日数」について、不偏分散に基づく標本標準偏差は[ ]である。[数値は四捨五入して小数第1位までを半角で入力せよ。]

3 「経過日数」の範囲が最も大きいコピー機の範囲の値は[ ]である。[数値は半角、整数で入力せよ。]

4 次の図は、A～Eのコピー機のトナーの交換日数を箱ひげ図にしたものである。

ただしこの中には、1つだけA～Eのデータから作成されたものではない箱ひげ図が存在する。次の①～⑤のうちから、これに当てはまるものとして最も適切なものを一つ選び、番号を空欄に入力せよ。

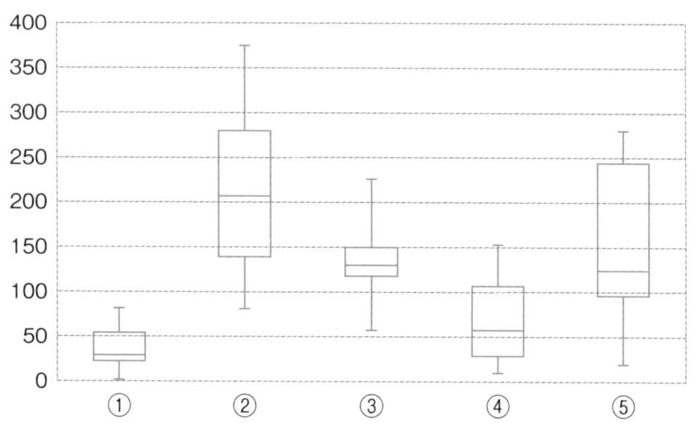

［番号の数値を半角、整数で入力せよ。（例：解答が③の場合は、半角数字の3を入力）］

［　　　］

5 変動係数の値が3番目に大きいコピー機は［　　　］である。［文字は半角大文字で入力せよ。］

問題4

エクセルデータシート『ゲームキャラクターのステータス』は、ある架空のゲームにおいて200人のプレイヤーが育てた「A」「B」2種類の職業に属するキャラクターの「レベル」や「攻撃力」といったステータスを納めたデータである。データを分析して、下の問いの空欄に適切な文字や数値を入力せよ。

	A	B	C	D	E	F	G	H
1	ID	職業	レベル	攻撃力	防御力	魔法力	回避力	体力
2	1	A	42	4187	2095	715	3527	531
3	2	A	40	3832	990	431	2685	1478
4	3	B	90	954	8223	1140	4226	10249
5	4	B	16	697	1931	352	1136	1779
6	5	B	66	1107	7446	790	1559	3480
7	6	A	76	8092	1337	865	4931	1023
8	7	A	51	5926	1315	946	2410	617
9	8	A	34	4241	1727	706	2616	1152
10	9	A	75	8487	3536	1060	3296	2405

1 「レベル」と「体力」の相関係数は、［　　　］である。[数値は四捨五入して小数第2位までを符号を含めて半角で入力せよ。]

2 キャラクターごとに「攻撃力」、「防御力」、「魔法力」、「回避力」、「体力」を合計し、それを「レベル」で割った「1レベルあたりの合計ステータス」を作成した。職業AとBの「1レベルあたりの合計ステータス」の平均値の差はいくらか。ただし、値の大きい方から小さい方を引くこと。[数値は四捨五入して小数第2位までを半角で入力せよ。]

［　　　］

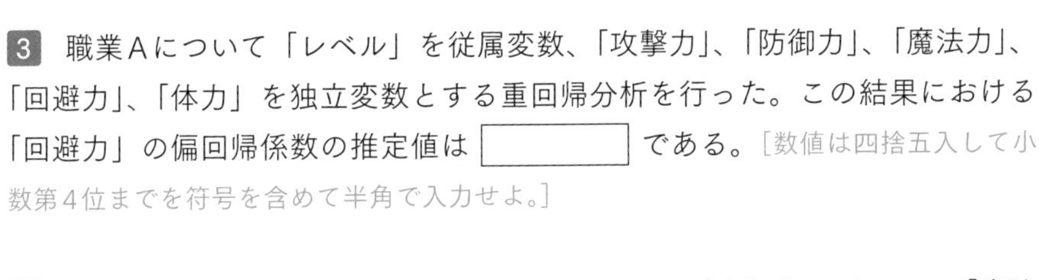

3 職業Aについて「レベル」を従属変数、「攻撃力」、「防御力」、「魔法力」、「回避力」、「体力」を独立変数とする重回帰分析を行った。この結果における「回避力」の偏回帰係数の推定値は［　　　］である。[数値は四捨五入して小数第4位までを符号を含めて半角で入力せよ。]

4 **3**の予測式を用いた場合、「攻撃力」が4000、「防御力」が1500、「魔法力」が500、「回避力」が1600、「体力」が1000のキャラクターのレベルの予測値は［　　　］となる。[数値は四捨五入して整数を半角で入力せよ。]

5 **3**の回帰直線から最も離れた値を示す「ID」は、［　　　］である。[番号の数値を半角、整数で入力せよ。]

問題5

農家Aでは、規格外のきゅうりの収穫率が8%であることがわかっている。この農家Aで1500本のきゅうりが収穫されたとき、収穫される規格外のきゅうりの本数をX本とする。データを分析して、下の問いの空欄に適切な文字や数値を入力せよ。

1 Xの平均（期待値）は、[　　　] である。[数値は半角、整数で入力せよ。]

2 Xの標準偏差は、[　　　] である。[数値は、四捨五入して小数第1位までを半角数字で入力せよ。]

3 Xが従う分布として、次の①～④のうちから、最も近い分布を一つ選び、番号を空欄に入力せよ。[番号の数値を半角、整数で入力せよ。(例：解答が③の場合は、半角数字の3を入力)]

① t分布　② 一様分布　③ カイ二乗分布　④ 正規分布

4 **3**の分布に基づき、1日の規格外のきゅうりの本数Xが100本以下となる確率は、[　　　] である。[数値は、四捨五入して小数第2位までを半角数字で入力せよ。]

5 ある会社では、農家Aからの1500本に加え、規格外のきゅうりの収穫率が6%である農家Bからも2500本のきゅうりを収穫し、合計4000本を収穫することになった。収穫されたきゅうりが規格外であったとき、それが農家Aのきゅうりである確率は、[　　　] である。[数値は、四捨五入して小数第3位までを半角数字で入力せよ。]

問題6

ある会社では、10年目社員と中途採用者でどの程度、当該分野における基礎知識に違いがあるかを調査することにした。エクセルデータシート『基礎知識テストのデータ』は、10年目社員と中途採用者をそれぞれ無作為に20名選び、基礎知識に関するテスト（30点満点）の結果を記録したデータである。データを分析して、下の問いの空欄に適切な文字や数値を入力せよ。

	A	B	C
1	ID	10年目社員（点）	中途採用者（点）
2	1	21	28
3	2	28	22
4	3	25	22
5	4	27	22
6	5	27	22
7	6	28	20
8	7	23	24

1 10年目社員の基礎知識テストの点数に関する母平均の推定値は、［　　　］点である。［数値は、四捨五入して小数第1位までを半角数字で入力せよ。］

2 10年目社員の基礎知識テストの点数に関する母分散の推定値は、［　　　］点である。［数値は、四捨五入して小数第1位までを半角数字で入力せよ。］

3 10年目社員の基礎知識テストの点数に関する母平均のt分布に基づく信頼度95％の信頼区間の上限は［　　　］点である。［数値は、四捨五入して小数第1位までを半角数字で入力せよ。］

4 基礎知識テストの点数に関して、「10年目社員と中途採用者の分散が等しくないこと」を仮定して、2群の母平均の差の両側検定を行った。このときのp値は、［　　　］である。［数値は、四捨五入して小数第3位までを半角数字で入力せよ。］

5 **4**の仮説検定の結果の記述として、次の①～④のうちから、最も適切なものを一つ選び、番号を空欄に入力せよ。［番号の数値を半角、整数で入力せよ。（例：解答が③の場合は、半角数字の3を入力）］

① 有意水準5%で、2群の平均値に有意な差がある。

② 有意水準1%で、2群の平均値に有意な差がある。

③ 有意水準5%で、2群の平均値に有意な差があるとは言えない。

④ 有意水準1%で、2群の平均値は等しいと言える

問題7

エクセルデータシート『3店舗の月別売上高』は、ある企業が有する3店舗の2年分の月別売上高（単位：千円）である。データを分析して、下の問いの空欄に適切な文字や数値を入力せよ。

	A	B	C	D
1		店舗A	店舗B	店舗C
2	2020年1月	10003	4142	4085
3	2月	6166	2787	3616
4	3月	7858	5618	4309
5	4月	8159	4058	3887
6	5月	8343	3399	3877
7	6月	8938	2484	3900
8	7月	8526	3553	4534
9	8月	4412	2200	3338
10	9月	5972	3305	3823
11	10月	8721	3484	4373
12	11月	9744	3284	4329
13	12月	11801	3781	5039

1 グラフは2年間のある店舗の月別売上高の推移を表している。

ある店舗の売上高の年間推移

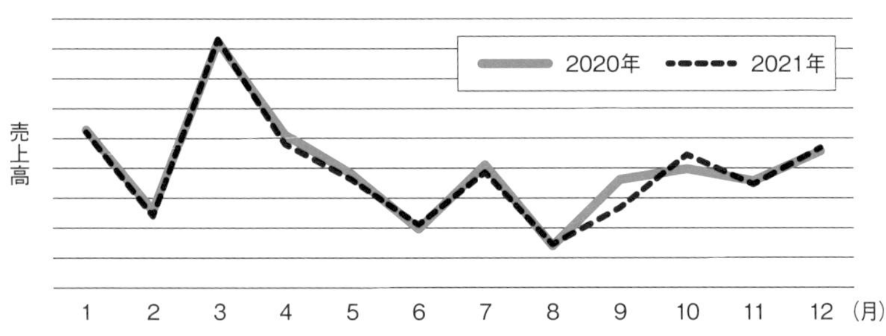

この店舗として適切なものを次の①～③のうちから一つ選び、番号を空欄に入

力せよ。[番号の数値を半角、整数で入力せよ。]

① A

② B

③ C

[ ]

2 店舗Aの売上高に関して、2020年8月を基準100にしたときの2021年8月の指数は、[ ] である。[数値は四捨五入して小数第1位までを半角で入力せよ。]

3 店舗Aの売上高に関して、2021年の各月の対前年同月比での増減率を求めた。最も落ち込みが大きかった月は、[ ] 月である。[数値は半角、整数で入力せよ。]

4 3店舗の売上高の合計に関して、2021年の12月の対前年同月比での成長率（増減率）を求めた。この成長率（増減率）に対して、3店舗の寄与度を大きさの順に並べたとき、もっとも適切な並びを次の①～⑥のうちから一つ選び、番号を空欄に入力せよ。

① A＞B＞C

② A＞C＞B

③ B＞A＞C

④ B＞C＞A

⑤ C＞A＞B

⑥ C＞B＞A

[番号の数値を半角、整数で入力せよ。]

[ ]

5 店舗Aでは、2021年の合計売上金額の10%増を2022年に達成するため、2022年の各月の売上の目標値を立てている。8月の季節指数を60としたとき、8月の目標値は、[ ] 千円である。[数値は四捨五入して小数第1位までを半角で入力せよ。]

問題8

エクセルデータシートは、ある大学の2つの学部（X, Y）において2種類の受講形式（A, B）で授業を受けた40名の学生に、次回も同じ内容の授業を受けるならば（A, B）のどちらの形式を希望するかを問うと共に、希望する理由を自由記述形式でアンケートをとったもので、『自由記述データ』シートと、その自由記述を形態素解析した『形態素解析データ』シートで構成されている。1行目は変数名、2行目以降がデータの値である。データを分析して、下の問いの空欄に適切な文字や数値を入力せよ。

『自由記述データ』

ID	学部	受講	希望	希望する理由
1	X	A	A	分からなかったところを繰り返し学習できるから
2	X	A	B	質問がしやすい環境だと思うからです。手を動かすことで技術が身につきます。
3	X	A	A	好きな時に受講できる方法は素晴らしい。風邪をうつしたり、うつされたりもしないから。
4	X	A	A	どちらかというと自分に向いている。
5	X	A	B	皆で議論するなら、この方法の方が向いている。話し合いがないならいいけれど…。

『形態素解析データ』

	A	B	C	D	E	F	G	H	I
1	ID	学部	受講	希望	辞書	文境界	書字形（=	語彙素	語彙素読み
2	1	X	A	A	現代語	B	分から	分かる	ワカル
3	1	X	A	A	現代語	I	なかっ	ない	ナイ
4	1	X	A	A	現代語	I	た	た	タ
5	1	X	A	A	現代語	I	ところ	所	トコロ
6	1	X	A	A	現代語	I	を	を	ヲ
7	1	X	A	A	現代語	I	繰り返し	繰り返す	クリカエス
8	1	X	A	A	現代語	I	学習	学習	ガクシュウ
9	1	X	A	A	現代語	I	できる	出来る	デキル
10	1	X	A	A	現代語	I	から	から	カラ

1 希望する受講形式がAである学生の「大分類」の「名詞」の頻度を求めた場合、出現頻度が最も高かった「書字形（基本形）」は [　　　] である。[文字を全角で入力せよ。]

2 受講した形式がAで、希望する形式がBである学生の「大分類」の「名詞」の頻度を求めた場合、次の①～⑤の中で出現頻度が最も高かった「書字形（基本形）」は［　　　］である。［番号の数値を半角、整数で入力せよ。］

① 先生　② 友達　③ コミュニケーション　④ 技術　⑤ 質問

［　　　］

3 受講した形式がAで、希望する形式もAである学生の「大分類」の「動詞」の総計について、X学部とY学部の差は［　　　］である。［数値は半角、整数で入力せよ。］

4 X学部において受講した形式がBで、希望する形式をAとした学生の「大分類」の「名詞」のみを抽出し、「書字形（基本形）」の単語の出現度数を降順で棒グラフに表した（縦軸は度数）。次の①～④のうちから、最も適切なグラフを一つ選び、番号を空欄に入力せよ。［番号の数値を半角、整数で入力せよ。］

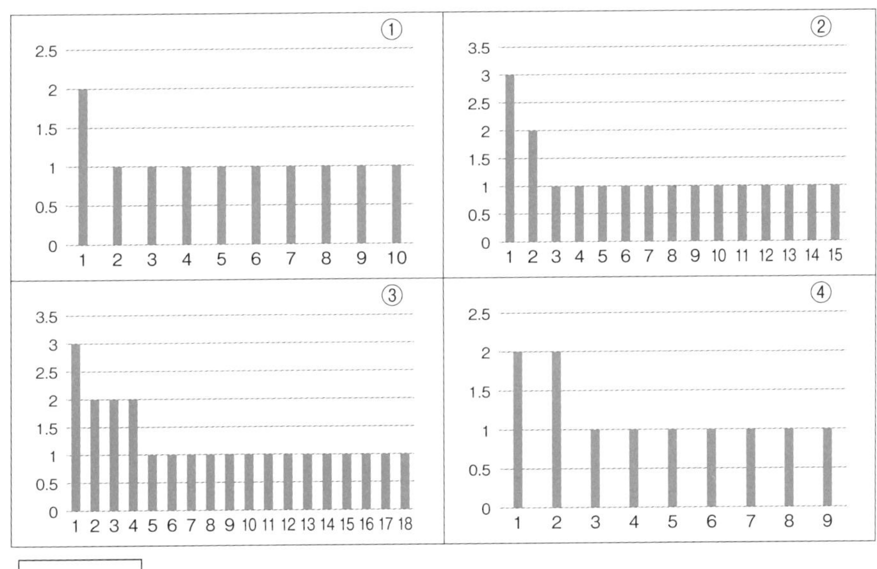

［　　　］

5 受講した形式と希望する形式別に、IDごとに大分類が「名詞」である「書字形（基本形）」の個数を調べた。この結果について述べた文章のうち最も適切なものを①～⑤から一つ選び、番号を空欄に入力せよ。[番号の数値を半角、整数で入力せよ。]

① 受講した形式がAで希望する形式もAの学生は、受講した形式がAで希望する形式がBの学生よりも、回答に出現した名詞の数の平均値が大きい。

② 受講した形式がBで希望する形式もBの学生は、受講した形式がBで希望する形式がAの学生よりも、回答に出現した名詞の数の平均値が小さい。

③ 受講した形式がAで希望する形式もAの学生は、受講した形式がBで希望する形式もBの学生よりも、回答に出現した名詞の数が標準偏差が大きい。

④ 受講した形式がAで希望する形式がBの学生は、受講した形式がAで希望する形式がAの学生よりも、回答に出現した名詞の数が標準偏差が大きい。

⑤ 受講した形式がBで希望する形式がAの学生が、最も人数が多かった。

模擬問題解答

問題1

1 9　2 食料品店　3 69.9　4 1　5 4

問題2

1 45　2 45.2　3 2　4 129.2　5 83.7

問題3

1 138.8　2 86.9　3 299　4 5（コピー機Bのデータが異なるものになっている。中央値や最小値、最大値が異なっている）

5 D

問題4

1 0.59　2 15.64（職業B-職業A）　3 0.0041　4 34　5 97

問題5

1 120　2 10.5　3 4　4 0.03　5 0.444

問題6

1 24.5　2 11.8　3 26.1　4 0.089　5 3

問題7

1 2　2 108.0　3 2　4 2　5 5366.8

問題8

1 風邪　2 2　3 6　4 1　5 4

EXCEL WORK 一覧

第1章

第2章

第3章

第4章

第5章

第6章

第7章

第8章

索引

英数字

あ

か

さ

た

な

は

ま

や

ら

わ

引用・参考文献

『Rで学ぶ統計データ分析』（2015）本橋永至 オーム社
『Rによるやさしいテキストマイニング』（2017）小林雄一郎 オーム社
『「検査体制の基本的な考え・戦略」（令和2年7月16日資料）』（2020）新型コロナウイルス感染症対策分科会（内閣官房HP）https://www.cas.go.jp/jp/seisaku/ful/yusikisyakaigi.html、（2023年3月7日確認）
『自然言語処理の基礎』（2010）奥村学 コロナ社
『実践ワークショップExcel徹底活用 統計データ分析 改訂新版』（2008）渡辺美智子・神田智弘 秀和システム
『新確率統計』（2013）高遠節夫ほか 大日本図書
『新テキストマイニング入門』（2018）喜田昌樹 白桃書房
『スッキリわかる!臨床統計初めの一歩 改訂版』（2019）能登洋 羊土社
『統計学辞典』（1989）竹内啓 編 東洋経済新報社
『統計学入門』（2019）東京大学教養学部統計学教室編 東京大学出版会
『統計学のすすめ』（1979）中村隆英・林周二編 筑摩書房
『データサイエンス入門 第2版』（2021）竹村彰通・姫野哲人・高田聖治編 学術図書出版社
『日本統計学会公式認定統計検定2級対応 統計学基礎』（2012）日本統計学会編 東京図書
『ニュートン別冊「数学の世界 現代編」』（2019）木村直之編 ニュートンプレス
『文化情報学事典』（2019）村上征勝 監修 勉誠出版
『身近な統計』（2019）石崎克也・渡辺美智子 放送大学教育振興会
『Microsoft365サポート「Excelのヘルプとラーニング」』Microsoft HP. https://support.microsoft.com/ja-jp/excel,（2023年3月7日確認）

■日本統計学会　The Japan Statistical Society

（執筆）

大橋洸太郎　文教大学 情報学部講師

塩澤　友樹　椙山女学園大学 教育学部講師

渡辺美智子　立正大学 データサイエンス学部教授

（責任編集）

竹内　光悦　実践女子大学 人間社会学部教授

渡辺美智子　立正大学 データサイエンス学部教授

日本統計学会ホームページ　https://www.jss.gr.jp/

統計検定ホームページ　https://www.toukei-kentei.jp/

※本書の印税はすべて一般財団法人 統計質保証推進協会を通じて統計教育に役立てられます。

日本統計学会公式認定

統計検定データサイエンス基礎対応

データアナリティクス基礎

2023年5月10日　初版第1刷発行
2024年5月5日　　　第2刷発行

編　著——日本統計学会

©The Japan Statistical Society

発行者——張 士洛

発行所——日本能率協会マネジメントセンター

〒103-6009　東京都中央区日本橋2-7-1　東京日本橋タワー

TEL　03（6362）4339（編集）／03（6362）4558（販売）
FAX　03（3272）8127（編集・販売）
https://www.jmam.co.jp/

装　　丁——山之口正和（OKIKATA）
本文DTP——株式会社森の印刷屋
印 刷 所——シナノ書籍印刷株式会社
製 本 所——ナショナル製本協同組合

ISBN 978-4-8207-2959-4 C3034
落丁・乱丁はおとりかえします。
PRINTED IN JAPAN